JN110099

C o m p u t e r L i t e r a c y

コンピューターリテラシー Microsoft Office Word & PowerPoint 編

花木泰子＋浅里京子［共著］
Hanaki Taiko　Asari Kyoko

［改訂版］

まえがき

高度情報化社会では、ビジネス分野だけでなく日常生活においても、コンピューターを利用する能力が求められています。この能力のことをコンピューターリテラシー（computer literacy）といいます。本書シリーズはビジネス分野でよく利用されている Microsoft Office のうち、ワープロソフト（Word）、プレゼンテーションソフト（PowerPoint）及び表計算ソフト（Excel）を対象とし、その活用能力を習得することを目的としたコンピューターリテラシーの入門書です。なお、対象としている Office のバージョンは Office 2019 です。

本書シリーズは「Word＆PowerPoint 編」と「Excel 編」の 2 分冊となっており、いずれも、やさしい例題をテーマに、実際に操作しながらソフトウェアの基本的機能を学べるよう工夫されています。また、多くの演習課題が用意されており、活用能力を養うことができます。課題に取り組んでいる際、コンピューターの操作に苦慮することがあるかもしれません。時にはエラーが発生することもあります。しかし、それらを克服し課題を完成させたとき、その喜びと達成感は次の学習への原動力となるでしょう。本書がコンピューターリテラシー習得の一助となれば幸いです。

最後に、本書の刊行にあたりご尽力いただきました株式会社 日本理工出版会に深く御礼申し上げます。

2019 年 12 月

著者ら記す

執筆担当

花木　泰子　　Word 編
浅里　京子　　PowerPoint 編

本書の利用に際し

1. 本書の利用環境は Windows 10 および Microsoft Office Professional Plus 2019 を標準セットアップした状態を想定しています。

2. 本書の例題や演習に関するファイルは、次のサイトでダウンロードすることができます。

   https://www.ohmsha.co.jp/book/9784274229190/

3. キーボードのキー表記はキートップの文字に囲み線をつけて表記します。また、キーを同時に押す場合は 2 つ以上のキーを＋でつないで表記します。

   【例】 A　スペース　Tab　　Shift ＋ A（シフトキーと A キーを同時に押す）

4. リボンの操作ボタンの指示や値の設定等は、次のように表記します。

   (1) タブ名、グループ名、ボタン名等は［　］で囲み、手順は→にて表記します。

   【例】［ホーム］タブ → ［フォント］グループ → ［太字］ボタン

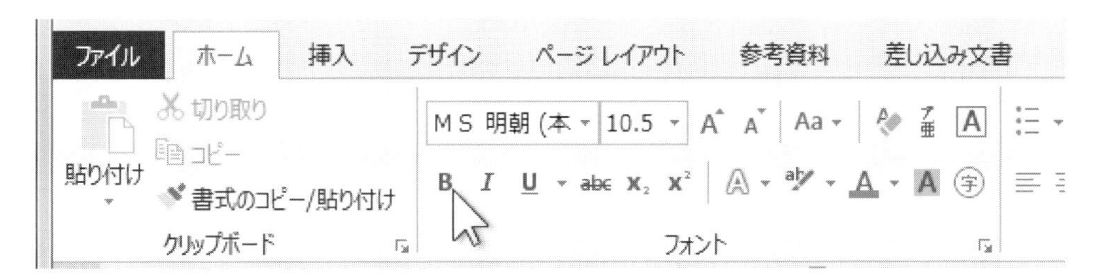

   (2) コンボボックス・リストボックス・テキストボックスへの入力値の指示は、次のように表記します。

   ［欄名］欄；入力値

   【例】［文字数］欄；45

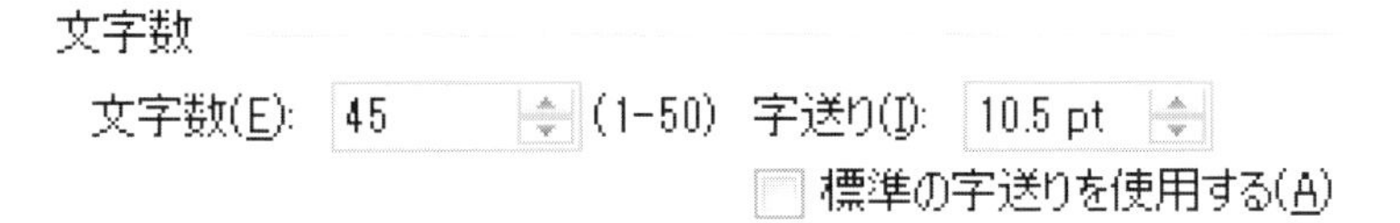

(3) チェックボックスの設定は、次のように表記します。

[チェックボックス名] チェックオン (あるいはチェックオフ)

【例】 [取り消し線] チェックオン

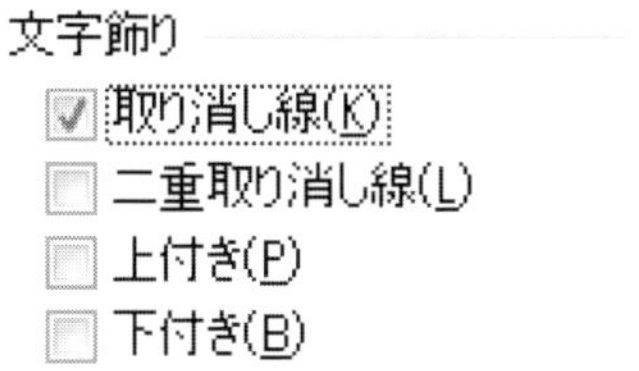

文字飾り
取り消し線(K)
二重取り消し線(L)
上付き(P)
下付き(B)

5. 外来語の表記は、マイクロソフト社日本語スタイルガイド公開版 (第1版) に従い表記します。

6. 本書の例題・演習等のデータは架空のものであり、実在する人物・団体・地名等とは一切関係ありません。

7. 塗りつぶしにより着色されたセルは、本書の図では灰色に表示されますが、本文中では演習に使用する Excel シート上の色のとおりに、例えば「黄色のセル」などと表記します。

8. 本文中のシステム名・製品名・会社名は該当する各社の登録商標または商標です。なお、本文中には TM マーク、®マークは省略しています。

9. 本文中の「One Point」に使用されているロゴタイプは、本書シリーズ Excel 編の執筆者・内藤富美子のデザインによるものです。

目　次

Word 編

第 1 章　Word の基本操作と日本語の入力

第 2 章　文章の入力と校正

第3章　文書作成と文字書式・段落書式

第4章　ビジネス文書とページ書式

第5章　表作成Ⅰ

第6章　表作成Ⅱ

第7章　社外ビジネス文書

第8章　図形描画

第 9 章　ビジュアルな文書の作成

第 10 章　レポート・論文に役立つ機能 I

第11章　レポート・論文に役立つ機能Ⅱ

PowerPoint 編

第1章 プレゼンテーションとは

第2章 PowerPoint の基礎

第3章 プレゼンテーションの構成と段落の編集

第4章　スライドのデザイン

第5章　表・グラフの挿入

第6章　図・画像の挿入

第 7 章　画面切り替え効果とアニメーション

第 8 章　スライドショーの準備と実行

第 9 章　資料の作成と印刷

第10章　テンプレートの利用

Word 編

Microsoft Word は、文書を作成するためのワープロソフトです。文章の入力、Word の基礎、文書作成と編集、さまざまな応用機能について学びましょう。

第 1 章　Word の基本操作と日本語の入力

Microsoft Word（以下 Word）の基本操作と日本語の入力を学びましょう。

1.1　Word の起動

Word を起動するには［スタート］ボタン →［W］のグループを表示して［Word］をクリックします。Word が起動し、スタート画面が表示されます。［白紙の文書］をクリックし、新規文書の編集画面を表示します。

1.2　Word の画面構成

Word の画面構成、各部の名称は**図 1-1** のようになっています。

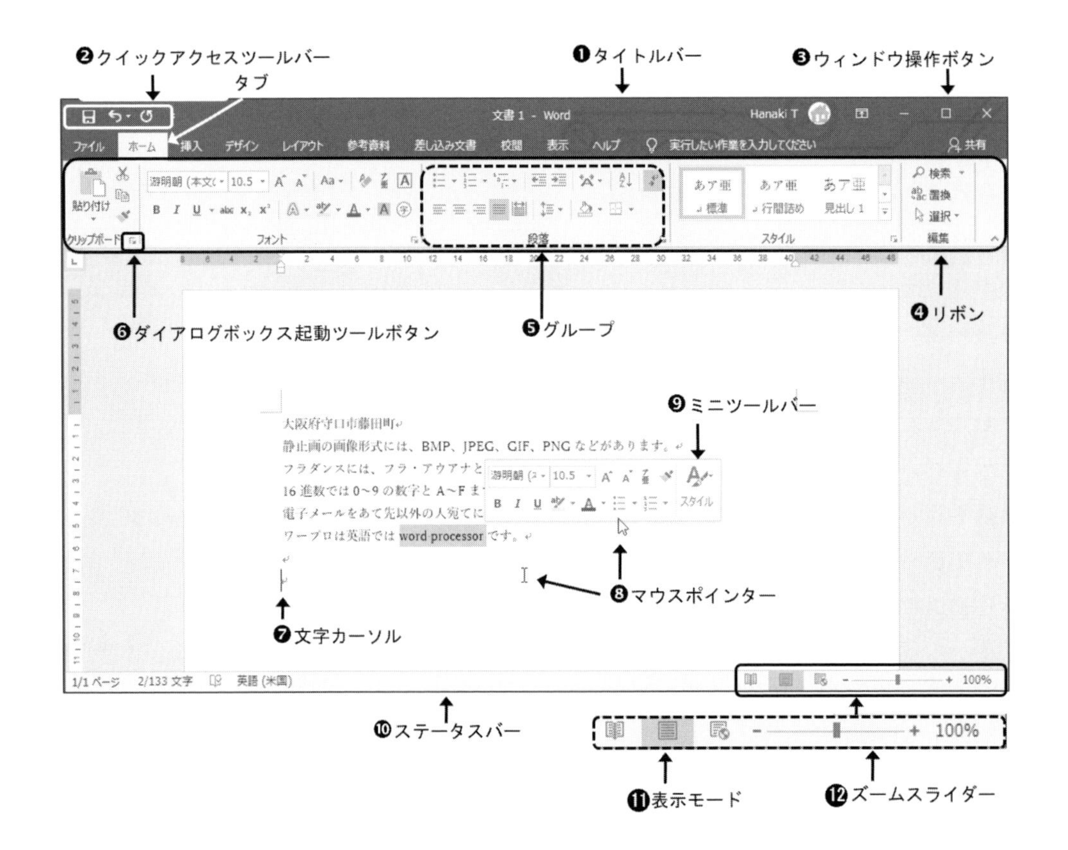

図 1-1　Word の画面構成

❶タイトルバー

文書名が表示されます。

❷クイックアクセスツールバー

よく使うボタンを表示することができます。初期設定では、[上書き保存][元に戻す][繰り返し] の 3 つが表示されています。

❸ウィンドウ操作ボタン

Word ウィンドウを操作するボタンです。左から [最小化][最大化/元に戻す (縮小)] [閉じる] です (**図 1-2**)。

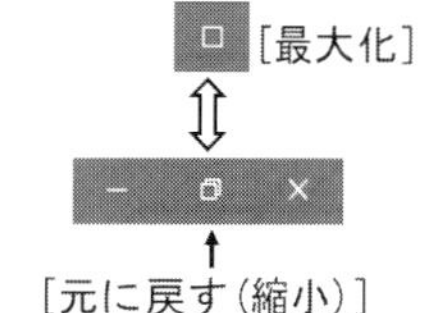

図 1-2

❹リボン

ボタンの並んでいる場所全体がリボンです。リボンの上の「ファイル」「ホーム」と表示されている部分が [タブ] です。リボンは用途ごとに分類されており、タブをクリックすることで切り替わります。

❺グループ

それぞれのリボンは「フォントグループ」「段落グループ」など、縦の線で区切られたグループに分けられています。

❻ダイアログボックス起動ツールボタン

リボンのグループ名の右側にある薄いグレーの小さなボタンで、クリックするとダイアログボックス (設定するための小さなウィンドウ) が表示されます。

❼文字カーソル

入力した文字が表示される場所を示しています。マウスのクリックや矢印キーで、文字カーソルを移動することができます。

❽マウスポインター

範囲選択やボタンのクリックに使用します。作業内容に応じてマウスポインターの形は変わります。

❾ミニツールバー

文字列を選択するとマウスポインターの近くに表示されるバーで、よく使うボタンがまとめられています。

❿ステータスバー

ウィンドウ下端のバーです。左側には、文字カーソル位置の行番号や列番号、文書内の文字数など、文書の作業状態や Word の設定情報を表示することができます。

⓫表示モード

画面表示の切り替えに使用します。文書の作成編集用の [印刷レイアウト]、ページ閲覧用の [閲覧モード] など 5 つのレイアウトがあります。

⓬ズームスライダー

表示されている文書画面を、拡大したり縮小したりするときに使用します。画面上での表示サイズが変わるだけで、印刷されるサイズは変わりません。

1.3　コマンド（機能）の実行

Word で何かをしたいときには、Word に「～をしろ」と命令します。これを「コマンド（機能）を実行する」といいます。コマンドの実行はリボンのボタン、ミニツールバーのボタン、ダイアログボックスで行います。

1.4　日本語の入力

1.4.1　日本語入力システム

キーを押して文書画面に文字を表示させることを「入力」といいます。日本語の入力には、日本語入力システム Microsoft Office IME（以下 IME）を使います。入力方式には「かな入力方式」と「ローマ字入力方式」の 2 通りありますが、本書では「ローマ字入力方式」で解説します。

(1)　IME の設定

IME の設定変更や、単語登録などの機能を利用するためには、タスクバーに表示される［IME］アイコンを右クリックします（**図 1-3**）。

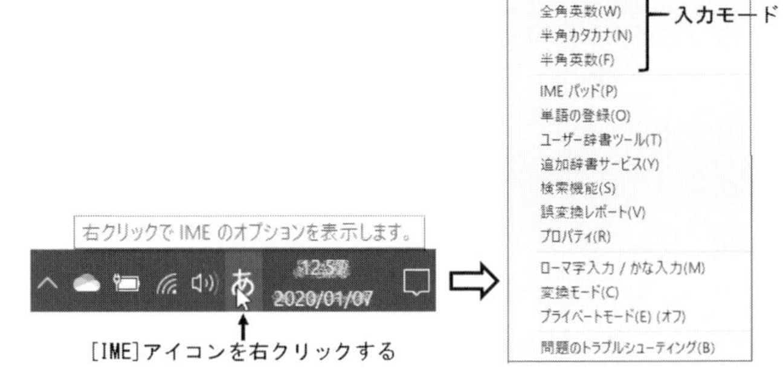

図 1-3　IME の設定

(2)　入力モード

IME には次の 5 つの入力モードがあります。

あ	ひらがな	読みをひらがなで入力する（日本語の標準入力モード）
カ	全角カタカナ	全角のカタカナを入力する（日本語変換できる）
Ａ	全角英数	全角の英数字を入力する
ｶ	半角カタカナ	半角のカタカナを入力する（日本語変換できる）
A	半角英数	半角の英数字を入力する（英文入力モード）

入力モードは次のように設定します。

(a) 主に日本語を入力する　‥‥［ひらがな］入力モード（日本語入力 ON）

(b) 英文を入力する　‥‥‥‥‥［半角英数］入力モード（日本語入力 OFF）

(3) 入力モードの切り替え

日本語版 Word を起動すると、入力モードは自動的に［ひらがな］に設定されます。入力モードを切り替えるには次の 2 つの方法があります。

(a) キーボードの 半角/全角 キーまたは CapsLock キーを押す。または、［IME］アイコンをクリックする。

押す（クリックする）度に日本語入力の ON［ひらがな］あ と OFF［半角英数］A が切り替わります。

(b)［IME］アイコンを右クリックし、入力モードをクリックする。

(4) 全角文字と半角文字

縦横の比率が 1：1 の大きさの文字を「全角文字」と呼びます。横幅が全角文字の半分の文字を「半角文字」と呼びます。

全角文字の例：ひ ら が な カ タ カ ナ 漢 字 Ｗ ｏ ｒ ｄ

半角文字の例：ｶ ﾀ ｶ ﾅ W o r d

● 漢字、ひらがなには半角文字はありません。

●［半角英数］入力モードで入力される文字は「半角文字」に分類されますが、文字ごとに幅の異なる書体が使われていますので、実際には全角文字の半分の幅ではありません。

【例】 W o r d

1.4.2 編集記号とルーラーの表示

(1) 編集記号の表示

「段落記号」や「スペース」などの、印刷されない特殊な文字を「編集記号」と呼びます。画面上で編集記号が表示されるように設定しましょう。

［ホーム］タブ →［段落］グループ →［編集記号の表示/非表示］ボタン

(2) ルーラーの表示

ルーラーとは目盛のことで、水平ルーラー（リボンの下）と垂直ルーラー（画面の左側）があります。表示される数字の単位は「水平ルーラー：文字数」「垂直ルーラー：行数」です。ルーラーの表示と非表示を切り替えるには［表示］タブ →［表示グループ］→［ルーラー］チェックボックスをクリックします。

● 本書では編集記号とルーラーを表示した状態で作業しています。

1.4.3 漢字かな混じり文の入力

例題 1 次の文を入力しましょう。▲の位置で スペース キーで変換しましょう。

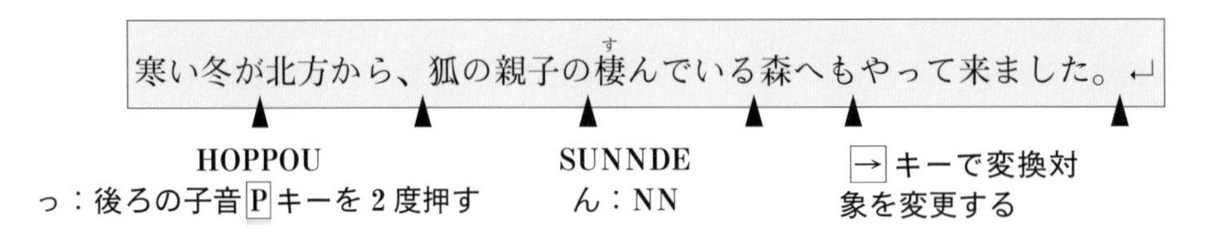

【入力のポイント】

(1)「1～2文節の読みを入力 → スペース キーで変換 → 次の読みを入力 → スペース キー で変換」操作を繰り返します。

(2) 入力を間違えたときは、入力直後に Back Space キーを押します。文字カーソルの直前の文字が消えます。

(3) 希望の文字が表示されたら、Enter キーを押さずに、次の読みを入力します。

(4) 句読点（。、）は前の文節に続けて入力します。

(5) 右側の文節を変換対象とするには → キーを押します。

(6) 文の最後では Enter キーを押して確定します。

(7) 確定後 Enter キーを押すと改行されます。

例題2　次の文を入力しましょう。

▲の位置で スペース キーで変換しましょう。

▽の位置では変換せずに Enter キーで確定しましょう。

するとこんどは、▽子供の声がしました。▽ ↵（▲：声が）

● ひらがなばかりの文字列は、読みを入力後変換せずに Enter キーで確定します。

1.4.4　変換対象文節と文節区切り位置の変更

IME は自動的に文節を区切り、1つ目の文節を変換対象とします。他の文節を変換させたいときや、文節の区切り位置を変更したいときには次のようにします。

(1) 変換対象となっている文節（太い下線の文節）よりも、右の文節を変換対象とするには → キーを、左の文節を変換対象とするには ← キーを押します。

(2) IME の文節の区切り位置が期待通りでない場合、文節を長くするには Shift キー＋ → キー（Shift キーを押したまま → キーを押す）、短くするには Shift キー＋ ← キーを押して区切り位置を変更します。

例題3　次を入力しましょう。

情報が苦になる ↵

	操　作	表　示
1	読みを入力	じょうほうがくになる↵
2	スペースキーで変換	情報学になる↵
3	Shift＋←を 2 度押し、文節を短くする	じょうほうがくになる↵
4	スペースキーで変換	情報が区になる↵
5	→キーを押し、1 つ右の文節を変換対象にする	情報が区になる↵
6	スペースキーを何度か押す	情報が苦になる↵
7	Enter キーで確定	情報が苦になる↵

1.4.5　カタカナを含む文の入力

カタカナの言葉は、次の方法で入力します。

(1) 外来語などのカタカナの言葉はスペースキーで変換できます。

(2) 人名などでカタカナに変換されない言葉は、読みを入力後F 7キーを押して全角カタカナに変換します。

(3) スペースキー変換で文節が分けられて変換された場合は、Escキーを何度か押して入力した直後の状態に戻してからF 7キーを押します。

(4) F 7キーを続けて押すと、右端の文字から順にひらがなに戻ります。

(5) F 7キーの代わりにF 8キーを押すと半角カタカナに変換されます。

例題 4　次の文を入力しましょう。

フラダンスでは、年配クラスをクプナ、子供クラスをケイキと呼びます。

● ［ひらがな］入力モード（日本語入力 ON）で入力します。

1.4.6　英字を含む文の入力

英文を入力するときには、入力モードを［半角英数］にしますが、日本文の中に少し英字が混じる場合は、［ひらがな］入力モード（日本語入力 ON）のまま次の方法で入力します。

(1) 英字にしたい文字の文字キーを押し、F 10キーを押して半角英数字に変換します。

(2) F 10キーを続けて押すと次のように変わります。

「うｓｂ」 ⇨ 「usb」 ⇨ 「USB」 ⇨ 「Usb」 ⇨ 「usb」
入力　すべて小文字　すべて大文字　1 文字のみ大文字

(3) F 10キーの代わりにF 9キーを押すと、全角英数字に変換されます。

例題5 次の文を入力しましょう。

USBメモリー内の写真でフォトムービーを作成し、DVD-Rに書き込んだ。

ー（長音）：[ほ]キー　　－（ハイフン）：[ほ]キー

● ー（長音）と－（ハイフン）は同じ[ほ]キーで入力できます。日本語文字に続くときはーに、英数字に続くときは－になります。

1.4.7 記号の入力

(1) キーボードに刻印されている記号の多くは、そのキーを押すか[Shift]＋（[Shift]キーを押したまま）キーを押すことで入力することができます。

【例】 ・ ￥ ？ ！ ＝

(2) その他の記号はその読みから変換するか「きごう」と入力し変換します。

【例】 おんぷ ⇨ ♪　ゆうびん ⇨ 〒　まる ⇨ ○◎●

(3)「きごう」から変換すると、多数の候補が表示されます。候補一覧の右下の » をクリックするか[Tab]キーを押すと、候補が複数列で表示され探しやすくなります。

(4) カッコは「かっこ」と入力し変換します。カギカッコ[「]を入力し変換することもでき、閉じカッコは[」]を入力後[Enter]キーで確定すると、自動的に同じ種類の閉じカッコに変換されます。

【例】「　」　【　】　『　』

例題6 次を入力しましょう。

日時：　「どう？」　行こう！　♪　¶　（問題）　『はらぺこあおむし』

「：」[け]キー　？：[Shift]＋[め]キー　（：[Shift]＋[8]キー　『：[「]を入力し変換
！：[Shift]＋[1ぬ]キー　）：[Shift]＋[9]キー　¶：「きごう」を入力し変換

1.4.8 その他の入力

IMEには、統合辞書（一般辞書、カタカナ語辞書、人名/地名辞書）と郵便番号辞書が搭載されています。変換することで、よみから人名や地名を、カタカナ言葉から英単語を、郵便番号から住所を、入力することができます。

(1) 英語変換

例題7「ぱそこん」から「personal computer」に変換しましょう。

「ぱそこん」入力 → [スペース]キー変換 →

● Wordの自動修正機能が働き「Personal」と頭文字が大文字になることがあります。

(2)　人名や地名の入力

例題 8　「みなみ」から「見並」に変換しましょう。

「みなみ」入力 → スペース キー変換 → Tab キーを押す（全候補表示）

- 変換候補が表示されているときに Tab キーを押すと、すべての変換候補が表示されます。矢印キー/クリックで候補を選択できます。
- 変換で入力できない場合は、その漢字を含む他の単語から呼び出し、余分な文字を削除します。よく使う単語の場合は「単語の登録」をします（p.10 参照）。

(3)　郵便番号から住所を入力

例題 9　郵便番号「619-0238」から住所「京都府相楽郡精華町精華台」に変換しましょう。

［ひらがな］入力モード（日本語入力 ON）にする → ハイフンを含む 7 桁郵便番号を入力する → スペース キー変換

(4)　顔文字の入力

例題 10　「かお」と入力し、(^)o(^)　など任意の（自由に）顔文字に変換しましょう。

- 顔文字はビジネス文書やビジネスメールには使わないようにしましょう。

(5)　絵文字の入力

Windows には記号専用のフォントが用意されています。記号フォントを選び、絵文字を入力することができます。

【主な記号フォント】　Webdings　Wingdings　Wingdings 2　Wingdings 3

- 絵文字はそのフォントがインストールされていないと表示できません。携帯電話とパソコン間のやり取りには使わないようにしましょう。

例題 11　など任意の（自由に）記号を入力しましょう。

［挿入］タブ →［記号と特殊文字］グループ →［記号と特殊文字］→［その他の記号］→［記号と特殊文字］ダイアログボックス →［記号と特殊文字］タブ →［フォント］; Webdings → 記号を選択 →［挿入］ボタン →［閉じる］ボタン

(6)　読みの分からない漢字の入力

読み方が分からない漢字は通常の変換操作では入力することができません。文字の形を描くことで、よく似た文字一覧が表示され、選ぶだけで入力することができます。

例題 12 「蛟」「鯑」など難読漢字を入力しましょう。

［タスクバー］の［IME］アイコンを右クリック → ［IME パッド (P)］→ ［IME パッド］ダイアログボックス → ［手書き］ボタン → 文字の形をマウスでドラッグして描く → 右側の漢字一覧に目的の文字が表示されたらクリックする（**図 1-4**）→ Enter キーまたは［Enter］ボタン

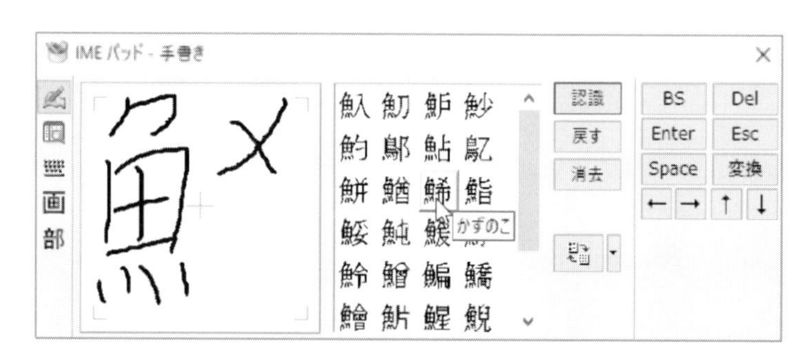

図 1-4　IME パット

(7)　再変換

読みが同じ同音異義語であれば、文字を確定した後に変換しなおすことができます。

例題 13 「行こう！」を「意向！」に再変換しましょう。

「行こう！」内をクリックするかドラッグで選択する → スペースキーの右の 変換 キーを押す → 候補が表示される → スペース キーまたは 変換 キーを押して変換候補を選択する

1.4.9　単語登録

(1)　単語の登録

IME の辞書に登録されていない単語は読みから変換することができません。辞書に追加登録すれば、変換できるようになります。よく使う長い語句も簡単な読みで登録することができます。

例題 14 住所と氏名を「わたし」という読みで登録しましょう。

郵便番号から変換して住所を表示する → 番地などを入力する → 氏名を入力する → 住所と氏名をドラッグして選択する → ［IME］アイコンを右クリック → ［単語の登録 (O)］→ ［単語の登録］ダイアログボックス（**図 1-5**）→ ［よみ］欄；わたし → ［品詞］グループ →［短縮よみ］ チェック→ ［登録］ボタン → ［閉じる］ボタン → 「わたし」で変換する

One Point

Word の［校閲］タブ →［言語］グループ→［日本語入力辞書への単語登録］ボタン から も［単語の登録］ダイアログボックスを表示し、単語を登録することができます。

(2)　登録の削除

登録した単語の登録を削除するには次のようにします。

［単語の登録］ダイアログボックス →［ユーザー辞書ツール］ボタン →［Microsoft IME ユーザー辞書ツール］ダイアログボックス → 登録削除したい語句をクリックする →［削除］ボタン →［削除］ダイアログボックス →［はい］ボタン

図 1-5　単語の登録

1.5　文書の保存

1.5.1　名前を付けて保存

作成した文書はパソコンのメモリー内に一時的に記憶されているだけで、Word を終了すると消滅します。後から再利用するには、場所と名前を指定して保存する必要があります。

例題 15　作成中の文書を指示に従って保存しましょう。

［ファイル］タブ →［名前を付けて保存］→［この PC ］→［参照］(**図 1-6**) →［名前を付けて保存］ダイアログボックス →保存場所を指定する →［ファイルの種類］欄；Word 文書 →［ファイル名］欄；ファイル名を入力する →［保存］ボタン

図 1-6

1.5.2　上書き保存

名前を付けて保存した文書の内容を追加したり修正したりした場合は［上書き保存］します。上書き保存すると、保存されているファイルの場所とファイル名は同じで、画面に表示されている状態にファイルの内容が置き換えられます。

例題16　1行目に氏名を入力し、上書き保存しましょう。

文頭でEnterキーを押して改行する→1行目に氏名を入力する→クイックアクセスツールバーの［上書き保存］ボタン　クリック

［ファイル］タブ → ［上書き保存］でも上書き保存できます。

1.6　Wordの終了

Wordを終了するには［閉じる］ボタンをクリックしてWordウィンドウを閉じます。

一度も保存していなかったり、保存後変更した文書を閉じようとすると、**図1-7**のメッセージが表示されます。［保存］ボタンをクリックすると上書き保存されます。保存していなかった場合は［名前を付けて保存］ダイアログボックスが表示され保存を促されます。

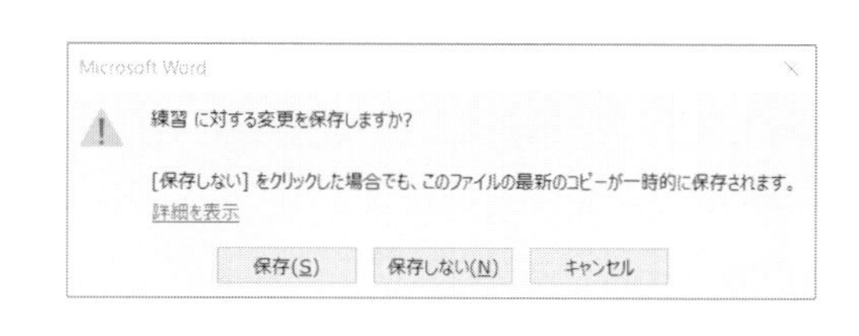

図1-7　変更保存の確認メッセージ

例題17　Wordを終了しましょう。

Wordウィンドウの［閉じる］ボタン　クリック

1.7　既存の文書ファイルを開く

保存してある文書ファイルを編集するには、文書を開いてパソコンのメモリーに読み込み、画面に表示させます。

例題18

①　Wordを起動し、ファイルを開きましょう。

Wordを起動しWordのスタート画面を表示する → ［開く］ → ［参照］ → ［ファイルを開く］ダイアログボックス → ファイルの保存されている場所を指定する → 開きたいファイルアイコンをクリック → ［開く］ボタン → ファイルが開く

②　Wordを終了しましょう。

Wordウィンドウの［閉じる］ボタン → Wordが終了する

③　保存場所のファイルアイコンをダブルクリックしてファイルを開きましょう。

エクスプローラーを表示する → ファイルの保存場所を表示する → ファイルアイコンをダブルクリック → Wordが起動しファイルが開く

Word のファイルアイコンをダブルクリックすると、Word が起動しファイルを開くことができます。開いたファイルが［閲覧モード］で表示された場合は、［印刷レイアウト］ボタン をクリックするか、Esc キーを押して表示を切り替えましょう。

1.8 新しい文書の作成

文書を作成中に、別に新しい文書を作成することもできます。

例題 19 新しい文書を作成しましょう。

文書を作成中に［ファイル］タブ →［新規］→［白紙の文書］

その他にも「テンプレート」と呼ばれる「ひな形」を使って、名刺やカレンダーなどさまざまな文書を作成することができます。

1.9 演習課題

演習 1 次を入力しなさい。

【ヒント】 人名地名の入力、IME パッド

□ではスペースを入力します。↵では Enter キーで改行します。フリガナは入力しません。

● IME には予測変換機能があり、入力途中に予測して変換候補を表示します。希望の文字が表示されたときは、Tab キーを押して変換候補の文字を入力できます。

中田喜直□□八千草 薫□□柳田邦男□□箭竹□□麻樹 ↵
鶸□鷸□橡□榧□鵲 ↵

演習 2 次を 1 文（1 行）ずつまとめて入力し変換しなさい。

【ヒント】 文節区切り位置の変更、変換対象文節の変更

よくは知らない。↵
よく走らない。↵
この辺り畑ばかり。↵
この辺りは竹ばかり。↵
サッシの掃除歯ブラシが便利。↵
サッシの掃除はブラシが便利。↵

演習3 次の文を入力しなさい。

【ヒント】 郵便番号から住所に変換、英字の入力、カタカナの入力、英語変換

大阪府守口市藤田町↵

郵便番号「570 0014」から変換

静止画の画像形式には、BMP、JPEG、GIF、PNGなどがあります。↵

フラダンスには、フラ・アウアナとフラ・カヒコとがあります。↵

「・」は め キー

16進数では0〜9の数字とA〜Fまでの英字で数を表します。↵

「〜」は Shift キー＋ へ キー

電子メールをあて先以外の人宛てに送るCCとはCarbon Copyの略です。↵

半角スペース
Shift キー＋ スペース キー

ワープロは英語ではword processorです。↵

「わーぷろ」で変換

第2章 文章の入力と校正

2.1 文章の入力

2.1.1 文節・文・段落

Word での文章入力や文書作成をする上で覚えておきたい「文節」「文」「段落」について確認しておきましょう。

(1) 文 節

それ以上区切ると意味がわからなくなる、最小の言葉のまとまりのことを「文節」と呼びます。

【例】 私は Word で報告書を作成した。

これを文節に区切ると、次の 4 つに分けられます。

「私は」「Word で」「報告書を」「作成した。」

(2) 文、段落

句点（。）によって区切られた言葉のまとまりを「文」と呼びます。いくつかの文を内容でまとめた一区切りを「段落」と呼びます。通常の文章では、段落の初めに全角 1 文字分の字下げ（スペース入力）をし、段落の終わりで改行します。

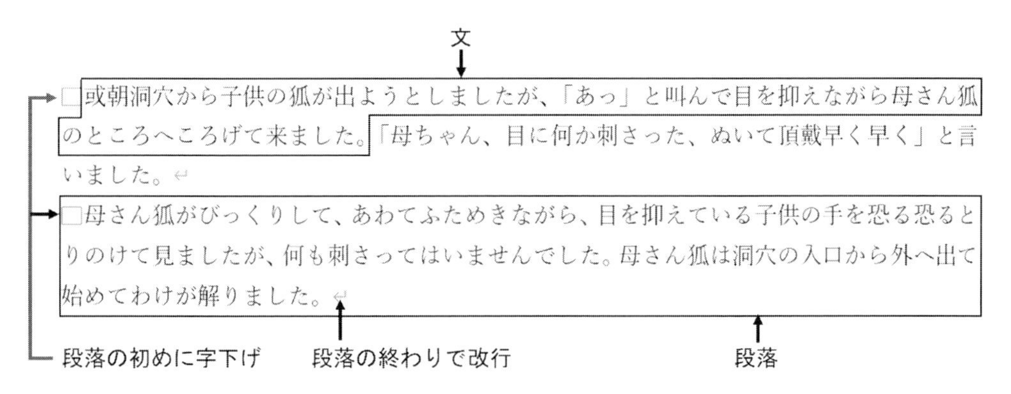

新美南吉『手袋を買いに』

2.1.2 文章入力上の注意

文を入力する時にどこで区切って変換するか迷うところですが、文節の区切りを意識して変換操作をしましょう。厳密に文節ごとに変換する必要はありませんが、1～2 文節の少ない文節の区切り目で変換するようにしましょう。

段落の初めでは、全角スペースを 1 つ入力して字下げしましょう。Word にはスペースを入力せずに字下げする機能もあります（p.28 コーヒーブレイク 参照）。Enterキーで改行して段落を変えたときに自動的に字下げが行われた場合は、余分なスペースを入力しないようにしましょう。

行末まで入力すると自動的に文字は次の行に折り返されます。原稿を見ながら入力していると、つい原稿と同じ位置で改行しがちですが、行末でむやみにEnterキーで改行するのはやめましょう。文字を追加入力したり消したりしたときに、体裁がくずれてしまいます。Enterキーで改行するのは、段落を変えるときと意識してください。

【悪い例1】 各行末で改行した。

行末が縦にきれいにそろわない

【悪い例2】 原稿に合わせて行末で改行した。

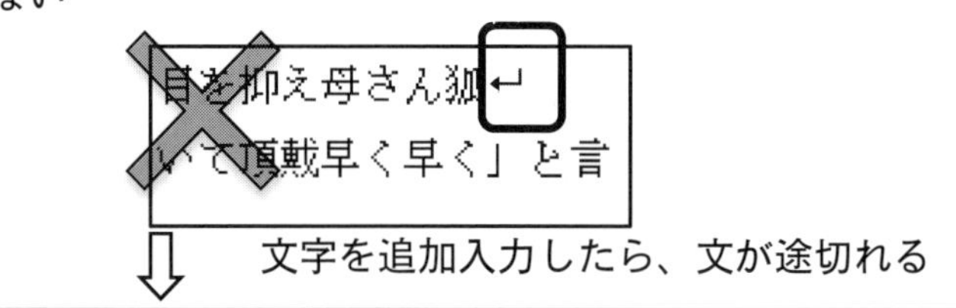

例題1 次の文章を入力しましょう。

□ではスペースを入力します。↵ではEnterキーで改行します。フリガナは入力しません。「あっ」の入力は「ALTU」です。

行末の文字が原稿と同じにならないことがありますが、段落の途中では改行しないようにしましょう。入力した文章の文字数がステータスバーに表示されます。

> □或朝洞穴（あるあさほらあな）から子供の狐が出ようとしましたが、「あっ」と叫んで目を抑えながら母（かあ）さん狐のところへころげて来ました。「母ちゃん、目に何か刺さった、ぬいて頂戴（ちょうだい）早く早く」と言いました。↵
> □母さん狐がびっくりして、あわてふためきながら、目を抑えている子供の手を恐る恐るとりのけて見ましたが、何も刺さってはいませんでした。母さん狐は洞穴の入口から外へ出て始めてわけが解りました。↵

One Point

「ささった」の促音「っ」は後ろの「た」の子音Tキーを2度押して入力しますが、「あっ」のように後ろに続く言葉がない場合はL T Uキーで入力します。

小さな「つ」＝L ittle T Uと覚えましょう。

2.2　範囲の選択と解除

文字の大きさや配置を変えるには、対象範囲を選択してから機能を指定（コマンドを実行）します。範囲を選択する際に大切なことは、マウスでポイントする場所とマウスポインターの形を確かめることです。選択する対象は、文字列、行、段落、文書全体の 4 つです。また、離れている範囲をまとめて選択することもできます（**表 2-1**）。

2.2.1　範囲の選択

表 2-1　範囲の選択

選択対象	マウスの形	操作	例
文字列		文字列をドラッグ	□或朝洞穴から子供の狐が出ようとし のところへころげて来ました。「母ちゃ
行		選択する行の左余白をクリック	□或朝洞穴から子供の狐が出ようと のところへころげて来ました。「母 いました。↵
段落		選択する段落の左余白をダブルクリック	いました。↵ □母さん狐がびっくりして、あわて とりのけて見ましたが、何も刺さっ 出て始めてわけが解りました。↵ ↵
文書全体		左余白をトリプル（3 回）クリック	□或朝洞穴から子供の狐が出ようとし のところへころげて来ました。「母ちゃ いました。↵ □母さん狐がびっくりして、あわてふ とりのけて見ましたが、何も刺さって 出て始めてわけが解りました。↵ ↵
離れた場所		1 つ目選択 →次を Ctrl キー+選択	□或朝洞穴から子供の狐が出ようとしましたが、 「あっ」と叫んで目を抑え母さん狐のところ

複数行を選択するには、クリックで押さえたマウスボタンを離さず、押さえたまま上下にドラッグします。

複数段落を選択するには、ダブルクリックしたマウスボタンを離さず、押さえたまま上下にドラッグします。

2.2.2　選択の解除

作業の後、範囲を選択したままにしておくと、選択した範囲が消えてしまったり、移動してしまったりすることがあります。操作を終えたら、文書内をクリックして、必ず範囲選択を解除しておきましょう。

例題2　入力した文章で、範囲選択方法を確かめましょう。

【例題1入力済みファイル：Word 02 例題 2.docx】

2.3　文章の校正

入力した文章は読み直しをし、間違いを修正したり訂正したりして校正します。文章の校正方法を学びましょう。

【校正内容】　校正内容を確かめましょう。

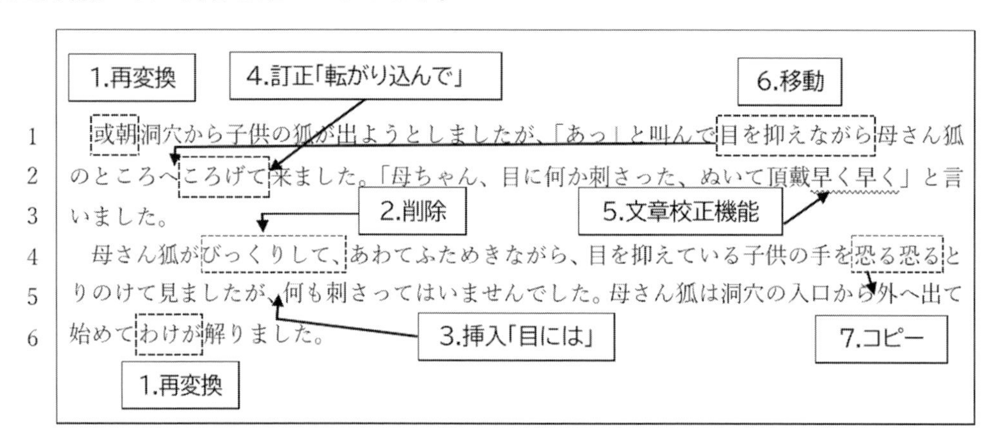

2.3.1　再変換

文字は確定した後でも、再度変換することができます（p.10（7）再変換を参照）。

例題3

①　1行目「或朝」を「ある朝」に再変換しましょう。

「或」を選択 → 変換キーで変換する →「ある」でEnterキー

②　6行目「わけが」を「訳が」に再変換しましょう。

2.3.2　文字の削除

文字を消して間を詰めることを「削除」といいます。文字の削除に使用するキーにはDeleteキーとBackSpaceキーがあります。2つのキーの使い方を理解しましょう。

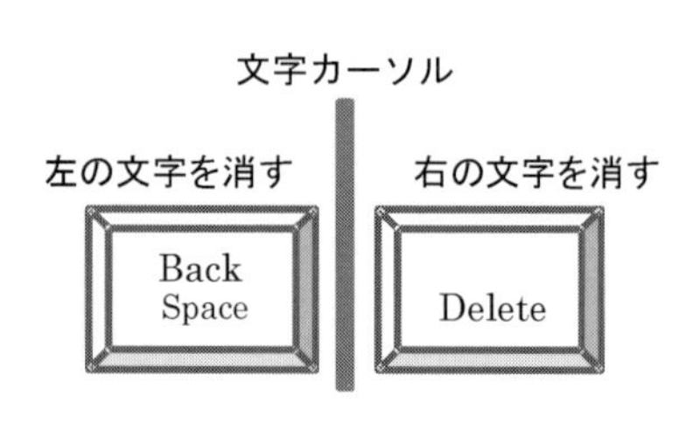

図2-1　削除キーの使い方

(1)　1文字ずつ削除する場合（図2-1）

(a)　BackSpaceキーを押すと、文字カーソルの左の文字が削除されます。

(b)　Deleteキーを押すと、文字カーソルの右の文字が削除されます。

(2)　まとめて削除する場合

範囲を選択し Delete キーを押します。

例題 4　4 行目「びっくりして、」を削除しましょう。

「びっくりして、」を選択する → Delete キーを押す

2.3.3　文字の挿入

文字列の間に他の文字列を追加入力することを「挿入」と呼びます。文字列を挿入するには、文字カーソルを挿入位置に移動し、挿入文字の入力操作をした後に Enter キーを押して確定します。

例題 5　5 行目「何も刺さってはいませんでした。」の前に「目には」を挿入しましょう。

2.3.4　文字列の訂正

文字列を他の文字列に置き換えることを「訂正」といいます。訂正前と訂正後の文字列の長さが違っていても構いません。訂正操作では、選択範囲の文字列の「削除」と入力文字の「挿入」が同時に行われます。

例題 6　2 行目「ころげて」を「転がり込んで」に訂正しましょう。

「ころげて」を選択する →「転がり込んで」を入力する

2.3.5　文章校正機能

入力した文章内に、赤の波線や青の二重線が付くことがあります。赤い波線は入力ミスかもしれないときに、青の二重線は文法的な間違いや表記のゆれがあるときに表示されます。「表記のゆれ」とは「＜プリンタ＞」（全角記号、長音なし）と「<プリンター>」（半角記号、長音あり）のように、表記の異なる言葉が混在する状態のことをいいます。英文では、スペルミスを赤い波線で知らせてくれます。

波線などが表示されている文字列内を右クリックすると修正候補が表示され、候補をクリックすると自動的に修正されます。これらの線は、印刷されませんのでそのままでよければ放っておいても構いませんが、表示された理由を右クリックで確かめるようにしましょう。

例題 7　2 行目「早く早く」に赤い波線が付いている理由を確かめ、修正しましょう。

「早く早く」内を右クリック →「単語の重複」で「早く」が正しいのではないかと表示 →［単語の重複　早く］をクリック（「早く早く」が「早く」に修正される）

2.3.6　文字列の移動

文字列を他の場所に動かしたいときには、移動機能を使います。移動操作は、文字列を切り取って移動先で貼り付けることで行います。

例題8　1行目「目を抑えながら」を2行目「母さん狐のところへ」の後ろに移動させましょう。

「目を抑えながら」を選択 → [ホーム]タブ → [クリップボード]グループ → [切り取り]ボタン → 「母さん狐のところへ」の後ろをクリック →[貼り付け]ボタンのをクリック

2.3.7　文字列のコピー（複写）

画面上で文字列を他の場所に複写するには、文字列を選択し [コピー] ボタンをクリックし、複写先で [貼り付け] ボタンをクリックします。「複写」と「コピー」は同意ですが、プリンターを使って紙に印刷することは「コピー」とは呼ばず、「印刷」または「プリントアウト」と呼びます。区別するようにしましょう。

例題9　4行目「恐る恐る」を5行目「入口から」の後ろにコピーしましょう。

「恐る恐る」を選択 → [ホーム]タブ → [クリップボード]グループ → [コピー]ボタン → 「入口から」の後ろをクリック → [貼り付け]ボタンのをクリック

One Point

Windowsには「クリップボード」と呼ばれる一時保管場所があります。[切り取り] ボタンで切り取られたり [コピー] ボタンでコピーされたものは、このクリップボードに保管され、[貼り付け] ボタンで文書内に取り込まれ、「移動」や「コピー」が行われます。

One Point

移動やコピーは次の操作でもできます。選択範囲内をマウスポインター でドラッグすると移動、Ctrlキーを押しながらドラッグするとコピーされます。

2.3.8　元に戻す・繰り返し・やり直し

入力や校正などで行った操作を元に戻したり、繰り返したり、取り消した操作を再度実行したりできます。操作を行った直後にクイックアクセスツールバー上のボタン（**図2-2**）をクリックします。

(1) 操作を取り消して元に戻す……… [元に戻す]ボタン
(2) 直前と同じ操作を繰り返す……… [繰り返し]ボタン
(3) 元に戻した操作をやり直す……… [やり直し]ボタン

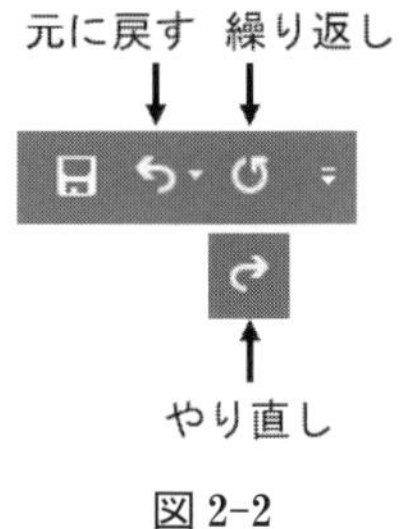

図2-2

- 続けてボタンをクリックすると、さかのぼって元に戻したり、やり直したりできます。
- [元に戻す]ボタンの右側の をクリックすると操作の一覧が表示され、一覧内の操作をクリックするとその操作までまとめて元に戻したり、やり直したりできます。

例題 10　校正した文章を次のように操作しましょう。

① 「ある朝」を削除する。
② ［元に戻す］ボタンで、削除を取り消し元に戻す。
③ 文末に「白い」を入力し、確定する。
④ ［繰り返し］ボタンで入力を繰り返し「白い白い」とする。
⑤ ［元に戻す］ボタンを 2 度クリックし、③と④の操作を取り消す。
⑥ ［やり直し］ボタンを 2 度クリックし、取り消した操作を再実行する。

【校正結果例】

> 　ある朝洞穴から子供の狐が出ようとしましたが、「あっ」と叫んで母さん狐のところへ目を抑えながら転がり込んで来ました。「母ちゃん、目に何か刺さった、ぬいて頂戴早く」と言いました。
> 　母さん狐があわてふためきながら、目を抑えている子供の手を恐る恐るとりのけて見ましたが、目には何も刺さってはいませんでした。母さん狐は洞穴の入口から恐る恐る外へ出て始めて訳が解りました。白い白い

例題 11　校正結果例はあくまでも校正の手順を説明するための一例です。また原文に戻してみましょう。

2.4　演習課題

演習 1　次の文章を入力しなさい。□ではスペースを入力　↵は Enter キーで改行

1	□スペースキーで変換すると、IME は文節の区切りを自動的に判断します。この文節の区
2	切り方がちがうと、希望する文字に変換されません。それだけではなく、さらにやっかいな
3	ことには次にパソコンを起動したときにも同じように変換されてしまいます。これは、変換
4	情報を記録し、ユーザーがよく使う候補を優先的に表示する「学習機能」が IME にはある
5	ためです。↵
6	□以前 CM で「いれたてのおちゃ」を変換すると「入れたてのお茶」とはならず「入れた手
7	のお茶」と誤変換される例が紹介されていました。位置と文節数は、前者の「入れたての」
8	「お茶」は 2 文節、「入れた」「手の」「お茶」は 3 文節です。↵

演習 2　演習 1 で入力した文章を、次の指示に従って校正しなさい。指示内の「　」は入力しません。　　【演習 1 入力済みファイル：Word 02 演習 2.docx】

① 2 行目……………「ちがう」を「違う」に再変換する。
② 8 行目……………「2 文節、」の後に「後者の」を挿入する。
③ 7 行目……………「位置」を「区切り」に訂正する。

④ 4行目……………「IMEには」を3行目の「これは、」の後ろに移動する。
⑤ 1行目……………「スペースキー」を6行目の「変換」の前にコピーする。
⑥ 2行目……………「さらにやっかいなことには」を削除する。

演習3 次の文章を入力しなさい。□ではスペースを入力 ↵は Enter キーで改行

1	□個人用のコンピューターが米国で発売された翌年、1978年に、日本語ワードプロセッサ
2	ー（ワープロ）第1号「トスワード」が発売された。価格は630万円。大卒初任給が10万
3	円という時代である。その後、ワープロは専用機として、コンパクト化と低価格化をめざし
4	て発展していった。↵
5	□パソコン用の日本語ワープロソフトが登場したのは1981年である。が、専用機に比べ非
6	力であった。1984年、専用機並の機能が実現できる「松」が発売された。パソコンの普及、
7	低価格化、ワープロソフトの高機能化にともない、ワープロ専用機は21世紀には姿を消す
8	こととなった。↵
9	□Wordは、英文ワープロソフトをベースに、日本語対応された日本語ワープロソフトであ
10	る。↵

演習4 演習3で入力した文章を次の指示に従って校正しなさい。指示内の「 」は入力しません。
【演習3入力済みファイル：Word 02 演習4.docx】

【ヒント】［貼り付け］後、貼り付けオプション (Ctrl) が表示されたら Esc キーで表示を消しましょう。

① 3行目……………「めざして」を「目指して」に再変換する。
② 7行目……………「ともない」を「伴い」に再変換する。
③ 1行目……………「コンピューター」の後に「(パソコン)」を挿入する。
④ 5行目……………「が、」を「しかし、まだまだ」に訂正する。
⑤ 3行目……………「専用機として」を4行目の「発展して」の前に移動する。
⑥ 5行目……………「ワープロソフト」を6行目「実現できる」の後ろにコピーする。

第 3 章　文書作成と文字書式・段落書式

Wordでの文書作成は、次の手順で行います。

①文書の内容を考え入力する → ②書式を設定し体裁を整える

作成中は随時保存するようにしましょう。入力した文書をどのように表示し印刷するのかを決めることを「書式を設定する」といいます。設定できる書式には「文字書式」「段落書式」「ページ書式」があります。「文字書式」「段落書式」について学習しましょう。

3.1　文書の入力

文章を段落で区切るときに Enter キーを押して改行します。文書を作成する際に、空行を空けたり、箇条書きで行を強制的に区切ったりする場合も、Enter キーを押して改行します。Enter キーを押したときに表示される区切り記号↵を「段落記号」と呼びます。「段落記号」は文字と同様に Delete キーや BackSpace キーで削除できます。

例題 1　次の文書を入力しましょう。□では スペース 　↵では Enter キーで段落記号を入力しましょう。

○○○○大学図書館利用案内↵
↵
□○○○○大学図書館には 14 万冊の蔵書があります。情報検索や AV 資料の視聴のための最新の設備が整い、大変利用しやすくなっています。Web（ホームページ）から OPAC（蔵書検索システム）、新着情報、各種データベースサービスを利用することができます。↵
↵
開館日□□□月曜日～金曜日↵
利用時間□□授業実施日□□9:00～20:00↵
授業のない日□□9:00～17:30↵
閉館日□□□土曜日、日曜日、国民の祝日、休業期間、その他指定日↵
閲覧□□□□館内の資料は、すべて自由に閲覧できます。↵
貸出冊数□□10 冊以内↵
貸出期間□□2 週間以内↵
↵
○○○○大学図書館↵
http://library.xxx.ac.jp↵

青色の下線が付いた場合は、文字列内を右クリックし[ハイパーリンクの削除]をクリックします。

図 3-1　例題 1 入力例

3.2　文字書式

「文字書式」とは、文字の大きさやフォント（書体の種類）、文字に装飾を施すことなどです。文字書式の設定は、文字列を選択して文字書式コマンドを実行して行います。行や段落を選択して設定した場合は、選択範囲内のすべての文字に対して文字書式が設定されます。

3.2.1　文字書式の設定と解除

設定できる文字書式は［ホーム］タブの［フォント］グループにまとめられています（**図3-2（a）**）。文字列を選択し、［フォント］グループのボタンをポイントすると、ボタン名や機能説明がポップアップ表示されます（**図3-2（b）**）。

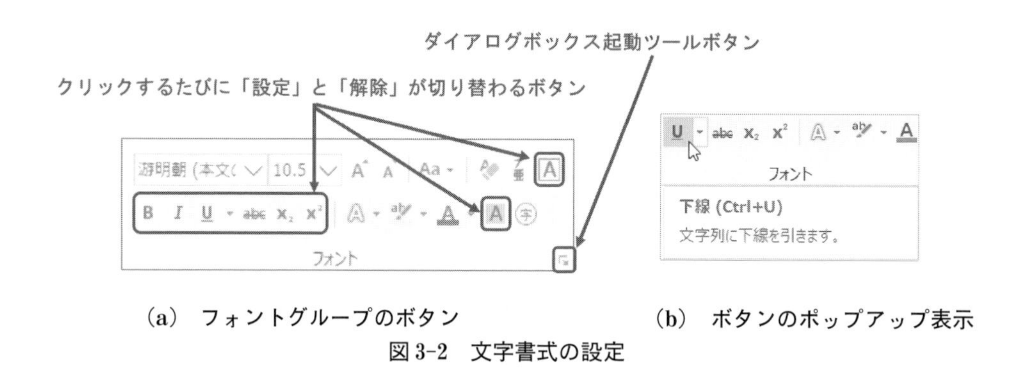

（a）　フォントグループのボタン　　（b）　ボタンのポップアップ表示

図3-2　文字書式の設定

［フォント］グループに並んでいるボタンは、よく使う設定用です。その他の設定は、［フォント］グループ名の右の［ダイアログボックス起動ツール］ボタン（**図3-2（a）**）をクリックし、表示される［フォント］ダイアログボックスで行います。

例題2　例題1で入力した文書（**図3-1**）に次のように文字書式の設定と解除をしましょう。

【例題1入力済みファイル：Word 03 例題 2.docx】

① ［ホーム］タブの［フォント］グループのボタンをポイントし、どんな文字書式があるのか確かめ、入力した文書内の文字列を任意（自由）に選択し文字書式を設定する。

② ボタンで設定解除できる文字書式は、もう一度ボタンをクリックして設定を解除する。

③ 任意の文字列を選択し［フォント］ダイアログボックスを表示してその他の文字書式を設定する。

文字列を選択 → ［フォント］グループ → ［ダイアログボックス起動ツール］ボタン → ［フォント］ダイアログボックス → 任意の文字書式を設定 → ［OK］ボタン

④ ［元に戻す］ボタンで設定した文字書式をすべて取り消す。

【文字書式設定例】 入力した文書（**図 3-1**）に設定する文字書式を確かめましょう。

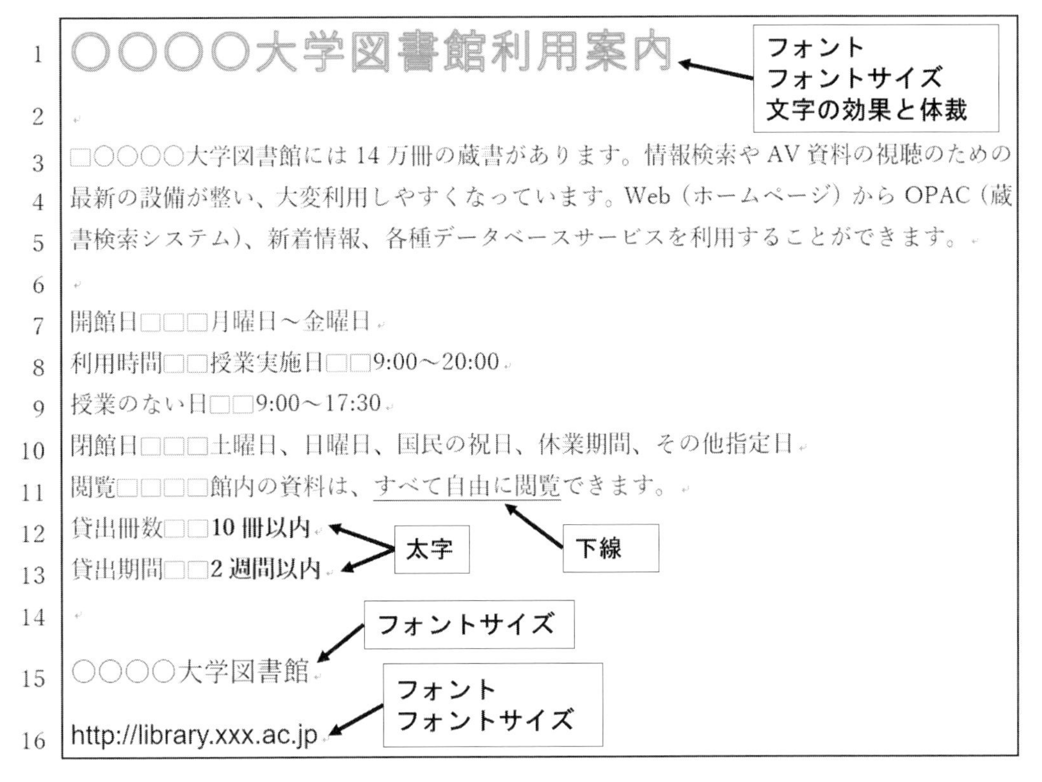

図 3-3　文字書式設定例

例題 3　例題 1 で入力した文書（**図 3-1**）に、リボンのボタンを使って**図 3-3** のように、文字書式を設定しましょう。

① 11 行目「すべて自由に閲覧」に［一重下線］を付ける。
「すべて自由に閲覧」を選択する → ［下線］ボタンの U をクリック

② 12 行目「10 冊以内」、13 行目「2 週間以内」を［太字］にする。
「10 冊以内」と「2 週間以内」を選択する → ［太字］ボタン B

3.2.2　フォント（書体）

「フォント（font）」とは書体のことです。Word では 1 つの文書に、全角文字用の「日本語書体」と、半角英数字用の「英字書体」が設定されています。標準では、日本語書体、英字書体とも「游明朝」が使用されます（**図 3-4**）。文字列を選択し、［フォント］の ∨ をクリックし、フォント名をポイントすると、選択した文字列がその書体で仮表示されます。フォント名をクリックすると、設定が確定します。［フォント］ダイアログボックスでは、日本語用のフォントと英数字用のフォントを別々に設定することができます。

3.2.3　フォントサイズ

フォントサイズとは印刷したときの文字の大きさのことで、画面に表示される大きさではありません。単位は「ポイント（pt）」、1 pt＝1/72 インチ＝約 0.353 mm、72 ポイントに設定すると 1 インチ＝約 25 mm 角の大きさで文字が印刷されます。標準は、全角文字で 10.5 pt ＝ 3.7 mm 角の大きさです（**図 3-4**）。［フォントサイズ］の をクリックし、サイズの数値をクリックして設定します。サイズの数値をポイントすると仮表示され、イメージを確かめることができます。

10.5pt＝3.7mm 角
游明朝

標準文字 Word

16pt＝5.6mm 角
MS ゴシック

お知らせ

72pt＝25mm 角
HG 行書体

図 3-4　フォントとフォントサイズ

例題 4　**図 3-3** のように、フォントとフォントサイズを設定しましょう。

① 1 行目「○○○○大学図書館利用案内」のフォントを「游ゴシック Light」に、フォントサイズを「20 pt」に、任意の色の「文字の効果と体裁」を設定する。

1 行目を選択する → ［フォント］ 游明朝 (本文(の をクリック → 游ゴシック Light → ［フォントサイズ］ 10.5 の をクリック → 20
→ ［文字の効果と体裁］ボタン → 一覧から任意の色のスタイルをクリック

② 15 行目「○○○○大学図書館」のフォントサイズを「12 pt」に変更する。

③ 16 行目「http://library.xxx.ac.jp/」のフォントサイズを「12 pt」に、フォントを「Arial」に変更する。

3.3　段落書式

段落記号↵で区切られた範囲を対象として設定する書式を「段落書式」と呼びます。段落書式を設定するには、段落を選択し段落書式コマンドを実行します。

設定できる段落書式は、［ホーム］タブの［段落］グループにまとめられています。段落グループにボタンがない機能は、［段落］グループ名の右の［ダイアログボックス起動ツール］ボタン をクリックし、表示される［段落］ダイアログボックスで設定します（**図 3-5**）。

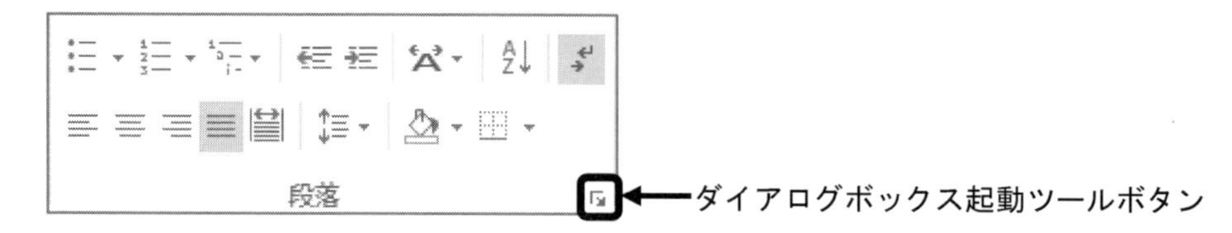

図 3-5　段落グループのボタン

【段落書式設定例】　作成中の文書（図 3-3）に設定する段落書式を確かめましょう。

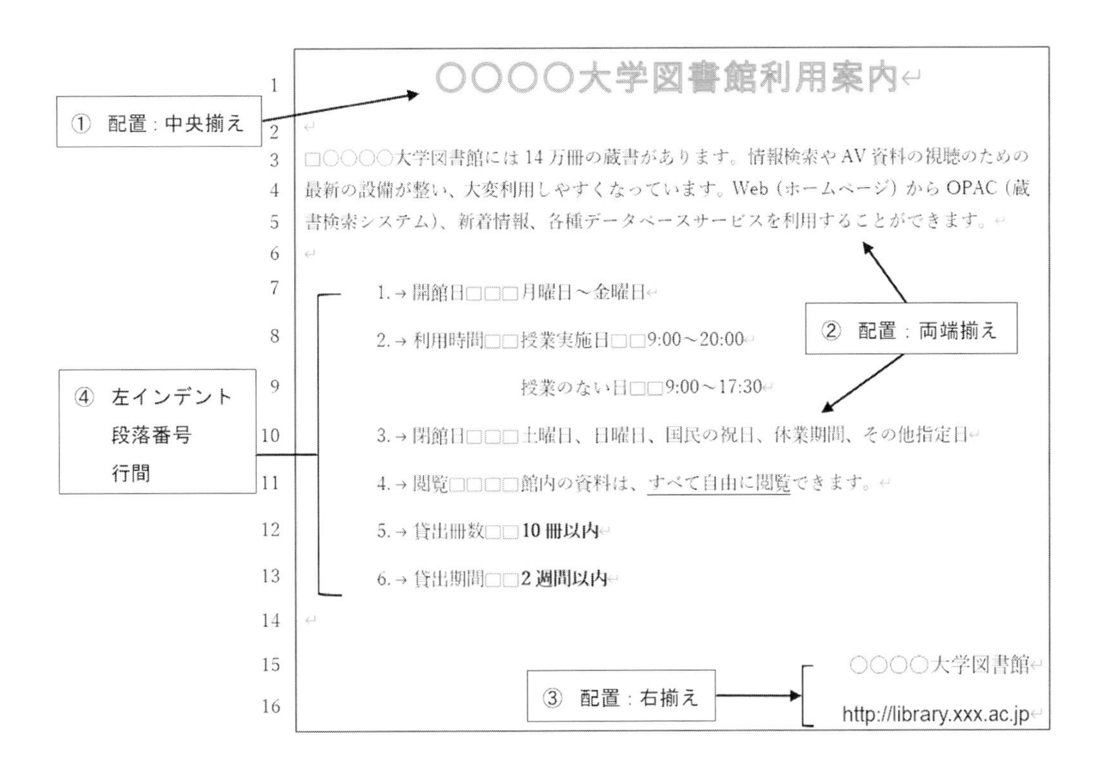

図 3-6　段落書式設定例

3.3.1　段落の配置

ページ内の文字や表などが入る領域を「本文領域」と呼びますが、Word のページの本文領域の幅は段落の幅と同じです。段落の配置は、この段落の幅を基準に設定され、［左揃え］［中央揃え］［右揃え］［両端揃え］ があります。

段落内に文字カーソルを移動するか段落内の文字列を選択したときに、グレー表示される配置ボタンが現在の段落配置です。配置を変更するには配置ボタンをクリックします。スペースを入力して中央や右に配置したように見せかけると、文字の挿入や削除でレイアウトがくずれます。作成した文書は、再利用時に編集しやすいよう Word の機能を使って配置設定するようにしましょう。

配置は指定しなければ［両端揃え］になります。［両端揃え］では折り返された行頭と行末が縦にまっすぐ揃うように行内の文字の間隔が調整されます。

例題 5　図 3-6 のように、段落書式を設定しましょう。

①　1 行目の段落を中央に配置する。

1行目内をクリック（1行目を選択してもよい）→［中央揃え］ボタン

② 15行目と16行目の段落を右に配置する。

15行目と16行目を選択する →［右揃え］ボタン

③ 任意の段落内をクリックし、段落配置を配置ボタンで確かめる。

3.3.2　インデント

段落に「インデント」を設定すると、その段落だけ本文領域の幅を狭く（余白を広く）することができます（**図3-7**）。「インデント」は段落の左右に設定でき、段落の左側余白を広くするインデントを「左インデント」、右側余白を広くするインデントを「右インデント」と呼びます。インデントを利用すると文字の挿入/削除でレイアウトがくずれません。

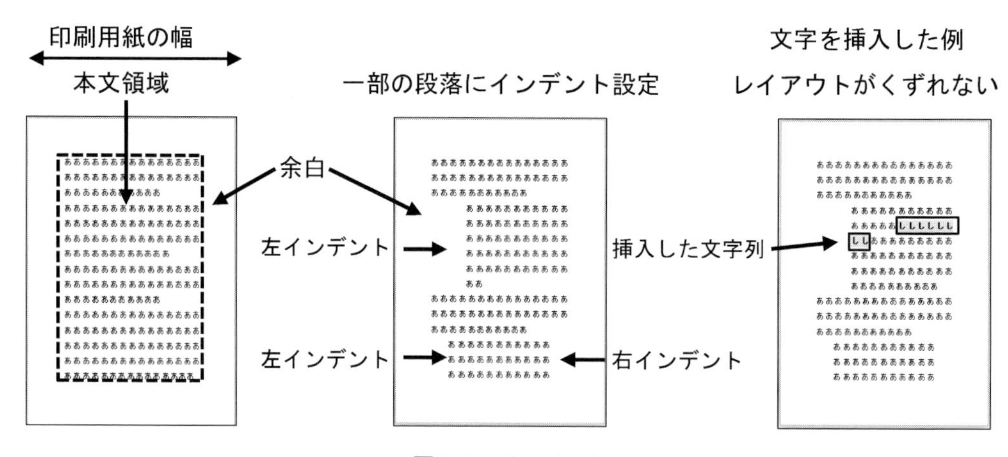

図3-7　インデント

段落に左インデントを設定するには、［インデントを増やす］ボタン をクリックします。左余白を広くし過ぎた時には、［インデントを減らす］ボタン をクリックします。

［インデントを増やす］ボタンや［インデントを減らす］ボタンを1回クリックすると、全角1文字分左インデントが増減します。

例題6　7〜13行目段落に4文字分の左インデントを設定しましょう。

7〜13行目を選択 →［インデントを増やす］ボタン を4回クリックする

コーヒーブレイク

インデントの種類と設定

【インデントの種類】

(1)　段落の左側

［左インデント］［1行目のインデント（字下げ）］［ぶら下げインデント］

(2)　段落の右側

［右インデント］

【インデントの設定方法】

(1)　［インデントを増やす］ボタン 、［インデントを減らす］ボタン をクリックする（左インデントのみ）。

(2)　［レイアウト］タブ → ［段落］グループ → ［インデント］欄で設定する。

(3)　［段落］ダイアログボックスの［インデントと行間隔］タブで設定する（図3-8の ）。

(4)　［水平ルーラー］の各インデントボタンを左右にドラッグする（図3-8の ）。

● ルーラーを表示するには、［表示］タブ → ［表示］グループ → ［ルーラー］チェックオン。

【インデントの設定と設定例（図3-8）】

● は［水平ルーラー］での設定、 は［段落］ダイアログボックスでの設定

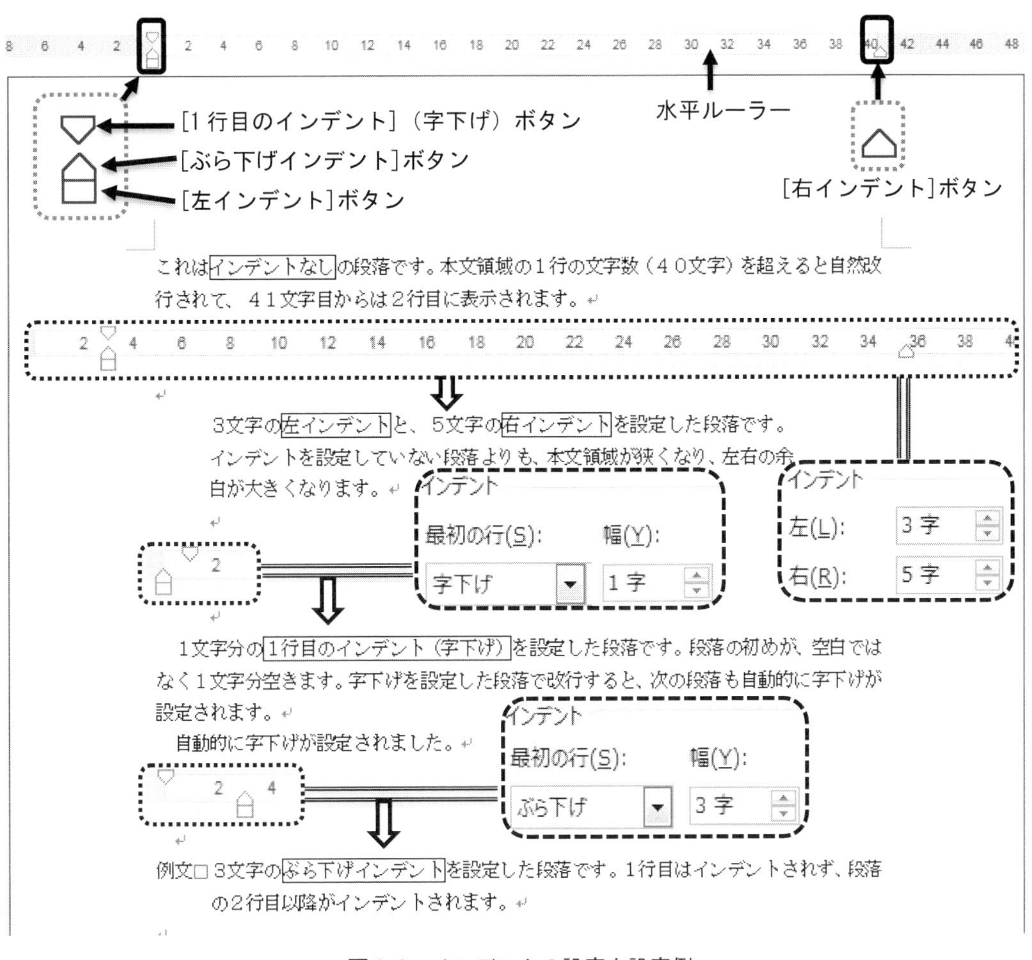

図3-8　インデントの設定と設定例

3.3.3　箇条書き

箇条書きとは要点を書き並べたもので、文書の一部分を箇条書きにすることで読みやすくする効果があります。箇条書きの1つの項目には要点を1つだけ書くようにします。行頭の記号や番号がなくても箇条書きにできますが、行頭に「●」「■」などの記号があると、列挙していることがはっきりと分かります。また項目に順番がある場合は、行頭に「1.」「2.」「3.」や「1」「2」「3」などの番号を付けるとより分かりやすくなります。

Wordでは、行頭に記号を付ける箇条書き設定を「箇条書き」、行頭に番号を付ける箇条書き設定を「段落番号」と区別して呼びます。「箇条書き」は、段落を選択し[箇条書き]ボタン をクリックして設定します。「段落番号」は、段落を選択し[段落番号]ボタン をクリックして設定します。ボタンの▼をクリックすると、記号や番号の種類を選択することができます。段落番号設定された項目間に段落を追加すると、自動的に番号が振り直されます。

例題7 図3-6のように、「1. 2. 3.…」の段落番号を設定しましょう(7～13行目に段落番号を設定後、9行目の設定を解除する)。

① 7～13行目を選択する → [段落番号]ボタン の▼をクリック→「1. 2. 3.」をクリックする。
② 9行目「3. 授業のない日…」を選択する → [段落番号]ボタンの をクリックする。
③ 9行目に左インデントを追加設定する(8行目の「授業」と行頭が揃うようにする)。

3.3.4　行間(行送り)

Wordでは、文字の中央から次の行の文字の中央までの高さを「行間」または「行送り」と呼び、文書のページ設定の行送り値を「行間1」としています。段落ごとに行間を変更することができ、「行間1」の高さの何倍にするかを指定します(**図3-9**)。上下の段落で行間設定が異なる場合は、上下の行間の平均値となります。行間は段落を選択し[行と段落の間隔]ボタンで設定します。

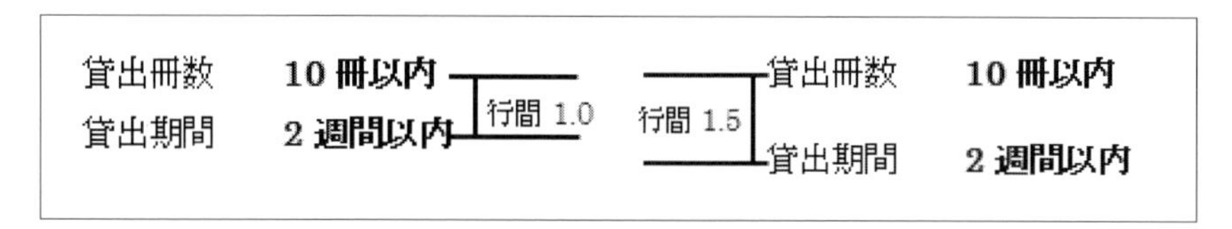

図3-9　行間設定例

例題8 図3-6のように、7～13行目段落の行間を他の行間の1.5倍の高さにしましょう。

7～13行目を選択する →[行と段落の間隔]ボタン → 1.5

3.4　書式のクリア

書式が設定されている文字の直後に入力すると、入力した文字にも同じ文字書式が設定されます。また、書式が設定されている段落でEnterキーを押すと、新しくできた段落にも同じ書式が引き継がれます。

書式を消去し設定する前の状態に戻すことを「書式をクリアする」といいます。書式をクリアするには、範囲を選択し［ホーム］タブの［フォント］グループ内の［すべての書式をクリア］ボタンをクリックします。前行の書式を引き継いだ書式をクリアするには、「段落記号」を選択するか段落記号の直前に文字カーソルを置き書式をクリアします。

例題 9　図 3-6 の文書に、次の操作をしましょう。

①　13 行目の行末で改行し次を入力する。

「2 週間以内」の後をクリック → Enterキー（段落番号「7.」が付く）→「返却が遅れると、遅れた日数分貸出が停止されます。」を入力する（入力文字が太字になる）

②　入力した行の書式をクリアする。

入力した行を選択→［ホーム］タブ →［フォント］グループ →［すべての書式をクリア］ボタン（段落番号とインデント、行間設定が解除され、太字でなくなる）

③　入力した段落に［箇条書き］を設定し、左インデントを設定する。

入力した行を選択 →［箇条書き］ボタン →［インデントを増やす］ボタンを 1 回クリック

④　1 行目の行末で改行し次を入力する。

1 行目の行末をクリック → Enterキー →「令和○年 4 月」を入力する（1 行目の中央揃え、フォント、フォントサイズ、文字の効果設定が引き継がれる）

⑤　入力した段落の書式をクリアし、段落配置を右揃えにする。

「令和○年 4 月」の行を選択 →［すべての書式をクリア］ボタン（すべての書式がクリアされる）→［右揃え］ボタン

One Point

「箇条書き」や「段落番号」が設定されている段落に［インデントを増やす］ボタンでインデントを設定すると、1 回のボタンクリックで全角 1 文字分の左インデントにはなりません。文字数を指定してインデント設定するには［段落］ダイアログボックスを使いましょう。

3.5　演習課題

演習1　次の文書を入力しなさい。□はスペース　↵は段落記号

●3行目の行末で改行しないようにしましょう。段落は続いています。

1	保育園にあそびに来ませんか↵
2	↵
3	□キジバト保育園では、地域のみなさまに楽しんでいただけるように施設を開放していま
4	す。季節のイベントも盛りだくさんです。どうぞ、親子であそびに来てください。お待ちし
5	ています。↵
6	↵
7	開放施設□□園庭と園内の小部屋「たんぽぽルーム」↵
8	曜日□□□□月～土曜日↵
9	時間□□□□9:00～12:00↵
10	イベント□□こいのぼり・・・5月○日（○）↵
11	カレーパーティー・・・6月○日（○）↵
12	夏まつり・・・7月○日（○）↵
13	その他□□□絵本の貸し出しもしています↵
14	↵
15	キジバト保育園↵
16	06-xxxx-xxxx↵

中点（・）：め キー

図3-10　演習1入力例

演習2　演習1で入力した文書（図3-10）に、次の文字書式を設定しなさい。

【演習1入力済みファイル：Word 03 演習 2.docx】

① 1行目……………………………［フォント］; 游ゴシック Light
→［フォントサイズ］; 24 pt
→［文字の効果と体裁］; 任意のスタイル

② 13行目「絵本の貸し出し」……［下線］; 波線の下線

③ 10行目「こいのぼり」、11行目「カレーパーティー」、12行目「夏まつり」
……………………………………［文字の網かけ］A

④ 15行目「キジバト保育園」……［フォント］; HG ゴシック M
→［フォントサイズ］; 12 pt

演習3　演習2で文字書式を設定した文書に、次の段落書式を設定しなさい。

① 1行目段落 ……………………［中央揃え］

② 15～16行目段落………………［右揃え］

③ 7〜13 行目段落 ……………… 左インデント；4 文字分 → ［行と段落の間隔］；1.5 → ［箇条書き］；任意の行頭記号

④ 11〜12 行目段落……………… ［箇条書き］を解除する → 行頭が「こいのぼり」に揃うように左インデント

演習 4 次の文書を入力しなさい。□はスペース ↵は段落記号

1 大学生のための著作権講座↵
2 ↵
3 □大学生の皆さんは日々多くの書物や文献に接し、日常的に他の人が書いた文献を引用し
4 てレポートや論文を作成しています。公開されている文章、音楽、映像などは著作権法とい
5 う法律によって無断使用が禁じられています。↵
6 □著作権とは何かを具体的な事例で紹介する講座を開催します。ぜひご参加ください。↵
7 ↵
8 日時□□□令和○年 6 月○○日（土）13:00~16:00↵
9 場所□□□B 棟 202 号室↵
10 対象□□□本学学生↵
11 講師□□□雲母□一二三↵
12 参加費□□無料↵
13 問合せ□□学生生活課□担当：門松↵
14 電話 06-xxxx-xxxx（代）（内線 2136）□メール□seikatu@mail.xxx.ac.jp↵
15 ↵
16 ○○○○大学□学生生活課↵

青色の下線が付いた場合は、文字列内を右クリックし［ハイパーリンクの削除］

図 3-11 演習 4 入力例

演習 5 演習 4 で入力した文書（**図 3-11**）に、次の書式を設定しなさい。

【演習 4 入力済みファイル：Word 03 演習 5.docx】

① 1 行目………………… 段落配置を［中央揃え］ → ［フォント］；任意のゴシック体 → ［フォントサイズ］；22 pt → ［文字の効果と体裁］；任意のスタイル

② 8〜14 行目段落……… 左インデント；2 文字分

③ 8〜13 行目段落……… ［段落番号］；1. 2. 3. → ［行と段落の間隔］；1.5

④ 14 行目段落 ………… 行頭が 13 行目の「学生生活課」に揃うように左インデント

⑤ 6 行目「著作権とは何かを具体的な事例で紹介する」……… ［文字の網かけ］ A

⑥ 16 行目 ……………… ［右揃え］ → ［フォントサイズ］；12 pt

第4章 ビジネス文書とページ書式

文書の書式には「文字書式」「段落書式」「ページ書式」があります。「ページ書式」について学習しましょう。

文書を分類すると、日常生活でやりとりされる「個人文書」とビジネスシーンで利用される「ビジネス文書」があります。ビジネス文書には基本形式があり、企業や組織間での取引などに使われる「社外文書」と企業や組織内でやりとりされる「社内文書」に分けられます。社内文書の中から通知状を作成し、ビジネス文書の書き方を学習しましょう。

4.1 ページ書式（ページ設定）

作成した文書は通常印刷して使用します。印刷時の用紙サイズや余白、行数などのページ書式を設定することをWordでは「ページ設定」と呼びます。

4.1.1 Wordのページ設定既定値

ページ書式は自由に設定することができますが、文書を作るたびに一から設定しなければならないと大変面倒なことになります。新しい文書には最も一般的な設定があらかじめされています（既定値）。Wordでの既定のページ設定は**図4-1**のようになっています。

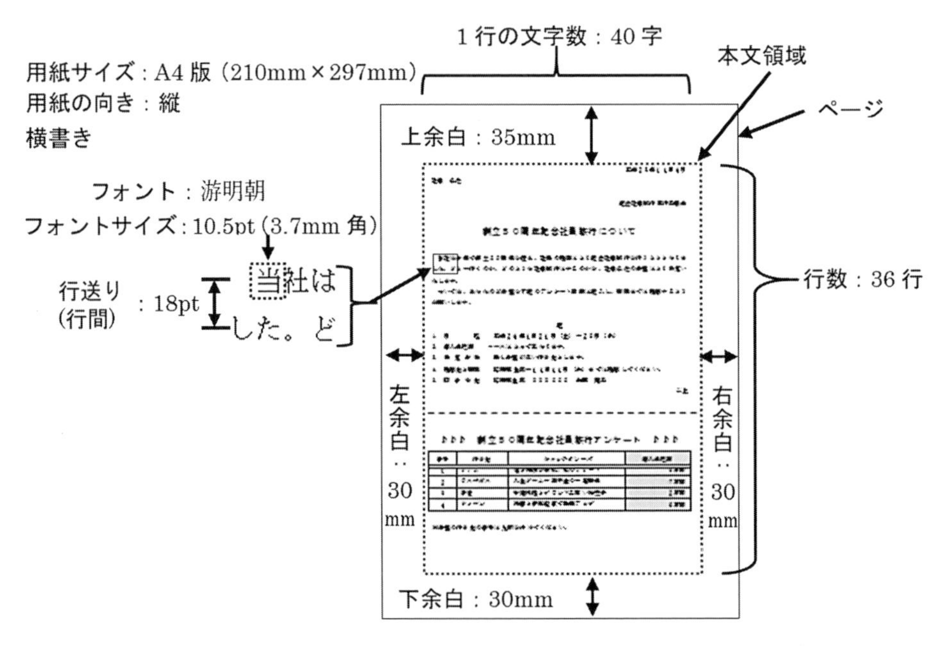

図4-1　Wordの既定のページ設定

4.1.2　ページ設定の変更

ページ設定の変更は［レイアウト］タブの［ページ設定］グループのボタンで行います。詳細に設定する場合は［ページ設定］グループの［ダイアログボックス起動ツール］ボタンをクリックして、表示される［ページ設定］ダイアログボックスで行います（**図 4-2**）。

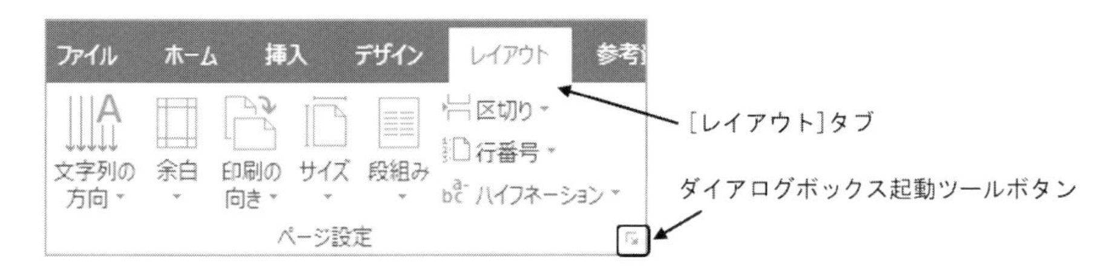

図 4-2　ページ設定グループのボタン

例題 1　第 3 章例題で作成した「○○○○大学図書館利用案内」のファイルを開いて、既定のページ設定を確かめ**表 4-1** に書き出しましょう。さらに、表 4-1 の「設定 1」〜「設定 3」のようにページ設定を変更し、レイアウトがどう変わるかを確かめ、表 4-1 の空欄（網かけセル）を埋めましょう。

「○○○○大学図書館利用案内」のファイルを作成していない場合は、他のファイルを開いて作業しましょう。

ページ設定を変更したファイルは上書きせずに閉じましょう。

① ［レイアウト］タブ → ［ページ設定］グループ → ［ダイアログボックス起動ツール］ボタン → ［ページ設定］ダイアログボックス → 既定のページ設定を確かめ**表 4-1** の「既定」の行の空欄（網かけセル）に書き出す。

② ページ設定を「設定 1」の値に変更する → 表の空欄に値を書き出す → ［OK］ボタン → レイアウトがどのように変わるかを確かめる。

③ 引き続き「設定 2」「設定 3」と設定を変更して値を書き出しレイアウトを確かめる。

● 「設定 2」では文書は 2 ページになります。

④ 上書きせずにファイルを閉じる。

表 4-1　ページ設定

設定	用紙サイズ 印刷の向き	余白				ページの行数	1 行の文字数	行送り（行間）
		上	下	左	右			
既定		mm	mm	mm	mm	行	字	pt
設定 1	A4 縦	同上	同上	同上	同上	25 行	同上	pt
設定 2	B5*縦	同上	同上	同上	同上	行	字	pt
設定 3	B5 横	15 mm	15 mm	20 mm	20 mm	24 行	字	pt

*B5 判用紙サイズ：182mm×257mm

4.2 ビジネス文書の基本形式

大学に合格すると「合格通知書」が送られてきます。封筒には「合格通知書を送ります」という内容の文書が同封されています。その「年月日」は文書を作成した日付ではなく合格発表の日付、「受取人」は「○○○○大学入学者選抜試験合格者　各位」、「差出人」は「○○○○大学入試課」、「標題」は「合格通知書の送付について」などとなっています。この並び順や段落の配置などがビジネス文書の基本的な形式です（**図4-3**）。

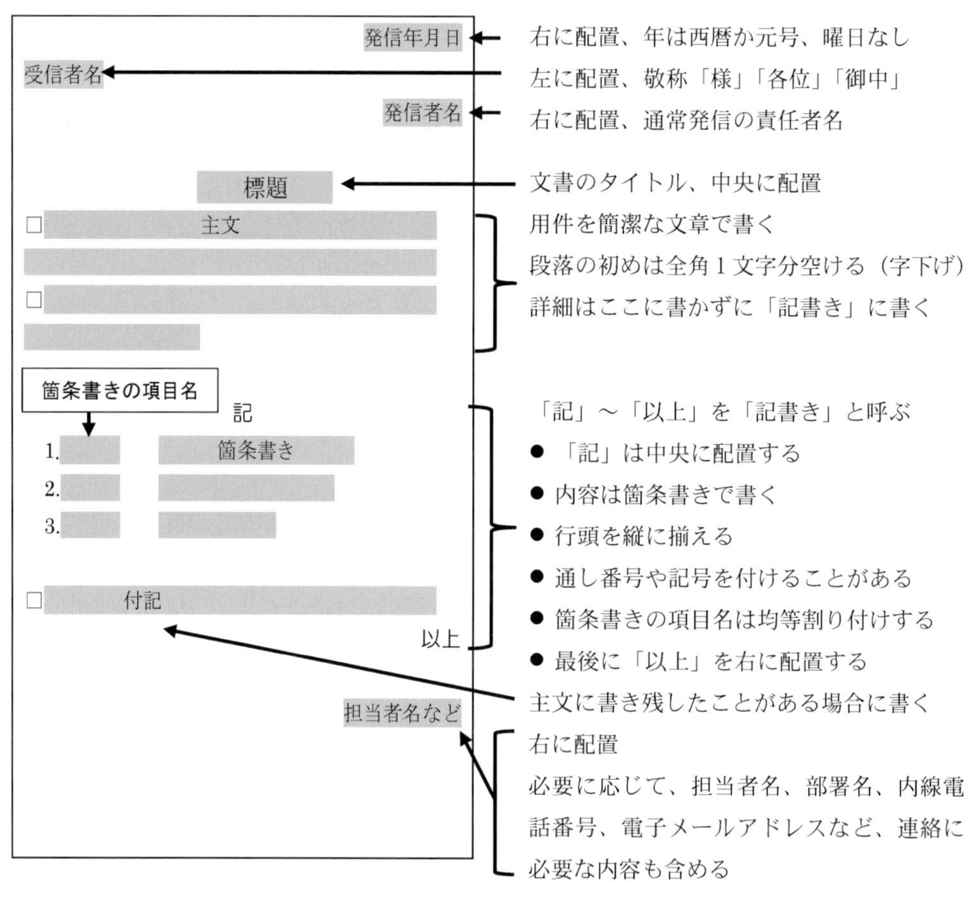

図4-3 ビジネス文書の基本的な形式

● 「付記」は「記書き」の後ろ（「以上」の下行）に書くこともあります。

4.3 通知状の入力

「記書き」の初めに「記」を中央に配置すること、「記書き」の最後に「以上」を右に配置することもビジネス文書の基本的な形式です。Wordでは「記」と入力し Enter キーで改行すると「以上」が自動的に入力され右に配置されます。Wordの環境設定によって自動的に設定されない場合は、自分で入力し設定しましょう。

例題 2 次の文書を入力しましょう。□では スペース ↵では Enter キーで改行しましょう。左側に文書の構成要素を示しています。編集の際に参照しましょう。

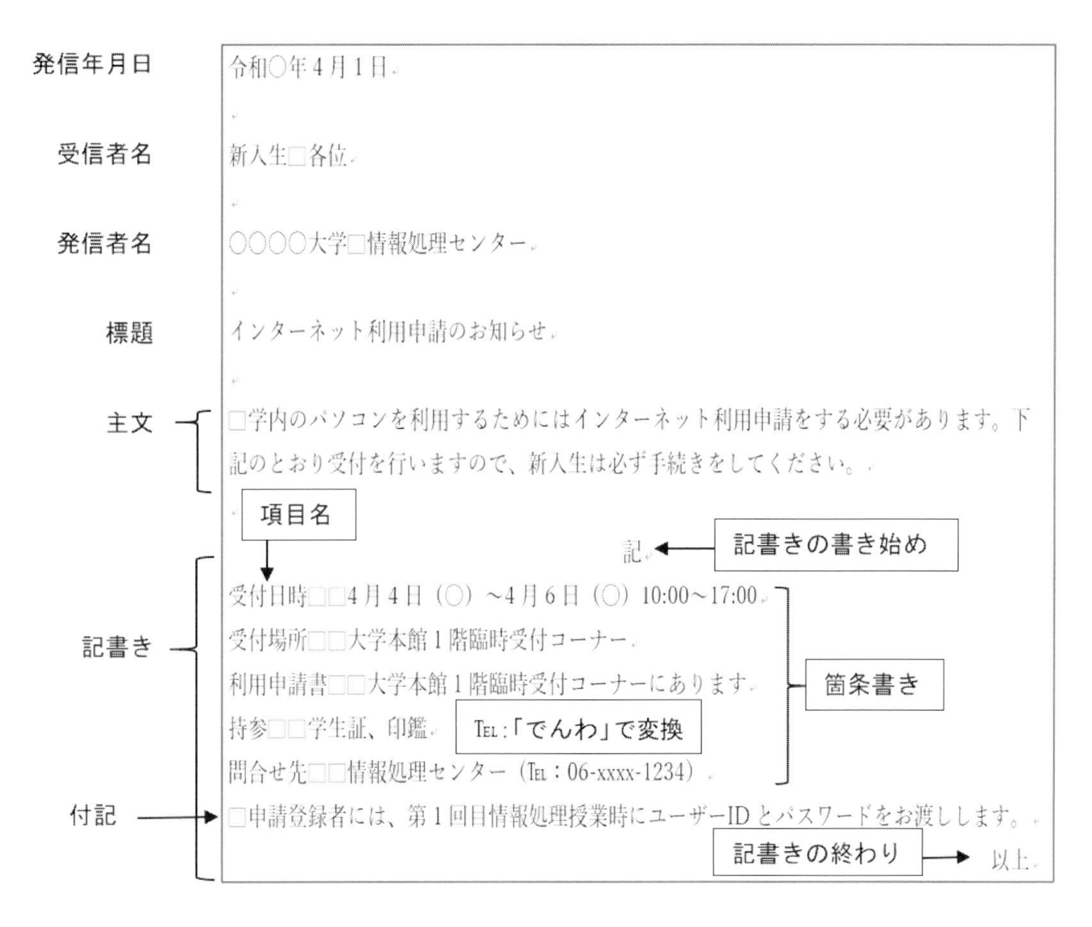

図 4-4 例題 2 入力例

4.4 通知状の編集

4.4.1 文字書式・段落書式の設定

本文のフォントは既定の游明朝 10.5 pt から変更しません。標題は強調するために、フォントサイズを 14～18 pt 程度に、フォントをゴシック体にするのが一般的です。また、ビジネス文書では過度な装飾は施しません。フォントも特殊な用途の書体（POP 広告用のポップ体など）は使わないようにしましょう。

例題 3 例題 2 で入力した文書（**図 4-4**）に**図 4-3** を参照し次の書式を設定しましょう。

【例題 2 入力済みファイル：Word 04 例題 3.docx】

① 発信年月日……………………………右に配置

② 発信者名………………………………右に配置

③　標題……………………………………中央に配置 →［フォントサイズ］; 14〜18 pt
　　→［フォント］; 游ゴシック Light
④　記書き内の項目段落（5行）………左インデント ; 2文字分 →［段落番号］; 1. 2. 3.
⑤　記書き内の段落（6行）……………行間 ; 1.5

4.4.2　文字の均等割り付け

ビジネス文書では「記書き」内の箇条書きの項目名の文字列を「均等割り付け」して体裁を整えるということがなされてきました。**図4-4**の文書では箇条書きの見出しとなる「受付日時」「受付場所」「利用申請書」「持参」「問合せ先」が項目名です。**図4-5（a）**のように項目名は文字数が異なります。「文字の均等割り付け」をすると、**図4-5（b）**のように各項目名の1文字目と最後の文字の縦位置が揃い、それぞれの文字列内で文字の間隔が均等に配置されます。通常は、項目名の中で一番長い文字列と同じ幅に均等割り付けします。この例では「利用申請書」に合わせて5文字幅にします。

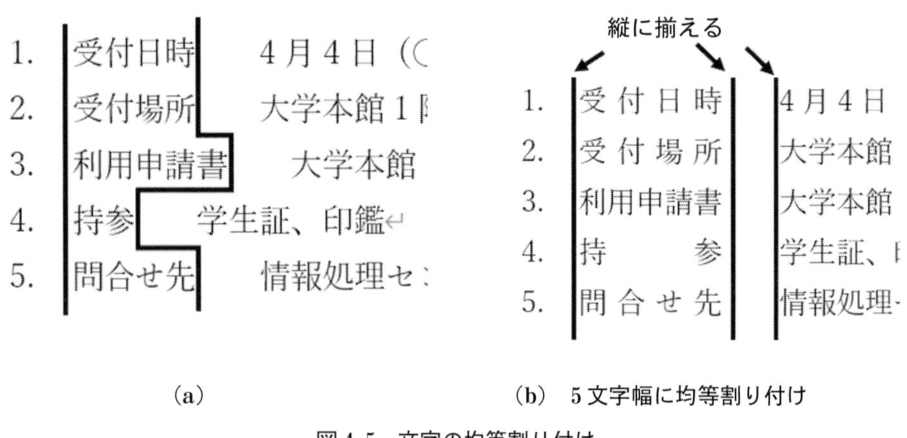

（a）　　（b）5文字幅に均等割り付け

図4-5　文字の均等割り付け

(1)　文字の均等割り付け設定

「文字の均等割り付け」の設定は、設定する文字列を選択し［ホーム］タブ →［段落］グループ →［均等割り付け］ボタン をクリック →［文字の均等割り付け］ダイアログボックス（**図4-6（a）**）で何文字分の幅にするかを指定します。

（a）　　（b）

図4-6　文字の均等割り付けの設定

One Point

均等割り付け設定した文字列内をクリックすると、**図4-6 (b)** のように水色の下線が表示されますが、均等割り付けされていることを示すこの下線は印刷されません。

例題4　**図4-5 (b)** のように、記書き内の5つの項目名を均等割り付けしましょう。

項目名の文字列を選択 → ［ホーム］タブ → ［段落］グループ → ［均等割り付け］ボタン → ［文字の均等割り付け］ダイアログボックス → ［新しい文字列の幅］欄；5字 → ［OK］ボタン（**図4-6 (a)**）

One Point

複数の文字列を一度に均等割り付けすることができます。

1つ目選択 → Ctrl キー ＋ 他を選択 → 均等割り付け設定

(2)　均等割り付けの解除

均等割り付けを解除するには、均等割り付けされた文字列内をクリックして選択し（ドラッグする必要はありません）［均等割り付け］ボタンをクリックします。表示された［文字の均等割り付け］ダイアログボックス内の［解除］ボタンをクリックします（**図4-6 (a)**）。

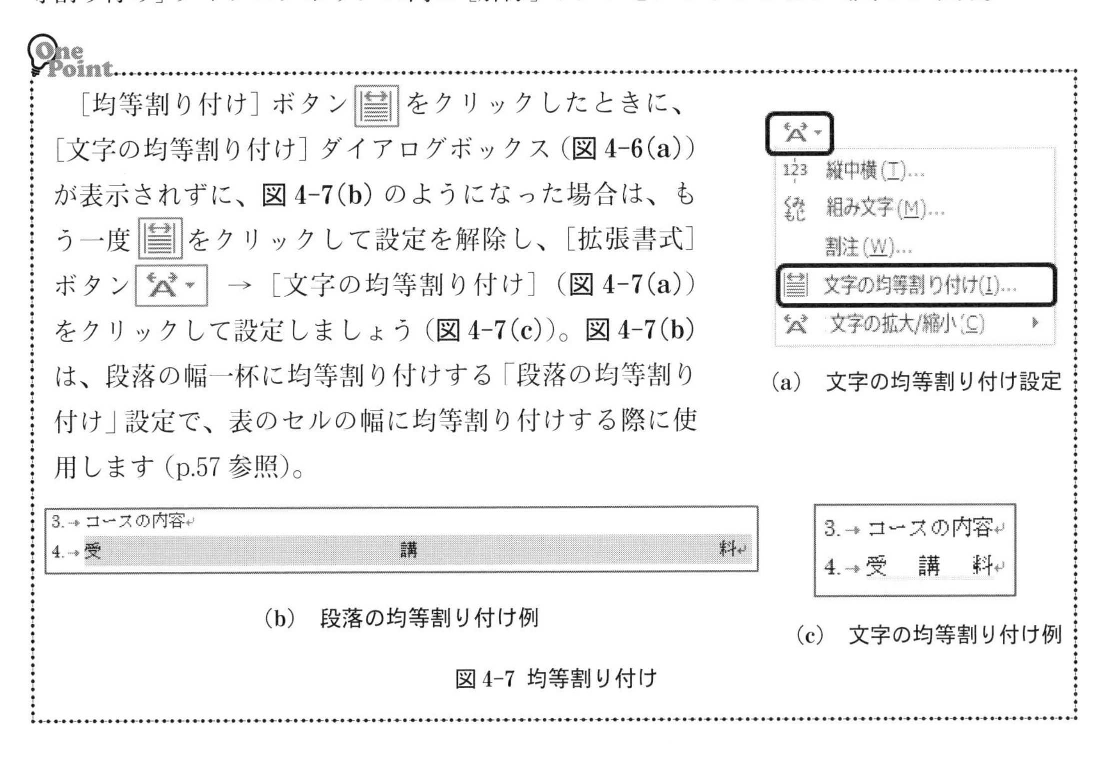

One Point

［均等割り付け］ボタン をクリックしたときに、［文字の均等割り付け］ダイアログボックス（**図4-6(a)**）が表示されずに、**図4-7(b)** のようになった場合は、もう一度 をクリックして設定を解除し、［拡張書式］ボタン → ［文字の均等割り付け］（**図4-7(a)**）をクリックして設定しましょう（**図4-7(c)**）。**図4-7(b)** は、段落の幅一杯に均等割り付けする「段落の均等割り付け」設定で、表のセルの幅に均等割り付けする際に使用します（p.57参照）。

(a)　文字の均等割り付け設定

(b)　段落の均等割り付け例

(c)　文字の均等割り付け例

図4-7 均等割り付け

4.5　文書の印刷

文書が完成したら、印刷イメージを画面上で確かめ、レイアウトを調整し、プリンターで印刷しましょう。

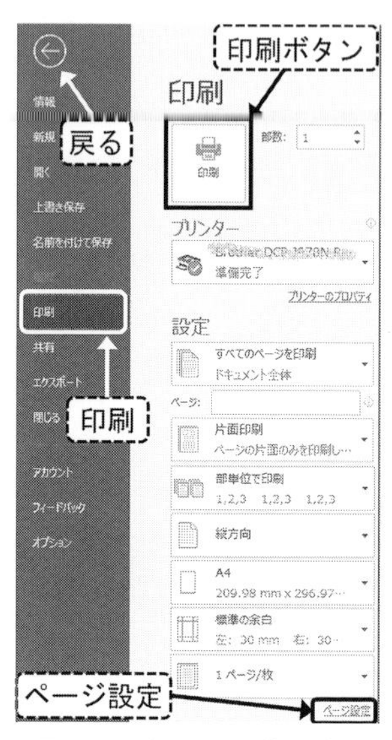

図 4-8　印刷の設定と実行

4.5.1　印刷イメージの確認

［ファイル］タブ → ［印刷］で、印刷状態に近い「印刷イメージ」を確かめることができます。印刷イメージの表示倍率は右下の［ズーム］スライダーで変更することができます。

4.5.2　ページ設定の変更（印刷時）

印刷イメージを確かめた結果、問題があれば「ページ設定」でページ書式を変更します。［ページ設定］ダイアログボックスは印刷設定の下にある［ページ設定］リンク ページ設定（図 4-8）をクリックすることでも表示できます。［ページ設定］を変更後［OK］ボタンをクリックすると変更したページ設定で印刷イメージが表示されます。

4.5.3　印刷の実行

文書を印刷するには［ファイル］タブ → ［印刷］で表示された画面で、印刷設定を行い、印刷を実行します（図 4-8）。

①　［プリンター］の▼をクリックして印刷に使用するプリンターを選択する。

②　必要に応じて［プリンターのプロパティ］リンクをクリックしてプリンターの設定を変更する。

③　複数ページで構成されている文書の一部のページを印刷する場合は［ページ］欄で印刷するページ番号を指定する。

④　［印刷］ボタンをクリックする。

●印刷せずに編集画面に戻るには、画面左上の㊀をクリックします。

例題 5　次のように、作成した文書の印刷イメージを確かめ印刷しましょう。

①　印刷イメージを表示する。

［ファイル］タブ → ［印刷］

②　1ページの行数を 25 行に変更する。

［ページ設定］リンク → ［ページ設定］ダイアログボックス → ［文字数と行数］タブ → ［行数］グループ → ［行数］欄 ; 25 → ［OK］ボタン

③　文書を 1 部印刷する。

［印刷］ボタン

コーヒーブレイク

英文入力

日本語版 Word で A 4 版用紙に英語の文章をダブルスペース（各行に 1 行分の空きがある行間）で入力する際の設定例です。

① 文字書式を設定します（**図 4-9**）。

［ホーム］タブ →［フォント］グループ →［ダイアログボックス起動ツール］ボタン →［フォント］ダイアログボックス →［フォント］タブ →［英数字用のフォント］欄；Times New Roman →［サイズ］欄；12 →［OK］ボタン

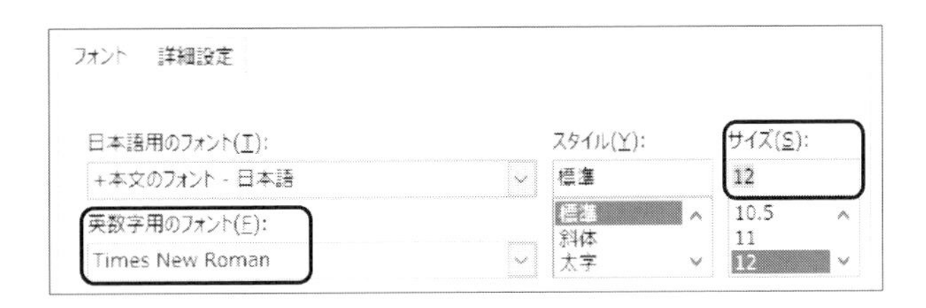

図 4-9 ［フォント］ダイアログボックスの設定

② 段落書式を設定します（**図 4-10**）。

［ホーム］タブ →［段落］グループ →［ダイアログボックス起動ツール］ボタン →［段落］ダイアログボックス →［インデントと行間隔］タブ →［インデント］グループ →［最初の行］欄；字下げ →［幅］欄；2.5 字 →［間隔］グループ →［行間］欄；2 行 →［1 ページの行数を指定時に文字を行グリッド線に合わせる］チェックオフ →［OK］ボタン

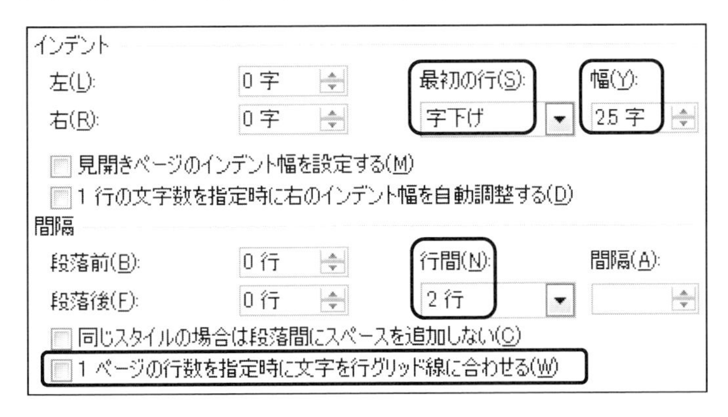

図 4-10 ［段落］ダイアログボックスの設定

③ 入力モードを［半角英数］入力モード（日本語入力 OFF）にして入力します。

● 単語間、文末などには 1 スペース入力します。

文末などには 2 スペースとする例もありますが、現在では 1 スペースが主流です。

4.6　演習課題

演習1　次の文書を入力しなさい。□は スペース　↵は段落記号

令和○年4月1日↵
↵
学生□各位↵
↵
○○○○大学□保健管理センター↵
↵
学生定期健康診断のお知らせ↵
↵
□疾病の早期発見・治療および予防のため、下記のとおり定期健康診断を実施します。必ず受診してください。↵
↵
記↵
実施日□□新入生：4月○日（火）↵
在校生：4月○日（水）↵
受付時間□□9:00～10:30、13:00～15:00↵
会場□□体育館↵
実施項目□□健康調査、身長体重計測、視力測定、聴力検査↵
胸部レントゲン撮影、尿検査、内科診察、問診↵
↵
※再検査が必要な場合は自己負担で精密検査を受けていただきます。↵
以上↵
問い合わせ：保健部門□06-xxxx-2222（内線：3212）↵

図4-11　演習1入力例

演習2　演習1で入力した文書（**図4-11**）を、**図4-3**、例題2を参照し次のように編集しなさい。
【演習1入力済みファイル：Word 04 演習2.docx】

① 発信年月日、発信者名……………………右に配置
② 標題……中央に配置 → ［フォントサイズ］; 14 pt～18 pt → ［フォント］; 游ゴシック Light
③ 「問い合わせ」の段落 ……………………右に配置
④ 記書きの1～6行目段落…………………左インデント ; 2文字分
⑤ 記書きの1、3～5行目段落………………［段落番号］; 1.　2.　3.
　記書きの1～5行目に［段落番号］を設定後、2行目の設定を解除
⑥ 記書きの項目名「実施日」と「会場」…… 文字の均等割り付け ; 4文字幅
⑦ 記書きの2行目と6行目…………………行頭が内容と縦に揃うように左インデント
⑧ ページ設定………………………………［行数］欄 ; 28

演習3 次の文書を入力しなさい。□はスペース　↵は段落記号

20xx年3月1日↵
↵
新入生□各位↵
↵
○○○○大学生協↵
↵
新入生歓迎会のお知らせ↵
↵
□合格おめでとうございます。4月から始まる期待いっぱいの大学生活、一方わからないことだらけで不安を感じていることと思います。入学前に友達作りや不安解消の一助になればと、大学生協が新入生歓迎会を開きます。↵
□たくさんのご参加、お待ちしています。↵
↵
記↵
日時□□文学部□3月29日（○）10:00～13:00（受付9:30～）↵
社会学部□3月30日（○）10:00～13:00（受付9:30～）↵
場所□□○○○○大学□3号館1階ホール↵
参加費□□1,000円↵　1,000円：「１０００えん」で変換
申込方法□□申込専用用紙（資料と共に送付済）でお振込みください。↵
振込期限□□20xx年3月23日（○）↵
内容□□会食（バイキング）、ゲーム、賞品抽選↵
↵
※動きやすい服装でお越しください。↵
以上↵

図4-12　演習3入力例

演習4 演習3で入力した文書（**図4-12**）を、**図4-3**、例題2を参照し次のように編集しなさい。　【演習3入力済みファイル：Word 04 演習4.docx】

① 発信年月日、発信者名……………………右に配置
② 標題…中央に配置 →［フォントサイズ］; 14 pt～18 pt →［フォント］; 游ゴシック Light
③ 記書きの1～7行目段落………………左インデント；1文字分
④ 記書きの1、3～7行目段落……………［箇条書き］; 任意の行頭記号
⑤ 記書きの2文字と3文字の項目名…… 文字の均等割り付け ; 4文字幅
⑥ 記書きの2行目段落……………………行頭が「文学部」に揃うように左インデント
⑦ 記書きの1行目「文学部」………………文字の均等割り付け ; 4文字幅
⑧ ページ設定………………………………［行数］欄 ; 30

第5章 表作成 I

表の構成、表の作成、表の編集方法を学びましょう。

5.1 表の構成

表の構成は図5-1のようになっています。表は、1つ1つのマス目を「セル」、横の並びを「行」、縦の並びを「列」と呼びます。セルを囲む線のことを罫線と呼びます。表内をクリックすると、表の左上に「表の移動ハンドル」⊞が、右下に「サイズハンドル」□が表示されます。各セルには段落記号があり、各行の右側（表の外）には「行末記号」があります。

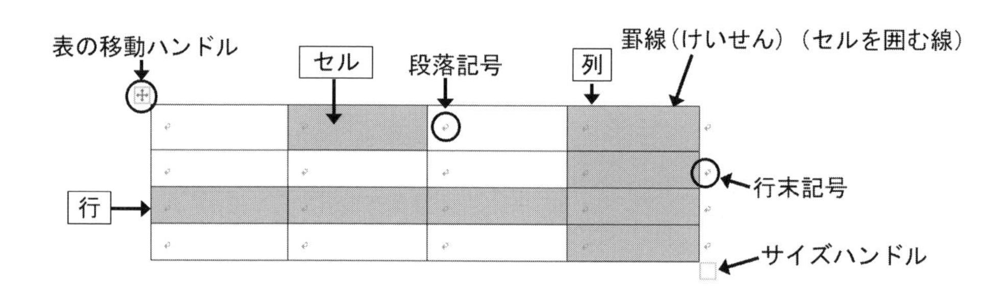

図5-1　表の構成

5.2 表の作成

表は文字カーソル位置に挿入されます。表は次の手順で作成します。

① 表を挿入する位置に文字カーソルを移動させる（クリックする）。

② 表の行数（縦のセルの数）と列数（横のセルの数）を指定する。

● 表は本文領域の幅に作成されます。

例題1 図5-2の表（6行×3列）を作成しましょう。

3列

6行

↵	↵	↵
↵	↵	↵
↵	↵	↵
↵	↵	↵
↵	↵	↵
↵	↵	↵

図5-2　作成する表

［挿入］タブ → ［表］ボタン → 6行×3列の位置をクリック（図5-3（a））

●思い通りの表が作成されなかった場合は［元に戻す］ボタンで操作を取り消して作り直しましょう。

One Point

行数列数の多い表は次のように作成します。

［挿入］タブ → ［表］ボタン → ［表の挿入］→［表の挿入］ダイアログボックス → 列数と行数を指定 → ［OK］ボタン（**図 5-3(b)**）

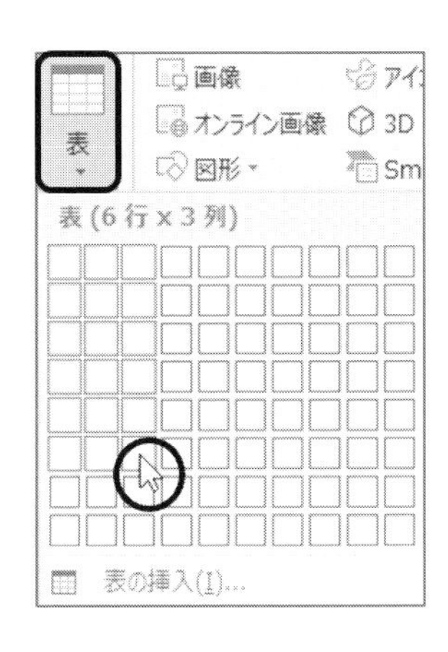

(a)　［表］ボタン

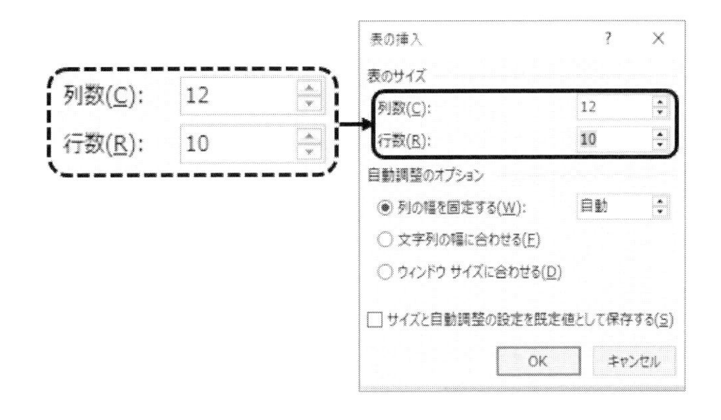

(b)　［表の挿入］ダイアログボックス

図 5-3　表の作成

5.3　表への文字入力

5.3.1　セル間の文字カーソル移動

文字を入力するために文字カーソルを移動させるには次の 3 つの方法があります。

(1)　Tab キーで次のセルに移動、Shift キー＋Tab キーで前のセルに移動する。

●最後のセルで Tab キーを押すと、下に 1 行追加されます。

(2)　↑ ↓ → ← の矢印キーで、上下左右に移動する。

●→ キー ← キーで文字間を移動します。端の文字までくると隣のセルに移動します。

(3)　入力位置をクリックする。

5.3.2　セルへの文字入力

セルに文字を入力したら、必ず Enter キーで確定し次のセルに移動するようにします。セルの中で改行することができます。改行して 2 行になると、同じ行のすべてのセルの高さが 2 行分の高さになります。誤って改行してしまった場合は BackSpace キーで段落記号を削除しましょう。

例題 2　作成した**図 5-2** の表に**図 5-4** の文字を入力しましょう。

金額などの数字は、変換操作で3桁区切りのカンマが付くものを選びましょう。

「b01」入力 → F10キー　　コピーを活用する　　「18000えん」入力→変換

講座番号	講座名	受講料
B01	簿記検定3級受験講座	18,000円
B02	簿記検定2級受験講座	35,000円
T01	TOEIC受験講座	28,000円
C01	色彩検定3級受験講座	18,000円
C02	色彩検定2級受験講座	30,000円

図5-4　入力例

5.4　表の範囲選択

表の編集は、編集する範囲を選択してから行います。範囲を選択するために表内にマウスを移動させると、マウスポインターの形が変わります。マウスポインターの形を確かめてマウスのボタンを押さえましょう。

5.4.1　セルの選択

セルを選択するには縦罫線のすぐ右をマウスポインターが⬈でクリックします（**図5-5**）。

図5-5　セルの選択

5.4.2　行の選択

表の行を選択するには行の左余白をマウスポインターが⇗でクリックします（**図5-6**）。

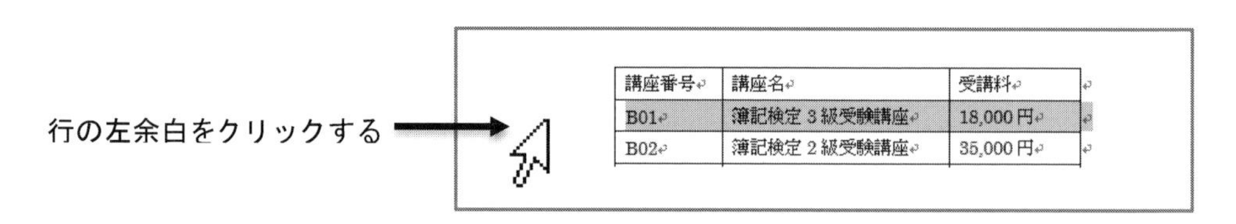

図5-6　表の行選択

5.4.3　列の選択

表の列を選択するには、その列の上（表の外）から下方向にマウスポインターを移動させ、マウスポインターが⬇になったらクリックします（**図5-7**）。

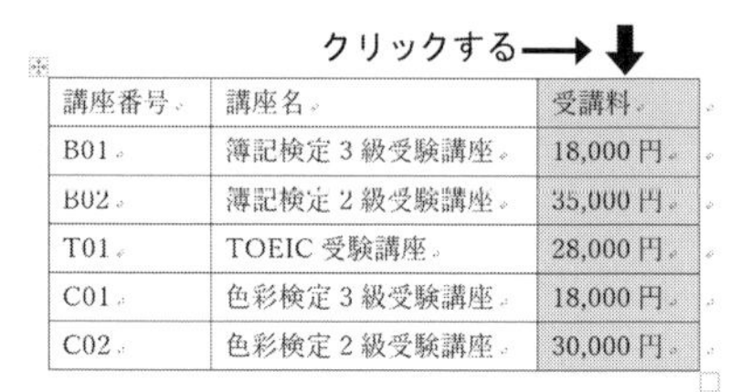

講座番号	講座名	受講料
B01	簿記検定3級受験講座	18,000円
B02	簿記検定2級受験講座	35,000円
T01	TOEIC受験講座	28,000円
C01	色彩検定3級受験講座	18,000円
C02	色彩検定2級受験講座	30,000円

図5-7　列の選択

5.4.4　表全体の選択

表全体を選択するには、表内をクリックし、表の左上に表示された表の移動ハンドル ⊞ をクリックします（図 5-8）。

←クリックする

講座番号	講座名	受講料
B01	簿記検定 3 級受験講座	18,000 円
B02	簿記検定 2 級受験講座	35,000 円
T01	TOEIC 受験講座	28,000 円
C01	色彩検定 3 級受験講座	18,000 円
C02	色彩検定 2 級受験講座	30,000 円

図 5-8　表全体の選択

5.4.5　連続した範囲の選択

連続したセル、行、列を選択するには、それぞれの選択状態でドラッグします。

5.4.6　離れた範囲の選択

離れた範囲を選択するには、1 つ目の範囲を選択後 Ctrl キーを押しながら次の範囲を選択します。

例題 3　作成した表の任意のセル、行、列、表全体、連続した範囲、離れた範囲を選択しましょう。選択が終わったら、文書内をクリックして範囲選択を解除しましょう。

5.5　表の編集

5.5.1　列幅の変更

表は、本文領域の幅にすべての列が同じサイズで作成されています。列幅や行の高さは自由に変更することができます。

例題 4　作成した図 5-4 の表の列幅を図 5-9 のように変更しましょう。

列幅を変更するには、列の間の縦罫線をポイントし、マウスポインターが ⇹ になったら左右にドラッグします。

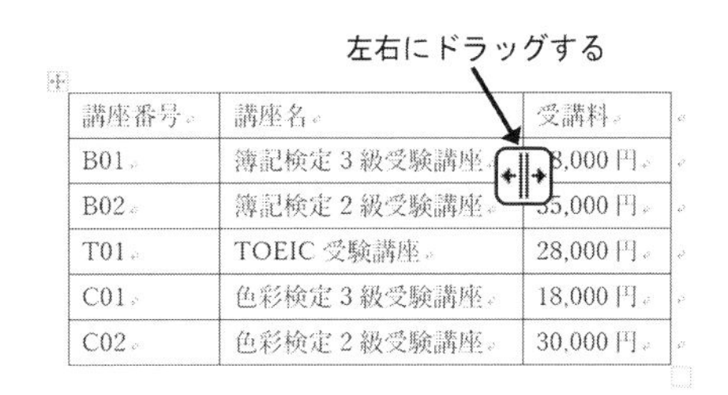

講座番号	講座名	受講料
B01	簿記検定 3 級受験講座	[illegible]8,000 円
B02	簿記検定 2 級受験講座	[illegible]5,000 円
T01	TOEIC 受験講座	28,000 円
C01	色彩検定 3 級受験講座	18,000 円
C02	色彩検定 2 級受験講座	30,000 円

図 5-9　列幅の変更

One Point

一部のセルを選択した状態で列幅を変更すると、選択したセルの幅だけが変わることがあります。列幅の変更は表内を選択しないで操作しましょう。

5.5.2　表のサイズ変更

表全体のサイズを変更することができます。表のサイズを変更するには、サイズハンドルをドラッグします。

例題 5　作成した表のサイズを縦に約 1.5 倍の大きさにしましょう。

表内をクリック（表の右下に［サイズハンドル］□ が表示される）→［サイズハンドル］

をポイントする → マウスポインターが⤡で下方向に約3行分ドラッグする（**図5-10**）

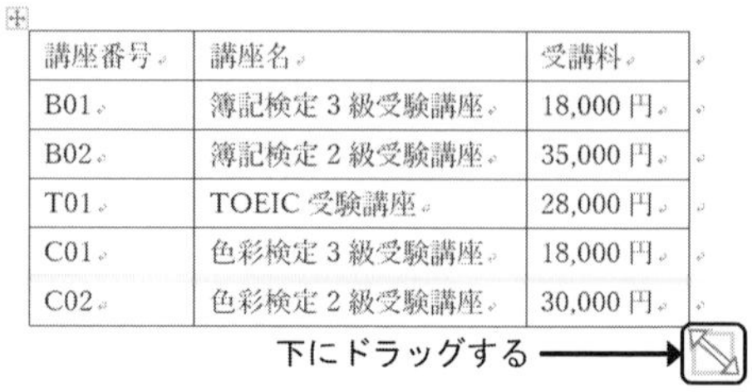

講座番号	講座名	受講料
B01	簿記検定3級受験講座	18,000円
B02	簿記検定2級受験講座	35,000円
T01	TOEIC受験講座	28,000円
C01	色彩検定3級受験講座	18,000円
C02	色彩検定2級受験講座	30,000円

下にドラッグする

図5-10　表のサイズ変更

One Point

行の高さと列幅のサイズ確認、サイズ指定での変更ができます。

セル内に文字カーソルを移動 → ［表ツール］の［レイアウト］タブ → ［セルのサイズ］グループ → ［高さ］欄［幅］欄（**図5-11**）

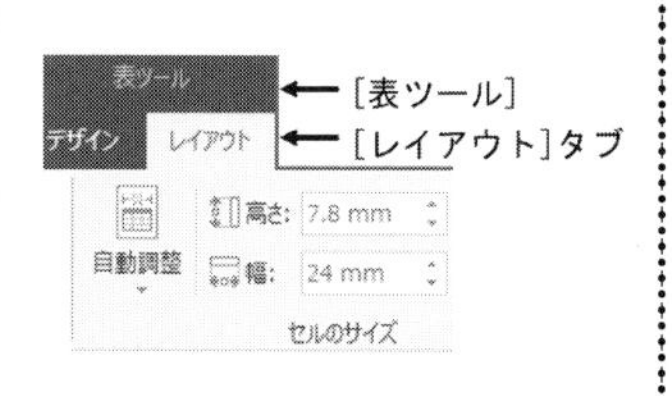

図5-11　セルのサイズ

5.5.3　行・列の挿入

表に行や列を挿入することができます。挿入したい行や列のセル内をクリックし（行や列を選択してもよい）［レイアウト］タブ内のボタン（**図5-13**）をクリックします。

例題6　作成した表の4行目と5行目の間に1行挿入し**図5-12**を入力しましょう。

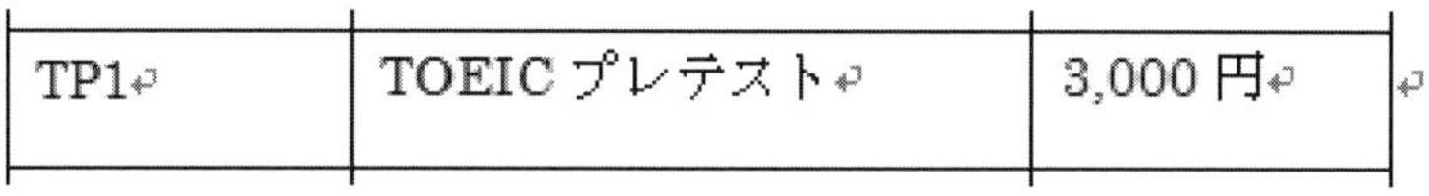

TP1	TOEIC プレテスト	3,000円

図5-12　行の挿入と入力

表の5行目セル「C01」内をクリック → ［表ツール］の［レイアウト］タブ → ［行と列］グループ → ［上に行を挿入］ボタン（**図5-13**）（行が挿入される） → 文字を入力

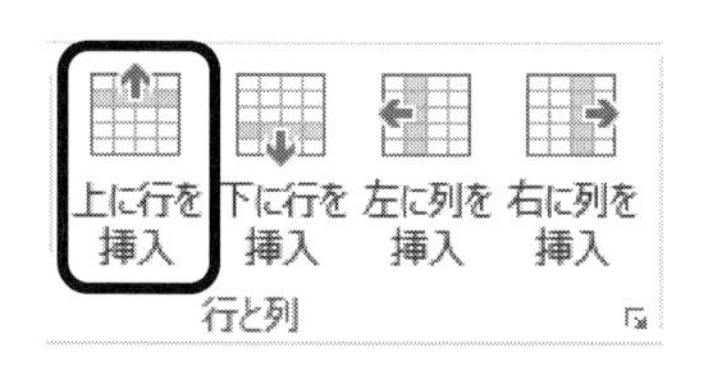

図5-13　行・列の挿入

One Point

罫線の上端／左端にマウスポインターを移動すると表示される⊕をクリックすると（**図5-14**）行や列の挿入ができます。挿入は⊕の前（行は上、列は左）に行われます。

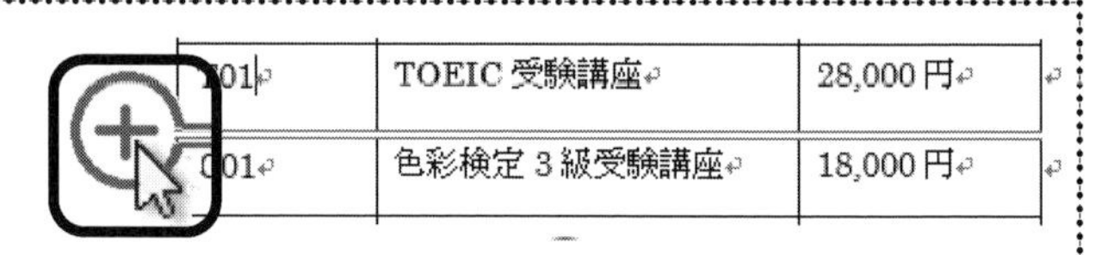

図5-14　⊕の上に行挿入

5.5.4　セル内容の消去・行/列/表の削除

セルの内容だけを「消去」することや、罫線を含めて行や列、表全体を「削除」することができます。

(1)　セル内容の消去

内容を消去する範囲（セル、行、列、表全体）を選択し Delete キーを押します。選択範囲内のセルの内容が消去されますが罫線はそのまま残ります。

(2)　行/列/表の削除

不要になった行や列、表全体を削除することができます。行や列を削除すると、後ろの行や列が詰められます。

行や列を削除するには、削除したい行や列内をクリックし（行や列を選択してもよい）［表ツール］の［レイアウト］タブ内の［削除］ボタンから削除対象を指定します（**図 5-15**）。

表全体を削除するには、表内をクリックし［削除］ボタンから［表の削除］を選択します。

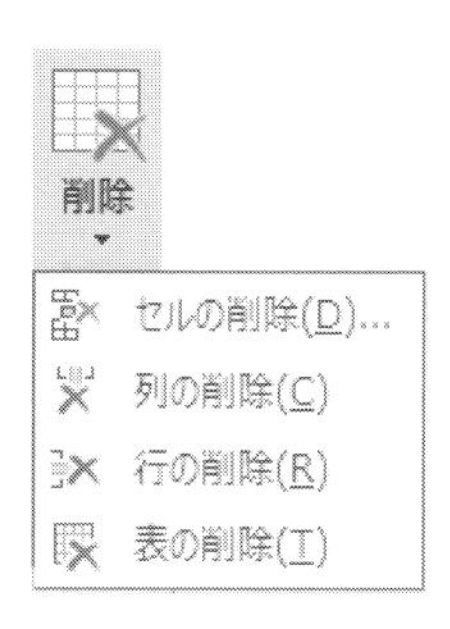

図 5-15　行/列/表の削除

例題 7　作成した表に次の操作をしましょう。

① 表の最下行 7 行目の内容を消去する。
7 行目「C 02」の行を選択 → Delete キー（7 行目の内容が消去される）

② 操作を元に戻す。
［元に戻す］ボタン

③ 7 行目を削除する。
7 行目をクリック（7 行目を選択してもよい）→［表ツール］の［レイアウト］タブ →［行と列］グループ →［削除］ボタン →［行の削除］（**図 5-15**）（7 行目が罫線を含めて削除される）

5.5.5　セルの文字配置

(1)　セルの文字配置の種類

セルの文字の配置は、**図 5-16** のように左右の配置 3 通りと上下の配置 3 通りを組み合わせて 9 通りあります。

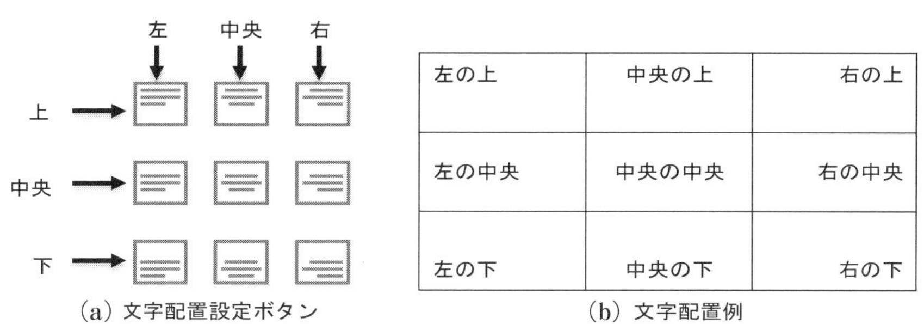

(a) 文字配置設定ボタン　(b) 文字配置例

図 5-16　セルの文字配置

(2)　一般的な表の文字配置

表の文字配置には必ずこうしなければならないという決まりは少ないのですが、一般的な表ではセルの文字配置は、上下の配置を中央に、左右の配置を**図 5-17** のように設定します。

講座番号	講座名	受講料
B01	簿記検定 3 級受験講座	18,000 円
B02	簿記検定 2 級受験講座	35,000 円
T01	TOEIC 受験講座	28,000 円
TP1	TOEIC プレテスト	3,000 円
C01	色彩検定 3 級受験講座	18,000 円

図 5-17　一般的な表の文字配置

(3)　セルの文字配置設定

セルの文字配置は、範囲を選択 → ［表ツール］の［レイアウト］タブ → ［配置］グループ → ［配置］ボタン（**図 5-16 (a)**）で設定します。

行や列、表全体を選択して設定すると、選択範囲内のすべてのセルの文字配置が変わります。

「均等割り付け」は**図 5-16 (a)** の［配置］ボタンでは設定できません。［ホーム］タブの［段落］グループの［均等割り付け］ボタン　で行います。

例題 8　作成した表のセルの文字配置を**図 5-17** のように設定しましょう。

① 列の見出しセルの配置を上下左右とも中央に設定する。
表の 1 行目を選択 →［表ツール］の［レイアウト］タブ →［配置］グループ →［中央揃え］ボタン

② 行の見出しセルの配置を上下左右とも中央に設定する。
表の 1 列目を選択 →［中央揃え］ボタン

③ 金額の数値セルの配置を上下は中央、左右は右に設定する。
表の 3 列目の 2 行目〜6 行目セルを選択 →［中央揃え(右)］ボタン

④ その他のセルの配置を上下は中央、左右は左に設定する。
表の 2 列目の 2 行目〜6 行目セルを選択 →［中央揃え(左)］ボタン

5.5.6　表全体の配置

表全体の配置を設定できます。

例題 9　表全体を本文領域の左右中央に配置しましょう。

表内をクリック（表全体を選択しなくてもよい）→［表ツール］の［レイアウト］タブ →

［表］グループ →［プロパティ］ボタン → ［表のプロパティ］ダイアログボックス → ［表］タブ →［配置］グループ →［中央揃え］ボタン → ［OK］ボタン

5.5.7 表のコピー（複写）/移動

同じような表を効率よく作成するには、表をコピーして編集します。表のコピーは、表全体を選択し［コピー］ボタンをクリック、複写先で［貼り付け］ボタンをクリックして行います。セルや行をコピーすることもできます。［コピー］ボタンでなく［切り取り］ボタンを使うと移動することができます。

表の配置設定

表は段落間に挿入され、段落に配置されます。［表の移動ハンドル］をマウスで上下にドラッグすると、表は本文の横に配置される設定に変わります。配置設定が変わった場合は表の操作が異なりますので、段落配置に設定を戻しましょう。

表内をクリック →［表ツール］の［レイアウト］タブ →［プロパティ］ボタン → ［表のプロパティ］ダイアログボックス →［文字列の折り返し］；なし → ［OK］ボタン

例題 10 次の手順で、**図 5-18（a）**の表を 2 行下にコピーし、コピーした下側の表を**図 5-18（b）**のように編集しましょう。

講座番号	講座名	受講料
B01	簿記検定 3 級受験講座	18,000 円
B02	簿記検定 2 級受験講座	35,000 円
T01	TOEIC 受験講座	28,000 円
TP1	TOEIC プレテスト	3,000 円
C01	色彩検定 3 級受験講座	18,000 円

（a） 編集前の表（元の表）

⇨

講座番号	講座名	受講料
B01	簿記検定 3 級受験講座	18,000 円
B02	簿記検定 2 級受験講座	35,000 円
C01	色彩検定 3 級受験講座	18,000 円
C02	色彩検定 2 級受験講座	28,000 円
J01	IT パスポート受験講座	25,000 円

（b） 編集結果（下の表）

図 5-18 表のコピーと編集

① 表の下に Enter キーで 2 行空行を空ける。

② 表を 2 行下にコピーする。

表全体を選択 →［ホーム］タブ →［クリップボード］グループ →［コピー］ボタン → 表の 2 行下をクリック →［貼り付け］ボタン

③ 下側の表の 6 行目を 4 行目に移動する（行の移動）。

6 行目「C01」の行を選択（行全体）→［ホーム］タブ →［クリップボード］グループ →［切り取り］ボタン → 4 行目「T01」の行を選択（行全体）→［貼り付け］ボタン

④ 4行目を5行目にコピーする(行のコピー)。
4行目「C01」の行を選択(行全体) → [コピー]ボタン → 5行目「T01」の行を選択(行全体) → [貼り付け]ボタン

⑤ 5行目の「C 01」を「C02」に、「3級」を「2級」に、「18,000円」を「28,000円」に修正する。

⑥ 6行目の内容を消去する。
6行目「T01」の行を選択(行全体) → Delete キー

⑦ 6行目の内容を入力する(**図5-19**)。

行末記号

J01↵	IT パスポート受験講座↵	25,000 円↵

図5-19 6行目入力内容と行末記号

⑧ 7行目(最下行)を削除する。
7行目内をクリック(選択してもよい) → [表ツール]の[レイアウト]タブ → [行と列]グループ → [削除]ボタン → [行の削除](**図5-15**)

One Point

行の移動やコピーでの注意

表の行を選択すると「行末記号」(**図5-19**)も選択され、貼り付けた際に「新しい行として挿入」されます。セルをドラッグして「行末記号」を含めないように選択すると、貼り付けた際に「セルの上書き」となり貼り付け先のセル内容が置き換わります。

5.6 演習課題

演習1 図5-20の表を作成しなさい。

● セル内容のコピーを活用しましょう。
セルを選択 → [コピー]ボタン → 複写先のセルをクリック → [貼り付け]ボタン
● セル内容をコピーし、複数のセルを選択して貼り付けることができます。

書類↵	発行手数料↵	受け渡し日↵	申込用紙↵
在学(在籍)証明書↵	100円↵	翌日↵	証明書交付願↵
調査書・推薦書↵	100円↵	翌日〜2週間↵	証明書交付願↵
学生証再発行↵	500円↵	翌日↵	学生証再交付願↵
仮学生証発行↵	200円↵	当日のみ有効↵	仮学生証交付願↵

図5-20 完成例

演習2 作成した**図5-20**の表を2行下にコピーし、下側の表を**図5-21**のように編集しなさい。

【編集手順】 表の下で改行する → 表全体のコピーと貼り付け → 行の挿入と入力(**図5-21**

(**a**)）→ 列幅の変更 → 表のサイズ変更：縦に約 1.5 倍 → セル内の文字配置：完成例通り（指示のないセルは［中央揃え（左)]）→ 表全体の配置；[中央揃え]

列の見出しセル［中央揃え］→

書類	発行手数料	受け渡し日	申込用紙
在学（在籍）証明書	100 円	翌日	証明書交付願
調査書・推薦書	100 円	翌日～2 週間	証明書交付願
各種英文証明書	200 円	1～2 週間	証明書交付願
学生証再発行	500 円	翌日	学生証再交付願
仮学生証発行	200 円	当日のみ有効	仮学生証交付願

(a) 行の挿入 →（各種英文証明書の行）

↑ 数値のセル［中央揃え（右)］

図 5-21　完成例

演習 3　図 5-22 と同じ表を作成し、作成指示に従って編集しなさい。

【作成指示】　列幅変更（完成例とほぼ同じ)、表のサイズ変更：縦に約 1.5 倍

列の見出しセル（1 行目セル)、1 列目セル、3 列目セルの文字配置；［中央揃え］

その他のセルの文字配置；［中央揃え（左)］

表全体の配置；［中央揃え］

	内容	担当
1 日目	点字の構成と五十音	日野
2 日目	点字の歴史、点字器と点字用紙の使い方	花井
3 日目	単語の打ち方	日野
4 日目	数字と記号の打ち方	花井
5 日目	簡単な文章の点訳	日野
6 日目	文法と分かち書き	花井

図 5-22　完成例

演習4　作成した**図5-22**の表を2行下にコピーし、下側の表を**図5-23**のように編集しなさい。

【編集手順例】

① 3行目「2日目」の行を2行目「1日目」の行に移動する（行の移動）。

② 7行目（最下行）を6行目「5日目」の行に移動する（行の移動）。

③ 1列目の数字を選択して移動するか、訂正入力する。

↵	内容↵	担当↵
1日目↵	点字の歴史、点字器と点字用紙の使い方↵	花井↵
2日目↵	点字の構成と五十音↵	日野↵
3日目↵	単語の打ち方↵	日野↵
4日目↵	数字と記号の打ち方↵	花井↵
5日目↵	文法と分かち書き↵	花井↵
6日目↵	簡単な文章の点訳↵	日野↵

図5-23　完成例

文字列の移動は、選択範囲内をマウスポインター でドラッグすることでもできます（**図5-24**）。近くに移動させるには便利な操作です。

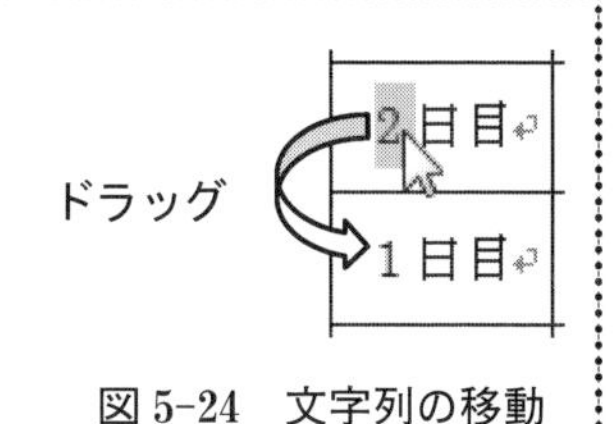

図5-24　文字列の移動

第6章 表作成 II

複雑な表の作成と編集方法を学びましょう。

6.1 複雑な表の作成方法

Word で表を作成すると図 6-1 (a) のようなセルが縦横に格子状に並んだシンプルな表ができます。では、図 6-1 (b) のような表を作成するにはどうすればよいでしょうか。

複雑な表は次の手順で作成します。

① セル数の最も多い行数と列数の格子状の表を作成する。

② 列幅を調整する。

③ 複数のセルを 1 つに結合する。

講座番号	講座名	受講料
B01	簿記検定 3 級受験講座	18,000 円
B02	簿記検定 2 級受験講座	35,000 円
T01	TOEIC 受験講座	28,000 円
TP1	TOEIC プレテスト	3,000 円
C01	色彩検定 3 級受験講座	18,000 円

(a) シンプルな表

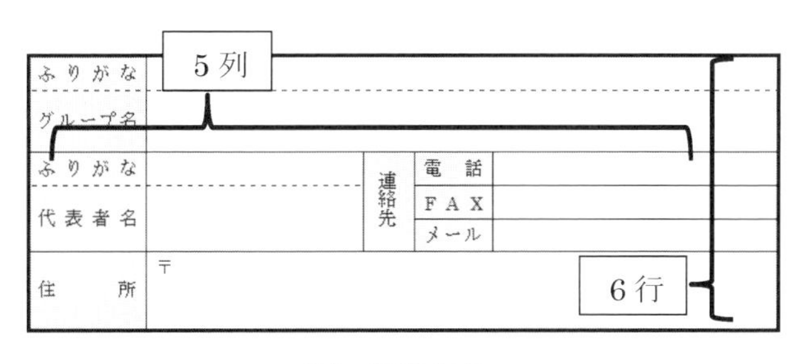

(b) 複雑な表

図 6-1 表

例題 1 図 6-1 (b) の表を作成するために、図 6-2 の表を作成しましょう。

ふりがな				
グループ名				
ふりがな		連絡先	電話	
代表者名			FAX	
			メール	
住所	〒			

図 6-2 表作成

6.2 表の編集

例題 2

作成した図 6-2 の表の列幅を図 6-3 のように変更しましょう。

ふりがな				
グループ名				
ふりがな	←約 45mm→	連絡先	電話	
代表者名			FAX	
			メール	
住所	〒			

図 6-3 列幅の変更結果

2列目の列の幅は約45 mmにしましょう。

縦罫線を左にドラッグして1列目の列幅を狭める → 2列目セル内をクリックする → [表ツール]の[レイアウト]タブ → [セルのサイズ]グループ → [幅]欄；45 mm → 広がった分5列目の列幅を狭める → 他の列幅を変更する。

One Point

印刷した時の列の幅は、列内のセルに文字カーソルを移動し[表ツール]の[レイアウト]タブ → [セルのサイズ]グループ → [幅]欄 45 mm で確かめることができます。▲や▼クリックや数値入力でサイズを変更することができます。

6.2.1　セルの結合

作成する表の1行目は「ふりがな」以外のセルが1つになっています。複数のセルを1つにすることを「セルの結合」といいます。セルを結合するには、結合したいセルを選択し[セルの結合]ボタンをクリックします。

例題3　作成した表のセルを**図6-4**のように結合しましょう。

【ヒント】　塗りつぶされているセルが結合されているセルです。

1行目の2列目〜5列目セルを選択 → [表ツール]の[レイアウト]タブ → [結合]グループ → [セルの結合]ボタン → その他の塗りつぶされているセルを結合する。

<table>
<tr><td>ふりがな</td><td colspan="4"></td></tr>
<tr><td>グループ名</td><td colspan="4"></td></tr>
<tr><td>ふりがな</td><td></td><td rowspan="3">連絡先</td><td>電話</td><td></td></tr>
<tr><td rowspan="2">代表者名</td><td rowspan="2"></td><td>FAX</td><td></td></tr>
<tr><td>メール</td><td></td></tr>
<tr><td>住所</td><td colspan="4">〒</td></tr>
</table>

図6-4　セルの結合結果

6.2.2　行の高さの変更

行の高さは横罫線を上下にドラッグすることで変更することができます。セルの幅と同様にサイズを指定（ミリ単位）して変更することもできます。サイズを指定して変更するには、変更する行内をクリックし（行を選択してもよい）[高さ]欄でサイズを指定します。

例題4　サイズを指定して行の高さを次のように変更しましょう。

① 2行目「グループ名」の行の高さを12 mmに変更する。

2行目をクリック（2行目を選択してもよい）→ [表ツール]の[レイアウト]タブ → [セルのサイズ]グループ → [高さ]欄; 12 mm 高さ: 12 mm

②「住所」の行の高さを15 mmに変更する。

6.2.3　セル内での縦書き設定

セルごとに文字が横書きか縦書きかを設定することができます。「連絡先」のセルは縦書きのように見えますが、セル幅が狭いために縦に並んでいるだけです。そのため、行間が広くなっています（図 6-5）。セル内の文字を縦書きにするには、［文字列の方向］ボタンをクリックします。

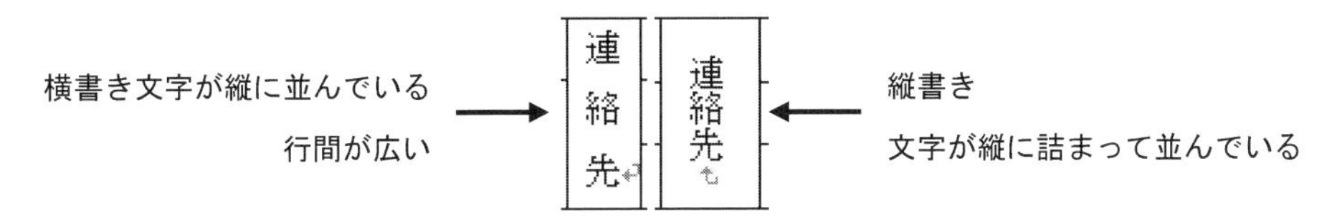

図 6-5　セル内の文字　横書きと縦書き

例題 5「連絡先」の文字を縦書きにし、図 6-6 のように文字配置を変更しましょう。

① 「連絡先」を縦書きにする。

「連絡先」セルをクリック →［表ツール］の［レイアウト］タブ →［配置］グループ →［文字列の方向］ボタン（「連絡先」の後ろの段落記号↵が⮍に変る）

● 「グループ名」や「メール」が 2 行になった場合は 1 行で表示されるように列幅を右に広げる。

② 表内のすべてのセルの文字配置を上下左右ともに中央に配置する。

表全体を選択 →［表ツール］の［レイアウト］タブ →［配置］グループ →［中央揃え］ボタン

③ 「〒」のセルの文字を左右の配置を左に、上下の配置を上に変更する。

「〒」のセルをクリック →［上揃え（左）］ボタン

ふりがな				
グループ名				
ふりがな		連絡先	電話	
代表者名			FAX	
			メール	
住所	〒			

図 6-6　縦書きと文字配置設定結果

6.2.4　段落の均等割り付け（セル内）

均等割り付けには文字列を対象とする「文字の均等割り付け」と段落を対象とする「段落の均等割り付け」があります。セル内を選択するかクリックして均等割り付けを行うと「段落の均等割り付け」となり、文字列がセルの幅一杯に均等に割り付けられます。行や列を選択して均等割り付けを行うと各セル内で均等割り付けされます（p.39 OnePoint 参照）。

例題6　表の1列目と「電話」「FAX」「メール」のセルに段落の均等割り付けを設定しましょう（図6-7）。

1列目を選択 → ［ホーム］タブ → ［段落］グループ → ［均等割り付け］ボタン → 「電話」「FAX」「メール」のセルを選択 → ［均等割り付け］ボタン

ふりがな				
グループ名				
ふりがな		連絡先	電　話	
代表者名			ＦＡＸ	
			メール	
住　　所	〒			

図6-7　段落の均等割り付け設定結果

均等割り付けはセルの配置ボタンでは設定できません。配置ボタンで上下の配置を設定後、［均等割り付け］ボタンで変更しましょう。

6.2.5　罫線の変更

表の罫線は0.5ポイントの黒い線が設定されています。罫線の種類や太さを変更することができます。罫線の変更は次の手順で行います。

① 表の罫線の変更したい範囲を選択する。
② 線の種類と線の太さを決める。
③ 選択範囲内のどの線を変更するかを指定する。

例題7　「ふりがな」のセルと右隣のセルの下罫線を［破線］------- に変更しましょう（図6-8）。

1行目を選択 → ［表ツール］の［デザイン］タブ → ［飾り枠］グループ → ［ペンのスタイル］ → ［破線］ -------- → ［罫線］ボタンの［罫線］ → ［ 下罫線(B)］→ 3行目の1列目と2列目セルを選択 → ［罫線］ボタンの

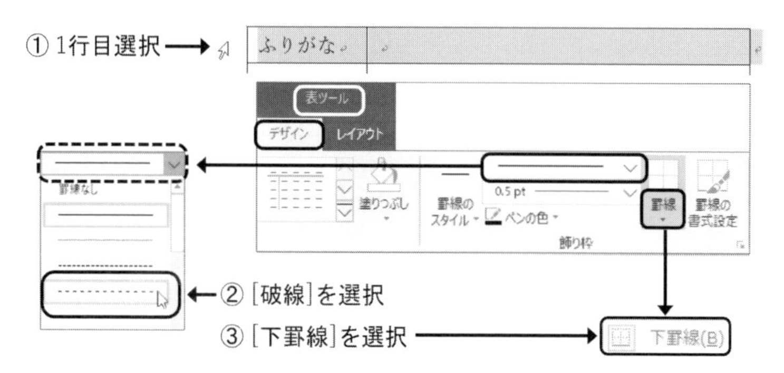

図6-8　罫線の変更

One Point

線の種類や太さを選択した時のマウスポインター で、罫線をクリックするか、なぞるようにドラッグすると、罫線を変更することができます。罫線の変更を終えたら、［罫線の書式設定］ボタンをクリックするか、Esc キーを押します。

例題 8　表の外枠線を 2.25 ポイントの太い実線に変更しましょう（**図 6-9**）。

表全体を選択 → ［表ツール］の［デザイン］タブ → ［ペンのスタイル］ → ［———］ → ［ペンの太さ］ → ［ 2.25 pt ——— ］ → ［罫線］ボタンの［ 罫線 ］ → ［外枠］ 外枠(S)

ふりがな				
グループ名				
ふりがな		連絡先	電　話	
代表者名			F A X	
			メール	
住　　所	〒			

図 6-9　罫線変更結果

6.2.6　セルの塗りつぶし

セルに背景色を付けることを「塗りつぶし」と呼びます。文字が黒の場合は薄い色を設定しましょう。濃い色で塗りつぶす場合は、文字の色を白やクリーム色などの薄い色に、フォントをゴシック体など線の太い書体にするとよいでしょう。カラーの背景色をつけてモノクロプリンターで印刷すると、塗りつぶした色と同じ明るさのグレーになります。

セルの塗りつぶしをするには、範囲を選択し［塗りつぶし］から色を選択します。

例題 9　表の 1 列目と「連絡先」「電話」「FAX」「メール」のセルを任意の薄い色で塗りつぶしましょう（**図 6-13**）。

1 列目を選択 → ［表ツール］の［デザイン］タブ → ［表のスタイル］グループ → ［塗りつぶし］ボタンの［塗りつぶし］ → 任意の薄い色を選択 → 「連絡先」「電話」「FAX」「メール」のセルを選択 → ［塗りつぶし］ボタンの

例題 10　次の操作のため、表の上に空行を挿入し、入力と書式の設定をしましょう（**図 6-10**）。

1 行目 1 列目の「ふりがな」の前をクリック → Enter キー（表の上に空行が挿入される） → Enter キーで空行を 3 行にする → 2 行目と 3 行目に**図 6-10** を入力 → 指示された文字書式と段落書式を設定する

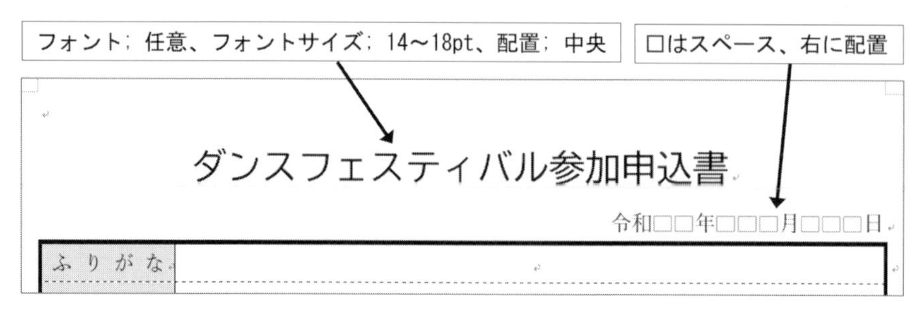

図 6-10　入力と書式設定結果

コーヒーブレイク

表の上への空行挿入と「表の分割」

文書の1行目に作成された表の上に行を挿入するには、1行目1列目セルの始めで Enter キーを押すか、表の1行目をクリックし表を分割します。

「表の分割」は、文字カーソルのある表の行の上に空行（段落記号↵）を挿入することで、1つの表を2つの表に分ける機能で、［表ツール］の［レイアウト］タブ →［結合］グループ →［表の分割］ボタン 表の分割 をクリックして行います（図 6-11）。

1行目	りんご	5
2行目	梨	3
3行目	みかん	10
4行目	柿	6

3行目で表を分割

1行目	りんご	5
2行目	梨	3

3行目	みかん	10
4行目	柿	6

図 6-11　表の分割

6.3　段落罫線

［表の挿入］で作成される表には必ず1つ以上のセルがあり、1本だけ罫線を引くことはできません。Word には段落を囲う長方形の領域の上下左右に罫線を付ける機能があり「段落罫線」と呼びます。段落罫線を使うと1本だけ罫線を引くことができます。

段落罫線の設定は、段落を選択し［罫線］ボタン から［線種とページ罫線と網かけの設定］ダイアログボックスを表示して行います。

例題 11　作成した図 6-10 の表は申込書です。申込書の上に本文があると想定して「ダンスフェスティバル参加申込書」の1行上の段落の上側に破線の段落罫線を引き、切り取り線にしましょう（図 6-13）。

「ダンスフェスティバル参加申込書」の1行上の段落（行全体）を選択 →［ホーム］タブ →［段落］グループ →［罫線］ボタン の▼ →［線種とページ罫線と網かけの設定］→［線種とページ罫線と網かけの設定］ダイアログボックス →［罫線］タブ →［設定対象］欄；段落 →［種類］欄；破線 ------- →［プレビュー］の［上］ボタン 以外の3つのボタンをクリックして解除する →［OK］ボタン（図 6-12）

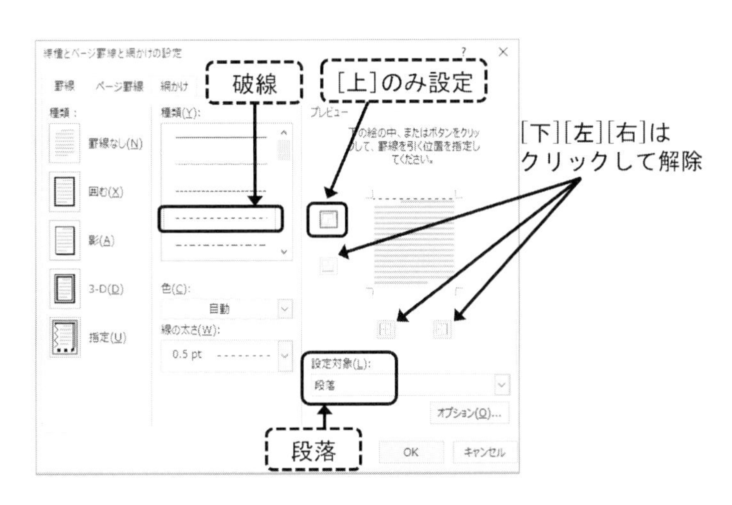

図 6-12　段落罫線の設定

One Point
段落罫線を消すには、図 6-12 で［罫線なし］を選択するか、段落（行全体）を選択 →［罫線］ボタン ▾ の▼ →［ 枠なし(N) ］をクリックします。

図 6-13　完成例

6.4　表スタイルの利用

罫線やセルの塗りつぶしなどを組み合わせたデザインを「表スタイル」と呼びます。Word にはたくさんの表スタイルが用意されています。表スタイルはセルが格子状に並んだシンプルな表に適しています。

6.4.1　表スタイルの適用

表スタイルは表内をクリックし［表ツール］の［デザイン］タブで［表のスタイル］グループの［スタイルギャラリー］から選択して適用します。スタイルをポイントすると設定状態が仮表示されます。

例題 12　シンプルな表に表スタイルを適用しましょう。

第5章で作成した受験講座表のファイルを開いて、表スタイルを適用する（**図 6-14**）。

表内をクリック →［表ツール］の［デザイン］タブ →［表のスタイル］グループ →［その他］ボタン ▽ →［グリッド（表）5 濃色-アクセント 5］（5行6列目）スタイル

講座番号	講座名	受講料
B01	簿記検定 3 級受験講座	18,000 円
B02	簿記検定 2 級受験講座	35,000 円
T01	TOEIC 受験講座	28,000 円
TP1	TOEIC プレテスト	3,000 円
C01	色彩検定 3 級受験講座	18,000 円

図 6-14 表スタイルの適用結果

6.4.2　書式を残した表スタイルの適用

文字配置と表の中央揃え設定が例題 12 の表スタイルの適用によって変更されてしまいました（**図 6-14**）。あらかじめ設定した書式を残したまま表スタイルを適用することができます。適用したい表スタイルを右クリックし［書式の適用と維持］をクリックします。

例題 13　例題 12 で適用した表スタイルを元に戻し、設定した書式を残した状態で表スタイルを適用しましょう。

クイックアクセスツールバーの［元に戻す］ボタン（表の書式が元に戻る）→ 表内をクリック →［表ツール］の［デザイン］タブ →［表のスタイル］グループ →［その他］ボタン →［グリッド（表）5 濃色-アクセント 5］を右クリック →［書式の適用と維持］（**図 6-15（a）**）（文字と表の配置を変えずに表スタイルが適用される（**図 6-15（b）**））

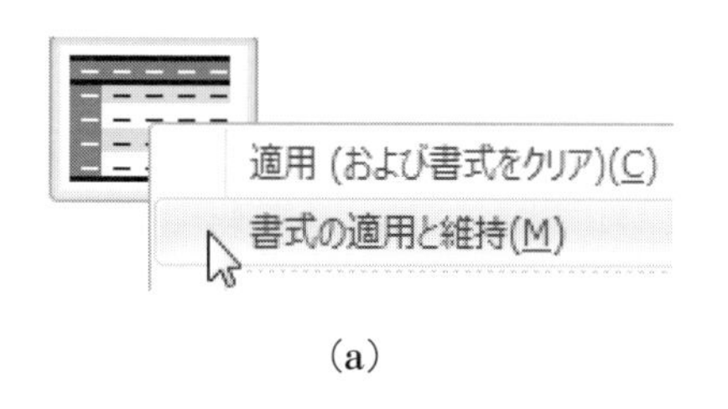

（a）

講座番号	講座名	受講料
B01	簿記検定 3 級受験講座	18,000 円
B02	簿記検定 2 級受験講座	35,000 円
T01	TOEIC 受験講座	28,000 円
TP1	TOEIC プレテスト	3,000 円
C01	色彩検定 3 級受験講座	18,000 円

（b）　適用結果

図 6-15　設定書式を残した表スタイル

6.4.3　表スタイルのオプション

表スタイルを設定すると、表の1行目と1列目には見出しセルとして他のセルとは異なる書式が設定されます。見出しセルとするかどうかを「表スタイルのオプション」（**図 6-16**）で設定することができます。表スタイルを適用した表内をクリックし、「タイトル行」（列の見出しセル）や「最初の列」（行の見出しセル）がない場合はチェックを外しましょう。縞模様の有無も変更できます。

例題 14　表スタイルを設定した**図 6-15** の表の「最初の列」設定を解除しましょう（**図 6-16（b）**）。

表内をクリック → [表ツール] の [デザイン] タブ → [表スタイルのオプション] グループ → [最初の列] チェックオフ（図 6-16 (a)）

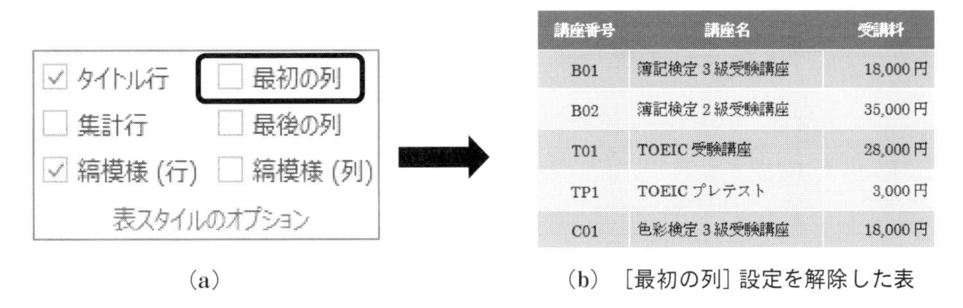

講座番号	講座名	受講料
B01	簿記検定 3 級受験講座	18,000 円
B02	簿記検定 2 級受験講座	35,000 円
T01	TOEIC 受験講座	28,000 円
TP1	TOEIC プレテスト	3,000 円
C01	色彩検定 3 級受験講座	18,000 円

(a)　　(b)　[最初の列] 設定を解除した表

図 6-16 表スタイルのオプション

6.5　演習課題

演習 1　図 6-17 の表を作成しなさい。

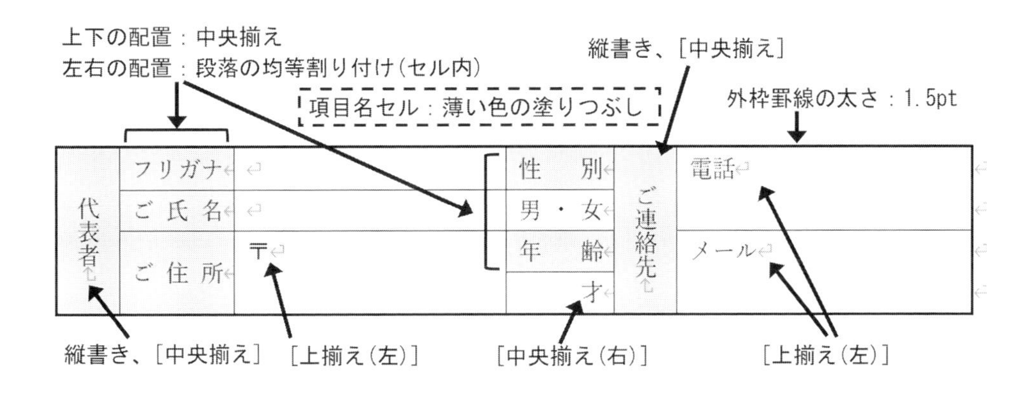

図 6-17　完成例と作成ポイント

演習 2　作成した図 6-17 の表の上に 3 行追加し図 6-18 のようにしなさい。

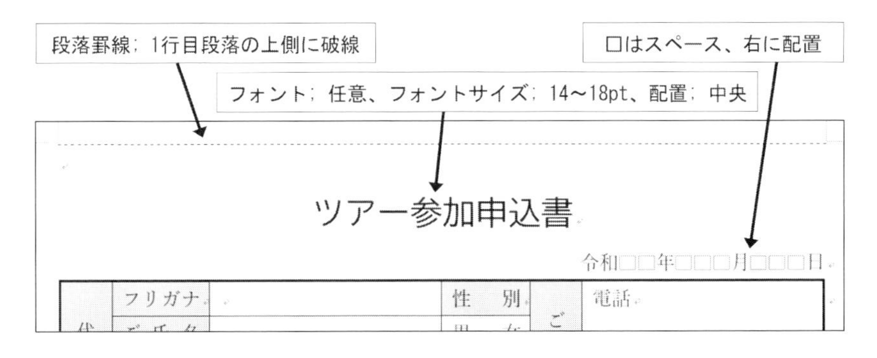

図 6-18　完成例

演習3 次の手順で手書き用の住所録表（**図6-20**）を作成しなさい。

① ページ設定………［印刷の向き］; 横
(p.35 参照)　［余白］→［上］;20 mm、［下］;15 mm、［左］;15 mm、［右］;15 mm

② 表の挿入…………5列16行（大きな表は［表］→［表の挿入］で列数、行数を指定）

③ 1行目入力内容と列幅（**図6-19**）

氏名	郵便番号	住所	電話番号	メールアドレス
40mm	30mm	100mm	35mm	62mm

図6-19　表の1行目入力内容と列幅

④ 行の高さ…………すべての行；10 mm

⑤ 表のスタイル……任意のデザイン　**【例】** グリッド（表）4
表スタイルのオプション；［最初の列］チェックオフ

⑥ セルの文字配置…上下左右とも［中央揃え］

⑦ 縦罫線が表示されない場合は、外枠以外の縦の罫線［縦罫線（内側）］を設定する

氏名	郵便番号	住所	電話番号	メールアドレス

図6-20　完成例

演習4 **図6-21**の表を作成しなさい。

【ヒント】

(1) 英数字と「－」………半角か全角か統一すること
（入力 → F 9 キー：全角、 F 10 キー：半角）

(2) 列幅変更、セルの結合

(3) セルの文字配置……　1行目、1列目、3〜4列目；［中央揃え］
その他のセル；［中央揃え（左）］

(4) 1列目「入門」「英語」のセル……縦書き

(5) 表の外枠罫線の太さ……2.25 pt

	分野	コース No	対象	コース内容
入門	ビジネス入門	A-1	1年目	ケースで学ぶ「マナーと仕事」
		A-2	2年目	新社会人のビジネス
		A-3	3年目	ロジカルシンキング
英語	英語	E-1	1年目	NAVIGATOR
		E-2	2年目	SUCCESS ビジネス英語
		E-3	3年目	めざまし TOEIC

図 6-21　完成例（英数字と「-」を半角で統一した例）

演習 5　作成した**図 6-21** の表を2行下にコピーし、下側の表を**図 6-22** のように編集しなさい。

【ヒント】　次ページの「コーヒーブレイク：1列目セルが縦書きの行の移動やコピー」参照。

● 行をコピーして編集した場合は、表全体を選択するとすべてが選択され、表が2つに分かれていないかどうかを確かめましょう。

	分野	コース No	対象	コース内容
入門	ビジネス入門	A-1	1年目	ケースで学ぶ「マナーと仕事」
		A-2	2年目	新社会人のビジネス
		A-3	3年目	ロジカルシンキング
基礎	ビジネス基礎	B-1	1年目	よくわかる原価の仕組み
		B-2	2年目	知的財産
		B-3	3年目	創造型マーケティング
英語	英語	E-1	1年目	NAVIGATOR
		E-2	2年目	SUCCESS ビジネス英語
		E-3	3年目	めざまし TOEIC

図 6-22　完成例（英数字と「-」を半角で統一した例）

コーヒーブレイク

1列目セルが縦書きの行の移動やコピー

行全体をコピーして表内で貼り付けると通常は「新しい行として挿入」されますが、1列目セルが縦書きの行をコピーして貼り付けると「新しい別表」として表の横に挿入されたり（**図6-23(b)**）、挿入された行の下で表が2つに分割されたりします（**図6-23(d)**）。

【例1】 1列目セルが縦書きの表の2行目（**図6-23(a)**の反転部分）を選択してコピーし、同じ位置で貼り付ける。

別表として右に貼り付けられる（**図6-23(b)**）。

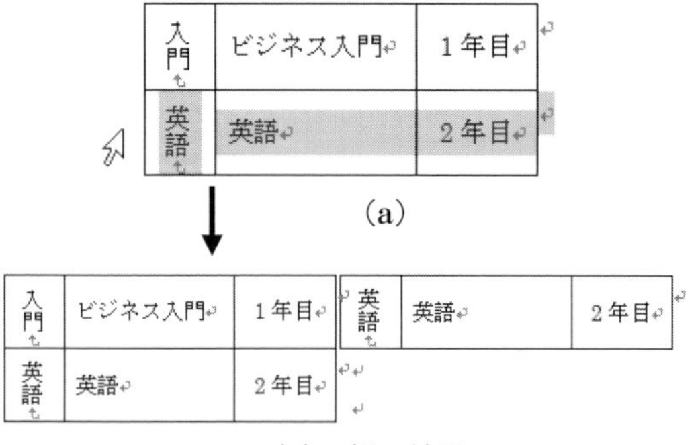

(b)　例1結果

【例2】 1列目セルが縦書きの結合セルを含む表の行（**図6-23(c)**の反転部分）をドラッグで選択してコピーし、同じ位置で貼り付ける。

	分野	対象	コース内容
入門	ビジネス入門	1年目	ケースで学ぶ「マナーと仕事」
		2年目	新社会人のビジネス
		3年目	ロジカルシンキング
英語	英語	1年目	NAVIGATOR
		2年目	めざまし TOEIC
		3年目	SUCCESS ビジネス英語

(c)

貼り付けられた行の下で表が2つに分かれ、それより下は別の表になる（**図6-23(d)**）。

- 表が分割されたかどうかは表全体を選択するとわかります。
- 例1、例2のどちらになるかは表の幅や設定によって異なります。

	分野	対象	コース内容
入門	ビジネス入門	1年目	ケースで学ぶ「マナーと仕事」
		2年目	新社会人のビジネス
		3年目	ロジカルシンキング
英語	英語	1年目	NAVIGATOR
		2年目	めざまし TOEIC
		3年目	SUCCESS ビジネス英語

別表になった →

英語	英語	1年目	NAVIGATOR
		2年目	めざまし TOEIC
		3年目	SUCCESS ビジネス英語

(d)　例2結果

図6-23

プログラムが採点する検定試験で**図6-23(d)**のように表が2つに分かれてしまうと、印刷してもほとんど変わりませんが、大きな失点となりますので気を付けましょう。

1列目セルが縦書きの行は次のどちらかの方法でコピーしましょう。

(1) 縦書きセルを横書きに変更する → 行をコピーし貼り付ける → 文字方向を変更したセルを縦書きに戻す。

(2) 行を挿入し、必要に応じてセルを結合し、セル内容（文字列）をコピーし貼り付ける。

第7章 社外ビジネス文書

ビジネスシーンで利用されるビジネス文書は「社内文書」と「社外文書」に分類されます。社外文書は社内文書に比べ、より丁寧な表現にします。同窓会の案内状を作成し、社外文書の書き方を学習しましょう。

7.1 社外文書の基本形式

ビジネス文書に共通する形式は「p.36 4.2 ビジネス文書の基本形式」を参照してください。社外文書の基本形式は図7-1のとおりです。

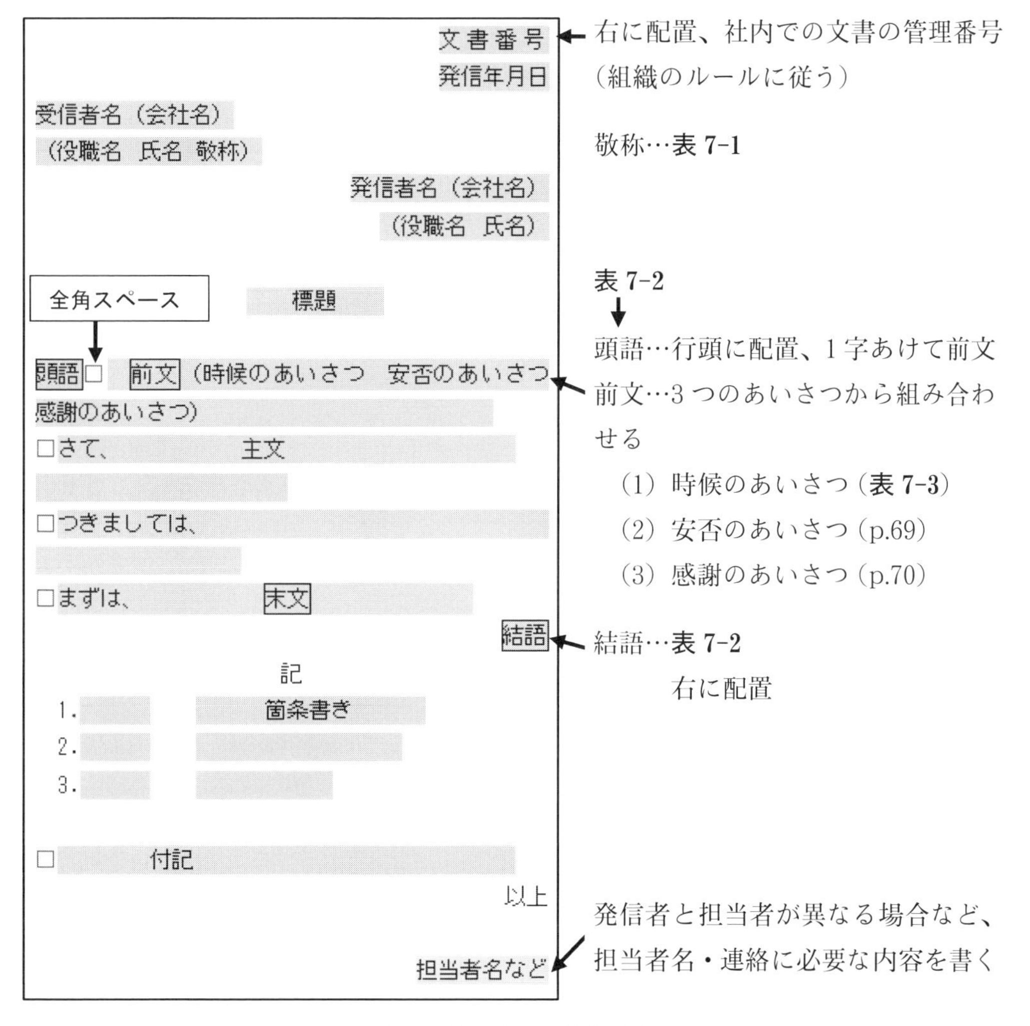

図7-1 社外文書の基本形式

7.1.1　敬称の付け方

受信者名に付ける主な敬称は**表7-1**のとおりです。

表7-1　敬称の付け方

受信者名	敬称	例
個人	様（殿）	経理部長　山田　華子　様　、　赤木　敬三　様
同じ立場の複数の人	各位	社員　各位　、　保護者　各位
会社、組織、機関	御中	○○大学　御中　、　△△株式会社　販売部　御中
先生を職業とする人	先生	紺野　美紀　先生

7.1.2　頭語と結語

頭語とは「拝啓」などの短いあいさつのことです。字下げをしないで行頭から書き、1字分スペースをあけて前文を続けます。本文の最後に「敬具」などの結語を書きます。頭語と結語は対で使用します。**表7-2**はよく使われる組み合わせの例です。

表7-2　頭語と結語

	頭語	結語
通常の場合	拝啓	敬具
返信の場合	拝復	
丁重な場合	謹啓	敬白
前文を略す場合	前略	草々

「拝啓」は「謹んで申し上げます」、「前略」は「前文を省略しましたがお許しください」を意味します。

7.1.3　前文の書き方

文書の本題（主文）に入る前に前文を書きます。前文には「時候のあいさつ」「安否のあいさつ」「感謝のあいさつ」のすべて、または、「時候のあいさつ」と「感謝のあいさつ」、「時候のあいさつ」と「安否のあいさつ」のように組み合わせて書きます。

(1)　時候のあいさつ

表7-3は時候のあいさつの一例です。時候のあいさつ言葉の後ろには読点（、）を付けます。ビジネス文書では「新春の候、」などの短い表現が一般的ですが、場合によっては少し長い柔らかい表現の方が好ましいことがあります。

表 7-3　時候のあいさつ例

月	一般的な例	やや柔らかい表現の例
1月	新春の候、／厳寒の候、	毎日厳しい寒さですが、
2月	立春の候、／余寒の候、	寒さまだまだ厳しい昨今ですが、
3月	早春の候、	ようやく春めいてまいりましたが、
4月	陽春の候、	春たけなわの今日この頃、
5月	新緑の候、	若葉の緑がさわやかな季節を迎えましたが、
6月	梅雨の候、	うっとうしい梅雨の季節になりましたが、
7月	盛夏の候、	厳しい暑さが続きますが、
8月	残暑の候、	残暑なお厳しきおりから、
9月	初秋の候、	日中はまだ暑さが厳しい昨今ですが、
10月	秋冷の候、	みのりの秋を迎えて、
11月	晩秋の候、	日増しに寒さが加わってまいりましたが、
12月	初冬の候、／師走の候、	暮れもおしせまってまいりましたが、
1年共通	時下(じか)	

One Point

「時下」は「このごろ」「このせつ」の意味で、季節に関係なく使えます。後ろに読点（、）を付けません。

【例】　時下ますますご清栄のこととお慶び申し上げます。

(2)　安否のあいさつ

相手の発展や健康に対して祝福の意を表します。安否のあいさつには、企業や団体宛ての場合は「繁栄を喜ぶ」文、個人宛ての場合は「健康を喜ぶ」文を書きます。宛先によって以下例文の○○○部分に □ 内の例などの適切な言葉を入れましょう。

【例】

企業や団体宛 ……○○ますます○○○のこととお慶び（お喜び）申し上（あ）げます。

ご隆盛、ご隆昌、ご発展、ご繁栄

個人宛 ……………ますます○○○のこととお慶び（お喜び）申し上（あ）げます。

ご健勝、ご清栄、ご活躍

(3)　感謝のあいさつ

日ごろの配慮に対して感謝の意を表します。

【例】 平素は格別のお引き立てを賜り、ありがたく厚くお礼申し上げます。
当校の業務につきまして日ごろから一方ならぬご支援をいただき、厚くお礼申し上げます。

7.1.4　主　文

文書の本題である主文は、前文から段落を変えて（改行し、字下げをすること）「さて、」「さて、このたび」などから始めます。主文の中で、まとめやただし書きを付ける場合は、段落を変えて「つきましては、」「ところで、」「なお、」などの接続詞から書きます。

【例】 さて、弊社では中高年向けの新商品の開発に取り組んでまいりましたが、・・・
つきましては、ご多忙のところ誠に恐縮に存じますが、ご出席賜りますようご案内申し上げます。

7.1.5　末　文

末文は本文の最後に締めくくりとして、主文から段落を変えて書きます。「まずは、」「略儀ながら、」「以上、」などの書き出しがよく使われます。

【例】 まずは、とり急ぎご連絡申し上げます。
まずは、ごあいさつかたがたお願い申し上げます。
以上、とり急ぎご回答申し上げます。

7.2　同窓会案内状の作成

例題1 社外文書の基本形式（図7-1）に従って、次の内容で同窓会の案内状を入力しましょう。

「○○○」には任意のクラブ名を入力しましょう。□はスペース、枠線は不要です。

① 発信年月日…………来月の2日を西暦で記す。
② 受信者名……………○○○部同窓生
●適切な敬称を付けること。
③ 発信者名……………○○○部30周年記念事業実行委員会
④ 標題…………………○○○部30周年記念同窓会のご案内
⑤ 頭語…………………拝啓
●Word で頭語を入力後、スペースや改行を入力すると、対応する結語が自動入力され

右に配置されます。

⑥　季節のあいさつ……発信月のあいさつを［あいさつ文の挿入］から選ぶ。

［挿入］タブ →［テキスト］グループ →［あいさつ文］ボタン →［あいさつ文の挿入］→［あいさつ文］ダイアログボックス→［月］を選ぶ →［月のあいさつ］を選ぶ（**図 7-2**）→［OK］ボタン（「安否のあいさつ」「感謝のあいさつ」も自動入力される）

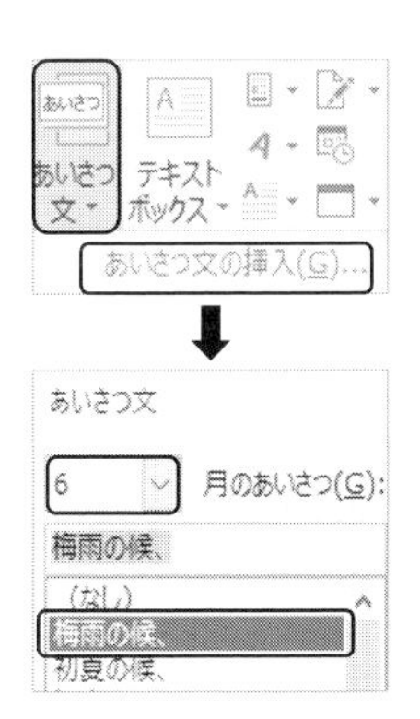

図 7-2　あいさつ文

Word には「あいさつ文」の入力を支援する［あいさつ文の挿入］機能があり、一覧の中から選ぶだけであいさつ文を入力することができます。自動入力された文は、内容に合わせてより適切な表現に修正しましょう。

⑦　安否のあいさつ

自動入力された「安否のあいさつ」を次のあいさつ文に修正する。

> ○○○部同窓の皆様には、各界にてご活躍のこととお慶び申し上げます。

⑧　感謝のあいさつ……なし（削除する）

⑨　本文 □はスペース、枠線は不要

> □さて、年賀状でお知らせしましたように、○○○部は 19○○年に創部し今年で 30 周年を迎えます。この記念すべき年を祝うため昨年から準備を進めて参りましたが、このたび下記のとおり記念同窓会を開催することとなりました。
> □懐かしい母校での開催ですので、同期の方々お誘いあわせの上、ぜひご参加くださいますようご案内いたします。

●「19○○年」には今年から 30 年前の年を入力しましょう。

⑩　頭語に対応する結語

⑪　記書きの内容

> 日時□□20○○年○月○○日（日）
> 13:00～16:00（受付□11:00～）
> 会場□□○○○○大学会館
> 参加費□□7,000 円

ご夫婦での参加はお二人で12,000円、現役部員は4,000円
参加申込□□参加費の振込みをもって申込とします。
同封の振込用紙でお振込みください。
申込締切□□20○○年○月○○日（○）

● 日時…………発信年月日の2か月後の第3日曜日の日付を入力しましょう。
● 会場…………「○○○○」には任意の学校名を入力しましょう。
● 申込締切……「日時」の前月の末日と曜日を入力しましょう。

⑫　付記

□なお、振込み後の参加費の返金は致しかねます。ご了承ください。

⑬　担当者名など

○○○部30周年記念事業実行委員会事務局
代表幹事□八角□可南子
E-mail：party30@mail.xxx.ne.jp
℡：06-xxxx-xxxx

℡は「でんわ」で変換

● メールアドレスにハイパーリンクが設定されたら（青いアンダーラインが付く）、文字列内を右クリック → ［ハイパーリンクの削除］で設定を解除しましょう。

コーヒーブレイク

「タブ文字の入力」と「タブ位置の設定」

本書では記書きの箇条書きの「項目名」と「内容」の間はスペースで区切っていますが、スペースの代わりに「タブ文字の入力」と「タブ位置の設定」をすることで行内の自由な位置に文字を配置することができます。タブ文字は編集記号を表示すると（［編集記号の表示］ボタン ↵）表示されます。

タブ文字を入力するにはTabキーを押します。タブ文字 → の次の文字列が、タブ位置に移動します（**図7-3（a）**）。タブ位置は4文字毎に既定で設定されています。タブ位置を希望の位置に設定するには、設定する段落を選択し、水平ルーラーをクリックします（**図7-3（b）**）。

タブ位置の設定を解除するには、水平ルーラーの［タブマーカー］└（**図7-3（b）**）をルーラーの外までドラッグするか、段落を選択し［すべての書式をクリア］ボタンをクリックします。

タブ文字の削除には、文字の削除同様DeleteキーやBackSpaceキーを使います。

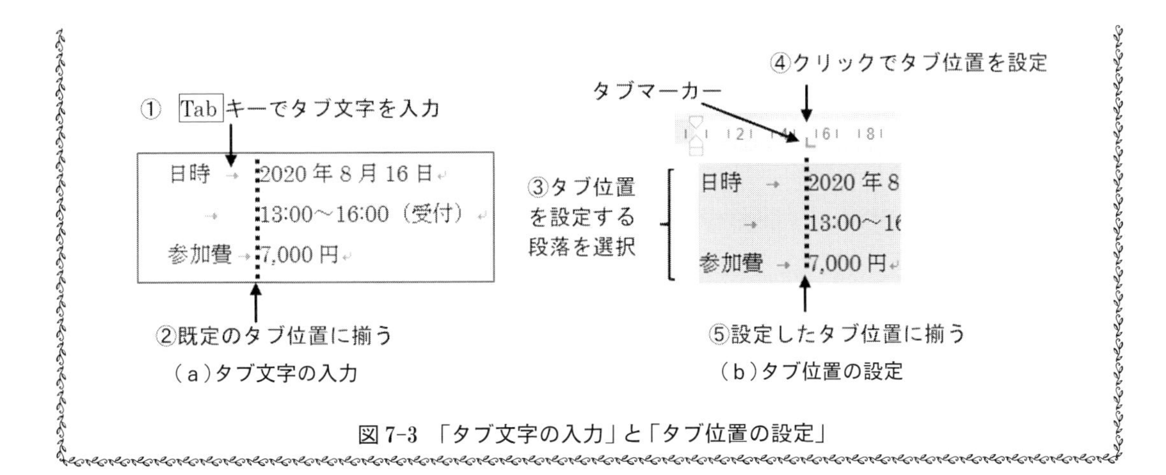

図 7-3　「タブ文字の入力」と「タブ位置の設定」

7.3　同窓会案内状の編集

例題 2　ビジネス文書の基本形式に従って、完成例のように文書の体裁を整えましょう。

【完成例】　2020 年 5 月作成、大阪守口大学、音楽部の場合

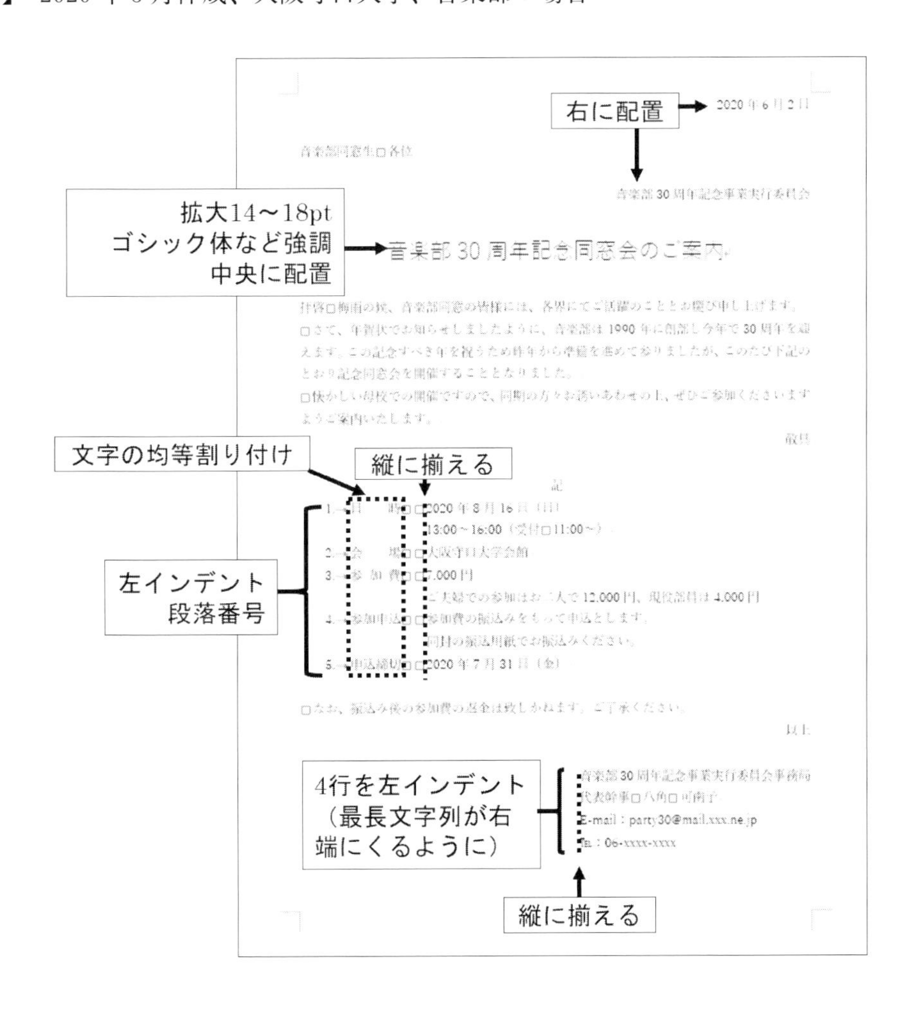

7.4 演習課題

演習1 あなたは、○○○○大学の△△部に所属しています。、△△部では先輩方と現役生の親睦を深めるために、毎年1月4日に「△△部新年会20XX」を開催しています。先日のミーティングで以下のことが決まりました。次の指示と決定内容に従って、「△△部新年会20XX」の案内状を作成しなさい。

① 「○○○○大学」「△△部」には任意の学校名、クラブ名、サークル名を入れなさい。
② 「20XX」には来年の西暦を入れなさい。
③ 社外ビジネス文書の基本形式に従って作成しなさい。
④ 例題1、例題2で作成した「同窓会案内状」を参考にしなさい。
⑤ 「同窓会員」「部長」「幹部」などの呼び名は、慣例があれば変更しなさい。

【ミーティング決定内容】

① 「△△部新年会20XX」を例年通り来年1月4日に開催する。
② 今回の案内状作成担当はあなたに決まった。
③ 案内状は今年の11月上旬に封書で郵送する。
④ 受信者名は「△△部同窓会員」
⑤ 発信者は○○○○大学 △△部の 河那辺 薫 部長
⑥ 当日新幹部の紹介も予定している。
⑦ 新年会の時間は18:30〜
⑧ 会場は「今一 難波店」大阪府大阪市中央区難波X－X－XX、 TEL 06-2345-xxxx（会場は先輩方も現役時代からなじみの店）
⑨ 参加費は5,000円
⑩ 出欠確認のためのハガキを同封し、ハガキに出欠を記入して12月15日までに投函して欲しい旨を書く。
⑪ 問合せ先にはメールアドレス dosoukai@xxxx.com を記す。

One Point

受信者名・発信者名の書き方

受信者名、発信者名を組織名から書く場合は、2行に分けて次の順に書きます。

【受信者名の例】

組織名 → ○○○○産業株式会社
役職名 氏名 敬称 → 開発部長 日下 隼人 様

演習 2 社外ビジネス文書の基本形式に従って、次の内容の保育参観案内状を入力しなさい。□はスペース、カギカッコと枠線は不要です。

① 発信年月日…………今日（西暦か元号かは任意）

② 受信者名……………「保護者」

●適切な敬称を付けましょう。

③ 発信者名……………「はまぎく幼稚園　園長　佐保　満智子」

●適切な箇所で 2 行に分けましょう（p.74 One Point 参照）。

④ 標題…………………「ふれあい参観のご案内」

⑤ 頭語…………………「拝啓」

⑥ 季節のあいさつ……発信月のやや柔らかいあいさつ例を使用する（p.69 **表 7-3**）。

⑦ 安否のあいさつ……個人宛の安否のあいさつ文を使用する。

⑧ 感謝のあいさつ

> 日ごろから幼稚園のためにご協力をいただき厚くお礼申し上げます。

⑨ 主文、末文

> □さて、園だよりでお知らせしましたように、下記のとおり『ふれあい参観』を開催いたします。当日はお子さまの様子をご覧になり、一緒に楽しいひと時をお過ごしいただければと存じます。
> □ぜひ、ご参観くださいますようご案内申し上げます。

⑩ 頭語に対応する結語

⑪ 記書き内容

> 参観日□□○月○○日（土）
> 登園□□8:40～9:00
> 予定□□保育参観□9:30～10:10
> おもちゃ製作□10:20～11:10
> 軽食□11:20～
> 降園□□12:00 頃□お子さまとご一緒にお帰りください。
> 持ち物□□水筒

●「参観日」には来週の土曜日の日付を入力しましょう。

⑫ 付記

> □なお、参加の有無を○月○○日までにご提出ください。

●「○月○○日」には来週の火曜日の日付を入力しましょう。

⑬「以上」の下に2行空行を空け、次を入力し表を作成する。

● 表の2行目セルを結合しましょう。

↵

↵

ふれあい参観参加希望↵

○を付けてください。↵

参加する↵	参加しない↵
お名前↵	

演習3　演習2で入力した保育参観の案内状を、次の指示に従い体裁を整えなさい。指示がなくてもビジネス文書の基本形式に従って編集すること。

①　発信者名の2行の文字列が同じ幅になるように「文字の均等割り付け」を設定する（p.38 文字の均等割り付け、p.39 One Point 参照）。

②　標題を拡大し、フォントを任意のゴシック体にし、中央に配置する。

③　記書きの箇条書き段落に数文字分「左インデント」を設定する。

④　記書きの項目名段落（5行）に任意の［箇条書き］または［段落番号］を設定する。

⑤　記書きの項目名（5箇所）の文字列が同じ幅になるように「文字の均等割り付け」を設定する。

⑥　記書きの項目名を含まない箇条書き段落（2行）に「左インデント」を設定する（記書きの他の行の内容と書き出し位置を揃える）。

⑦「ふれあい参観参加希望」に文書の標題と同じ書式を設定する。

⑧「ふれあい参観参加希望」の1行上の段落の上側に破線の段落罫線を設定し、切り取り線にする（p.60 段落罫線参照）。

⑨　表の1行目…フォントサイズ；14 pt → 文字の配置；［中央揃え］（上下左右とも）

⑩　表の2行目…［行の高さ］；約10 mm → 文字の配置；［上揃え（左）］

⑪　ページ設定…上下の［余白］；20 mm

● 文書が1ページに収まらない場合は、さらに上下の余白を調整しましょう。

第 8 章　図形描画

Word には、文字の入力や表を作成する他に、図形やイラスト、写真などの画像ファイルを挿入する機能があります。挿入された図形や画像を「オブジェクト」と呼びます。すべての「オブジェクト」の基本操作方法は共通です。Word の図形描画機能を使ってオブジェクトの基本操作、図形の編集、図形を組み合わせてのイラスト作成を学びましょう（図 8-1）。

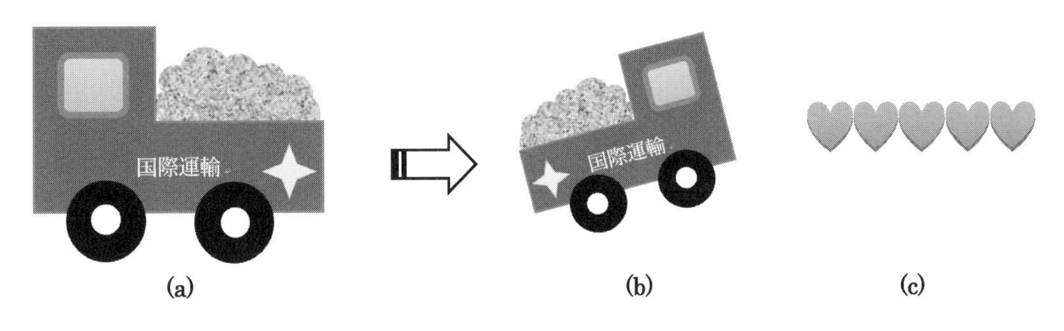

図 8-1　作成するイラスト

8.1　図形の挿入

図形の挿入は、次の操作で行います。

(1) ［挿入］タブ → ［図］グループ → ［図形］ボタン（図形が一覧表示される）→ 挿入する図形をクリック → 文書内をドラッグして図形の大きさと場所を指定します。

(2) 円、正方形など縦横サイズが同じ図形を描くには、Shift キー＋ドラッグします。

図形を選択していると、［描画ツール］の［書式］タブ → ［図形の挿入］グループからも描く図形が選べます。

例題 1　新規文書に、図 8-2 の①～⑤の図形を挿入しましょう。

● Enter キーを何度か押して改行しておきましょう。

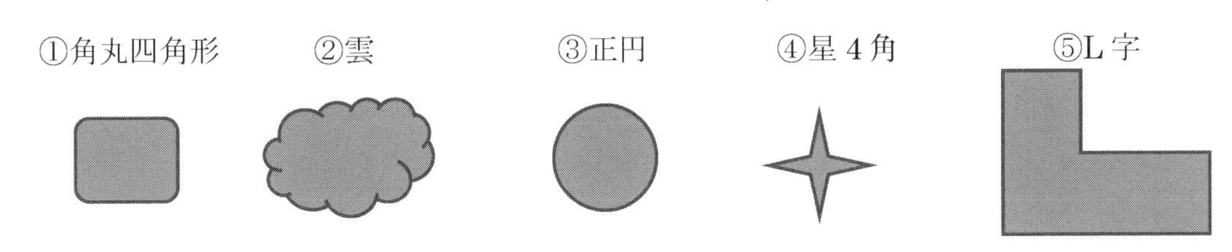

図 8-2　挿入する図形

① 角丸四角形を描く。

［挿入］タブ → ［図］グループ → ［図形］ボタン → ［四角形］の［四角形：角を丸くする］□ → ドラッグして描く

② 雲を描く。

［基本図形］の［雲］ → ドラッグして描く

③ 正円を描く。

［基本図形］の［楕円］○ → Shift キー＋ドラッグして描く

④ 星4角（縦横が同じサイズ）を描く。

［星とリボン］の［星：4pt］ → Shift キー＋ドラッグして描く

⑤ L字を描く。

［基本図形］の［L字］ → ドラッグして描く

8.2 図形の基本操作

選択、移動とコピー、サイズ変更、回転、削除は、すべてのオブジェクトに共通する基本操作です。図形の基本操作には、その他に図形への文字挿入、図形の調整があります。

8.2.1 図形の選択

図形を選択するには、図形をクリックします。選択すると、図形の回りに枠線とハンドルが表示されます（**図8-3(a)**）。図形の選択を解除するには、文書内の他をクリックします（**図8-3(b)**）。

例題 2-1 例題1で挿入した図形を使って、図形を選択したり選択を解除したりしましょう。

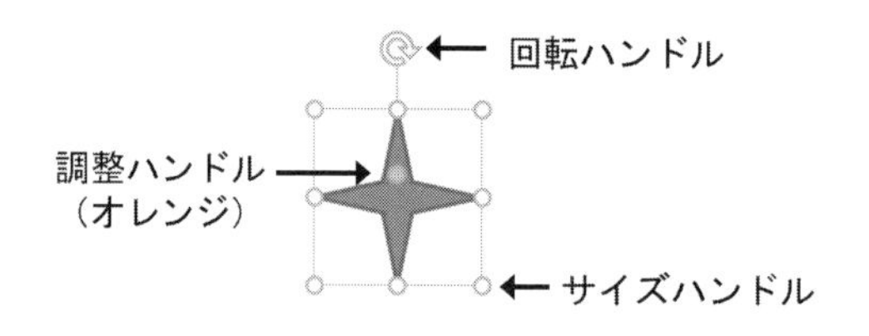

(a) 図形選択状態

(b) 選択解除状態

図8-3 図形の選択

8.2.2 図形への文字の挿入

図形内に文字を挿入するには、図形を選択した状態で文字を入力します。

例題 2-2 L字図形内に「国際運輸」を入力しましょう。

① L字図形をクリック（**図8-4(a)**）→「国際運輸」を入力する（**図8-4(b)**）。

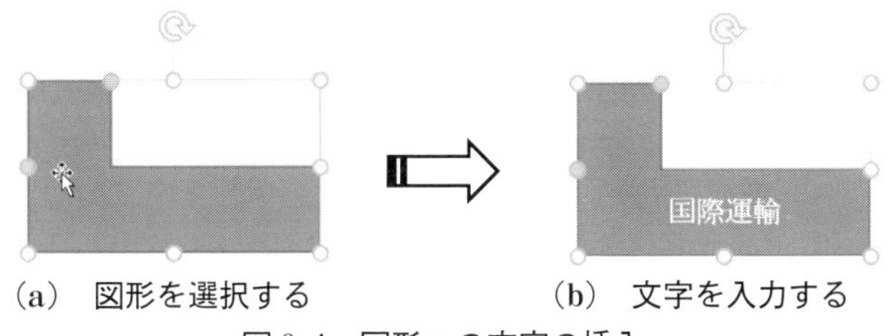

（a）　図形を選択する　　（b）　文字を入力する

図 8-4　図形への文字の挿入

8.2.3　図形の移動とコピー

図形の移動やコピーは次の操作で行います。

(1) 図形を移動するには、図形をドラッグします（**図 8-5(a)**）。

(2) 文字が入力されている図形を移動するには、枠線など移動ハンドル が表示される箇所をドラッグします（**図 8-5(b)**）。

(3) 図形を少しずつ動かすには、図形を選択し矢印キー ↑ ↓ ← → を押します。

(4) 図形をコピーするには、Ctrl キーを押しながら図形をドラッグします（**図 8-5(c)**）。

●小さな図形の場合は、図形の下に表示される移動ハンドル を使って、移動やコピーができます。

例題 2-3　作成した図形の移動やコピーをしましょう（**図 8-5**）。

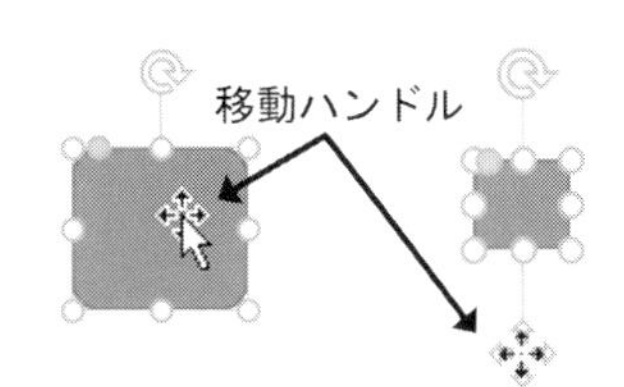

図形をドラッグ、または、図形の下の移動ハンドルをドラッグ

（a）　図形の移動

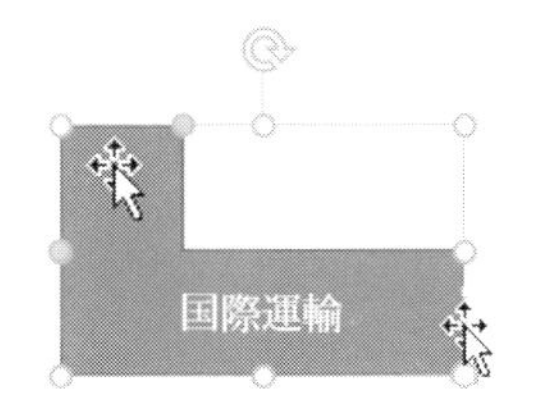

移動ハンドル でドラッグ

（b）　文字の入った図形の移動

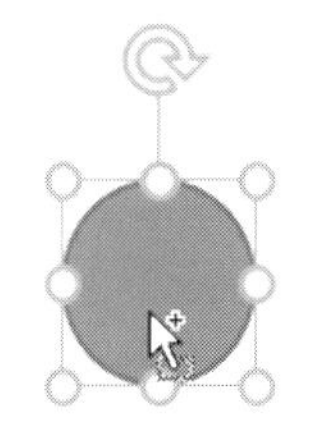

図形を Ctrl キー＋ドラッグ

（c）　図形のコピー

図 8-5　図形の移動とコピー

8.2.4　図形のサイズ変更

図形のサイズの変更は次の操作で行います。

(1) 任意の大きさにサイズを変更するには、サイズハンドル を両矢印ポインター でドラッグします（**図 8-7(a)**）。

(2) 縦横の比率を変えずに拡大/縮小するには、図形の枠線の四隅のサイズハンドル を両矢印ポインター で Shift キー＋ドラッグします。

(3) 数値を指定してサイズを変更するには、［描画ツール］の［書式］タブ［サイズ］グループの［図形の高さ］欄、［図形の幅］欄で指定します（印刷時のサイズ）（**図 8-6**）。

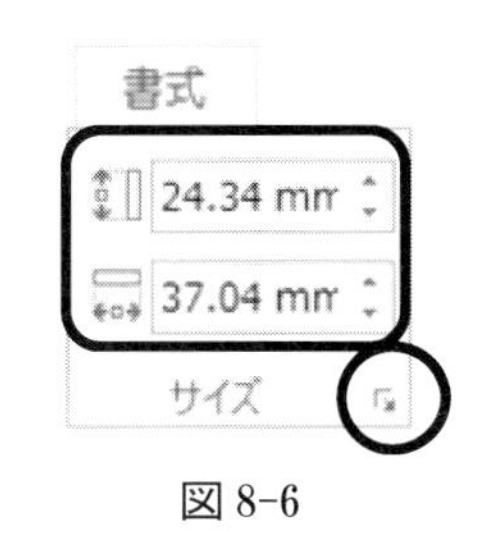

図 8-6

8.2.5　図形の回転

図形の回転は次の操作で行います。

(1) 回転ハンドル をドラッグします (**図 8-7(b)**)。

(2) 90 度回転や反転をするには、[書式] タブ [配置] グループの [オブジェクトの回転] ボタン から選びます。

(3) 縦横比固定や倍率指定でのサイズ変更、角度指定での回転などは、[レイアウト] ダイアログボックスを表示して指定します。

● [レイアウト] ダイアログボックスの表示は、[書式] タブ → [サイズ] グループの [ダイアログボックス起動ツール] ボタン (**図 8-6**) をクリックします。

例題 2-4　作成した図形を拡大、縮小、回転しましょう (**図 8-7**)。

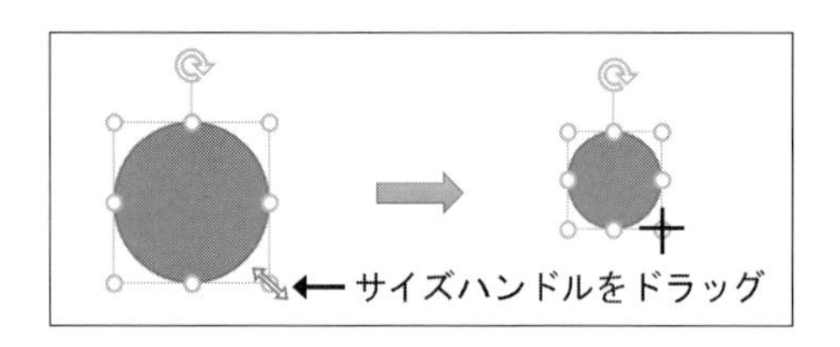

(a)　図形のサイズ変更

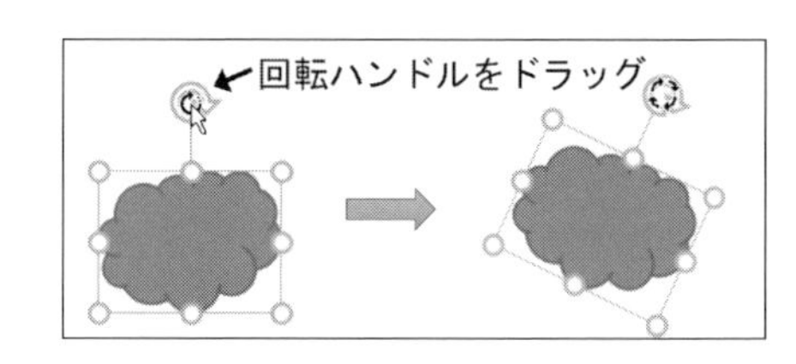

(b)　図形の回転

図 8-7　図形のサイズ変更・回転

8.2.6　図形の調整

調整ハンドル (オレンジ色) を矢じりポインター でドラッグすると部分的に形が変わります (**図 8-8**)。調整ハンドルは、調整できる図形の調整可能箇所にのみ表示されます。

例題 2-5　星 4 角 図形、L 字図形の形を調整しましょう (**図 8-8**)。

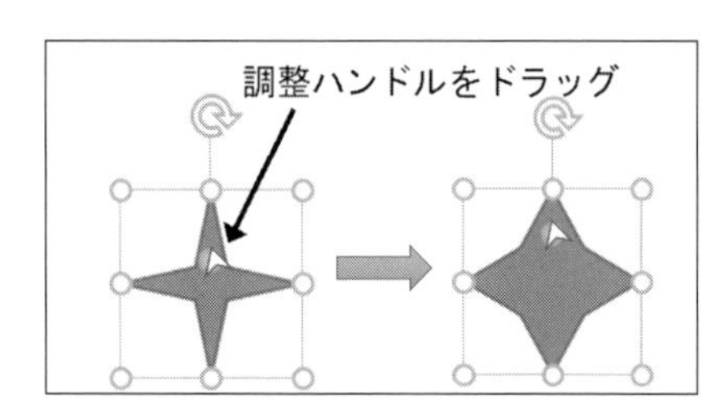

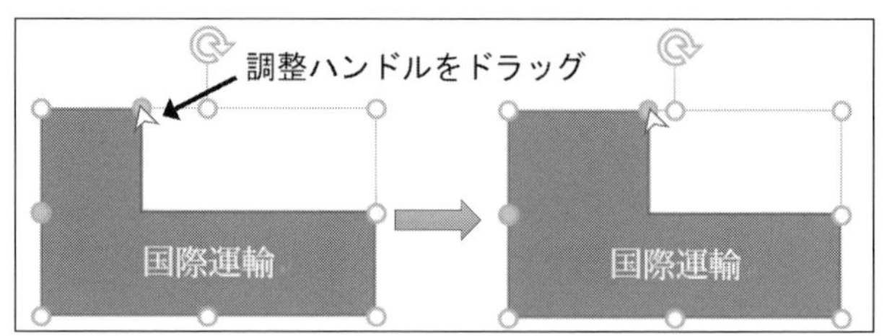

図 8-8　図形の調整

8.2.7　図形の削除

図形を削除するには、図形を選択し (**図 8-9(a)(b)**) Delete キーを押します。

例題 2-6　任意の図形をコピーし、コピーした図形を削除しましょう。

One Point

文字を含む図形の選択

移動ハンドル が表示される箇所をクリックすると（図 8-9(a)）、枠線が実線（図 8-9 (b)）になり、図形全体が選択されます。クリックしたときに枠線が点線の場合は、文字編集状態です（図 8-9(c)）。Delete キーを押すと、前者では図形が、後者では図形内の文字が削除されます。

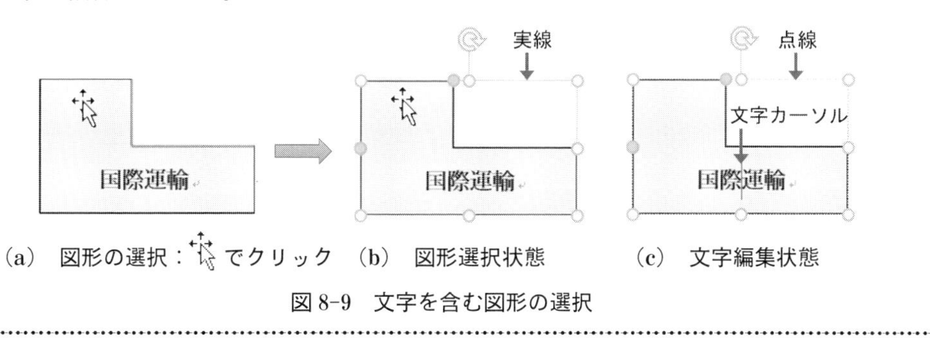

（a）　図形の選択： でクリック　（b）　図形選択状態　（c）　文字編集状態

図 8-9　文字を含む図形の選択

8.3　図形の重なり順

挿入した図形は、描いた順に下から重なっています。ちょうど、透明の用紙 1 枚に 1 つずつ図形を描き、紙を重ねて上から見たようになります（図 8-10(a)）。

重なり順を変更したい場合は、図形を選択し次の操作を行います。

（1）1 つ前に移動するには、［書式］タブ → ［配置］グループ → ［前面へ移動 ▾］ボタンの［前面へ移動］をクリックします。

（2）1 つ後ろに移動するには、［配置］グループ → ［背面へ移動 ▾］ボタンの［背面へ移動］をクリックします。

（3）すべての図形の一番前に移動するには、［前面へ移動 ▾］ボタンの［▼］→［最前面へ移動］をクリックします。

（4）すべての図形の最も後ろに移動するには、［背面へ移動 ▾］ボタンの［▼］→［最背面へ移動］をクリックします。

重なり順は、ユーザーにすれば重なっている図形だけと思いがちですが、文書内のすべての図形を対象とした重なり順であることに留意しましょう。

例題 3　作成した図形の重なり順を、図 8-10 (b) に変更して、イラスト（図 8-10 (c)）を作成しましょう。図 8-10(c) は見やすいように色を変更しています。

● 必要に応じて、サイズ変更やコピーをしましょう。コピーした図形は最前面になります。

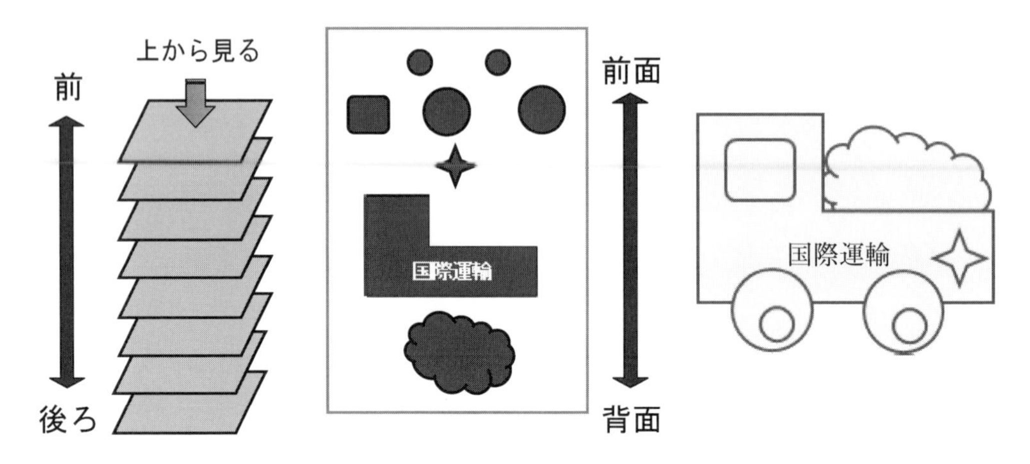

（a）　図形の重なり概念図　（b）　作成図形の重なり順　（c）　作成するイラスト

図 8-10　図形の重なり順

コーヒーブレイク

隠れて見えない図形の選択方法

小さな図形が大きな図形の後ろにあってクリックできないときは、「オブジェクトの選択と表示作業ウィンドウ」（**図 8-11**）を表示しましょう。表示するには、いずれかの図形を選択 →［書式］タブ →［配置］グループ →［オブジェクトの選択と表示］ボタンをクリックします。作業ウィンドウ内の図形名をクリックすることで図形の選択ができ、［前面へ移動］ボタン▲、［背面へ移動］ボタン▼（**図 8-11**）をクリックすると選択した図形の重なり順を変更することができます。

図 8-11　オブジェクトの選択と表示

8.4　図形の編集

Word の図形は線の長さや方向といったベクトル情報を持つ「ベクトル画像」と呼ばれるもので、塗りの色や枠線の太さなど、自由に編集することができます（**図 8-12**）。

図 8-12　編集完成例

8.4.1　クイックスタイル

Word には図形の線や色などを組み合わせた「クイックスタイル」が用意されています。

例題 4-1　正円と星 4 角図形にクイックスタイルを適用しましょう（**図 8-13(b)**）。

① タイヤの正円（大）2 つに、クイックスタイル［塗りつぶし-黒、濃色 1］を適用する。

正円（大）をクリック → ［書式］タブ → ［図形のスタイル］グループ → ［クイックスタイル］の［塗りつぶし-黒、濃色 1］（**図 8-13（a）**）

② タイヤの中心の正円（小）2 つに、クイックスタイル［枠線のみ-黒、濃色 1］を適用する（**図 8-14（c）**）。

（a） クイックスタイルの選択　（b） 設定結果

図 8-13　クイックスタイルの設定

正円（小）をクリック → ［書式］タブ → ［図形のスタイル］グループ → ［クイックスタイル］の［その他］ボタン（**図 8-14（a）**）（クイックスタイルギャラリーが表示される）→［枠線のみ-黒、濃色 1］（**図 8-14（b）**）

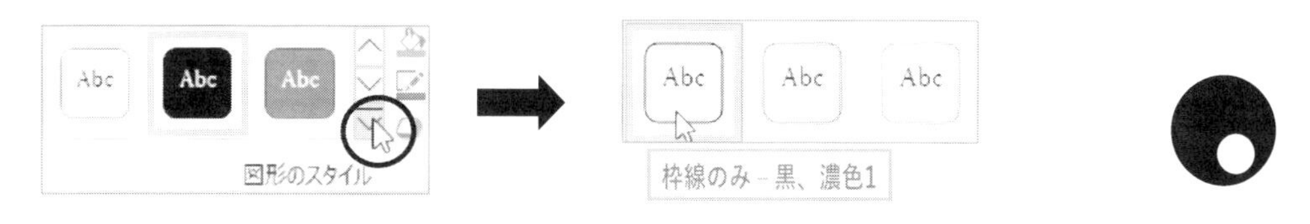

（a） ［その他］ボタン　（b） クイックスタイルの選択　（c） 設定結果

図 8-14　［その他］のクイックスタイルの設定

③ 星 4 角図形に任意のクイックスタイルを適用する。

8.4.2　図形の塗りつぶし

(1)　単色での塗りつぶし

図形を単色で塗りつぶすには、図形を選択し［書式］タブ →［図形のスタイル］グループ →［図形の塗りつぶし▾］ボタンの［図形の塗りつぶし▾］をクリックして色を選びます。［図形の塗りつぶし▾］ボタン →［塗りつぶしの色(M)］をクリックすると、コンピューター上で表現できるフルカラー（1,670 万色）から色を選べます。

［図形の塗りつぶし▾］ボタンの［ ］をクリックすると に表示されている色で塗りつぶされます。また、［図形の塗りつぶし▾］ボタン →［塗りつぶしなし］を選ぶと、図形内を透明にすることができます。

例題 4-2　トラックの車体の L 字図形を任意の色で塗りつぶしましょう。

L 字図形クリック →［図形のスタイル］グループ →［図形の塗りつぶし▾］ボタンの［図形の塗りつぶし▾］→ 任意の色をクリック

(2)　その他の塗りつぶし

図形は単色だけでなく、グラデーション（徐々に変化する色）やテクスチャ（大理石やコルクなどの質感）で塗りつぶすこともできます。

例題 4-3　積荷の雲図形を任意のテクスチャで塗りつぶしましょう。

雲図形クリック → [図形の塗りつぶし ▾] ボタンの [図形の塗りつぶし ▾] → [テクスチャ(T)] → 任意のテクスチャをクリック

8.4.3　図形の枠線

図形の枠線の色、太さ、線のスタイルを設定することができます。

(1)　枠線の色

[図形の枠線 ▾] ボタンの [図形の枠線 ▾] から図形の枠線を任意の色に変更できます。[枠線なし] を選んで、図形の枠線をなくすこともできます。

[図形の枠線 ▾] ボタンの [ ] をクリックすると、枠線が に表示されている色になります。

例題 4-4　L字図形の枠線の色を任意の色に変更し、雲図形の枠線をなくしましょう。

① L字図形クリック → [図形の枠線 ▾] ボタンの [図形の枠線 ▾] → 任意の色をクリック。

② 雲図形クリック → [図形の枠線 ▾] ボタンの [図形の枠線 ▾] → [枠線なし]。

(2)　枠線の太さ

例題 4-5　角丸四角形の枠線を任意の色に、太さをを2.25ポイントに変更しましょう。

① 角丸四角形クリック → [図形の枠線 ▾] ボタンの [図形の枠線 ▾] → 任意の色をクリック。

② [図形の枠線 ▾] ボタン → [太さ] → [2.25 pt]。

8.5　図形の整列とグループ化

複数の図形を整列したり、1つの図形に結合したりできます。

8.5.1　複数図形の選択

図形の整列や結合をするには、操作対象の図形をすべて選択しなければなりません。複数の図形を選択するには次の2つの方法があります。

(1)　Shift キーを使う

Shift キーを使って複数の図形を選択するには、1つ目の図形をクリック → 2つ目からは Shift キーを押しながら順にクリックします。

既に選択されている図形を Shift キーを押しながらクリックすると、選択が解除されます。

コーヒーブレイク

複数図形の選択に Ctrl キー／Shift キーどちらを使うか

複数図形の選択には Shift キーの代わりに Ctrl キーを使用することもできます。Ctrl キーを使った場合、選択のためにクリックする際に、少しでもマウスが動いてしまうと、「Ctrl キーを押しながらドラッグ＝コピー」となり、図形がコピーされてしまいます。複数図形の選択には Shift キーを使うようにしましょう。

(2)　オブジェクトの選択モードを使う

Word には、通常の「編集モード」の他に「オブジェクトの選択モード」があります。「オブジェクトの選択モード」で複数図形を選択するには次の手順で操作します。

①　「オブジェクトの選択モード」に切り替える。

［ホーム］タブ →［編集］グループ →［選択▼］ボタン →［オブジェクトの選択(O)］

②　選択したい図形すべてを囲むようにドラッグする（**図 8-15(a)**）。

●図形の一部分のみドラッグすると、囲まれていない図形は選択されません（**図 8-15 (b)**）。

③　「編集モード」に戻す。

Esc キーを押すか、［オブジェクトの選択(O)］を再度クリックする

●「オブジェクトの選択モード」のままでは入力や文書の編集ができません。

(a)　全体をドラッグ（すべて選択される）

(b)　一部分をドラッグ（一部の図形が選択される）

図 8-15　複数図形の選択（オブジェクトの選択モード）

8.5.2　図形の整列

例題 5-1　白円と黒円を整列し、さらに、任意の図形を描いて整列しましょう。

①　白円が黒円の中央にくるように配置を整える（**図 8-16(a)**）。

重なっている黒円と白円を選択 →［書式］タブ →［配置］グループ →［配置］ボタン →［左右中央揃え］→［配置］ボタン →［上下中央揃え］

②　もう一組の黒円と白円も同様に整列する。

③　任意の図形を描き、任意の書式を設定後、図形をコピーし、整列する（例：図 8-16(b)）。

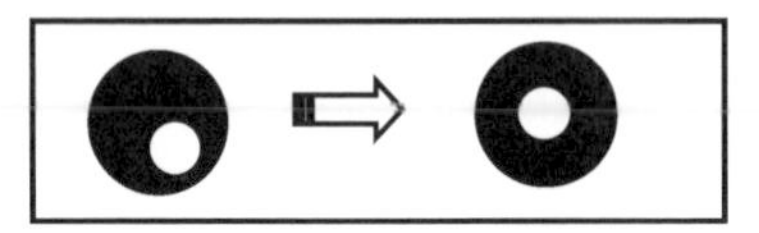

(a)［左右中央揃え］→［上下中央揃え］

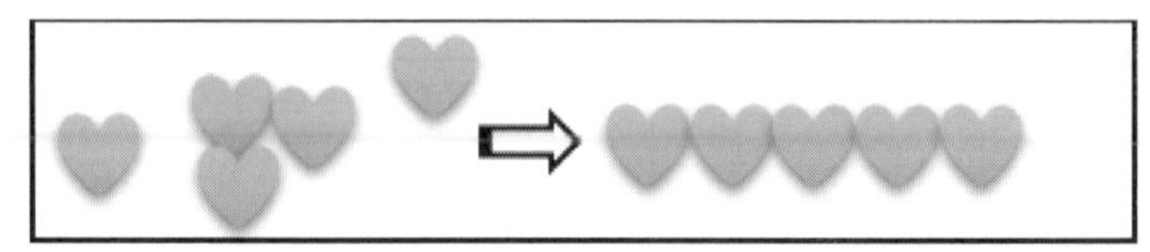

(b)［上下中央揃え］→［左右に整列］した例

図 8-16　図形の整列

8.5.3　図形のグループ化

複数の図形を結合して1つの図形にすることができ、「グループ化」と呼びます。

例題 5-2　図形をグループ化し、イラストを完成させましょう。

①　トラックのイラストの図形をグループ化する。

トラックのイラストのすべての図形を選択する（図 8-15(a)）→［書式］タブ →［配置］グループ →［オブジェクトのグループ化］ボタン →［グループ化］

②　例題 5-1③で作成し整列した図形をすべて選択しグループ化する。

●［書式］タブが2つ表示された場合は、どちらからでも設定できます。

8.5.4　グループ化した図形の編集

グループ化した図形は、コピー、サイズ変更、回転など、1つの図形として編集できます。

例題 5-3　トラックのイラストをコピーし、編集しましょう。

①　トラックのイラストをコピーする。

グループ化した図形全体を選択する（図 8-17(a)）→ 横にコピーする

●一部の図形が選択された場合は、枠線をクリックして全体を選択します（図 8-17(a)）。

②　コピーしたイラストのサイズを変更する（p.79　8.2.4 参照）。

③　左右反転する。

［書式］タブ →［配置］グループ →［オブジェクトの回転］ボタン →［左右反転］

④　回転ハンドルをドラッグして回転する（p.77 図 8-1(b)）。

One Point

グループ化した図形内の個々の図形の選択と編集

グループ化した図形は、1つの図形として編集ができるだけでなく、グループ内の個々の図形の編集ができます。編集操作の対象となるのは、選択されている図形（枠線が実線）です。例えば、図 8-17(a) の状態で移動ハンドル をドラッグすると図形全体が移動し、図 8-17(b) の状態でドラッグすると選択されている黒円が移動します（図 8-17(c)）。

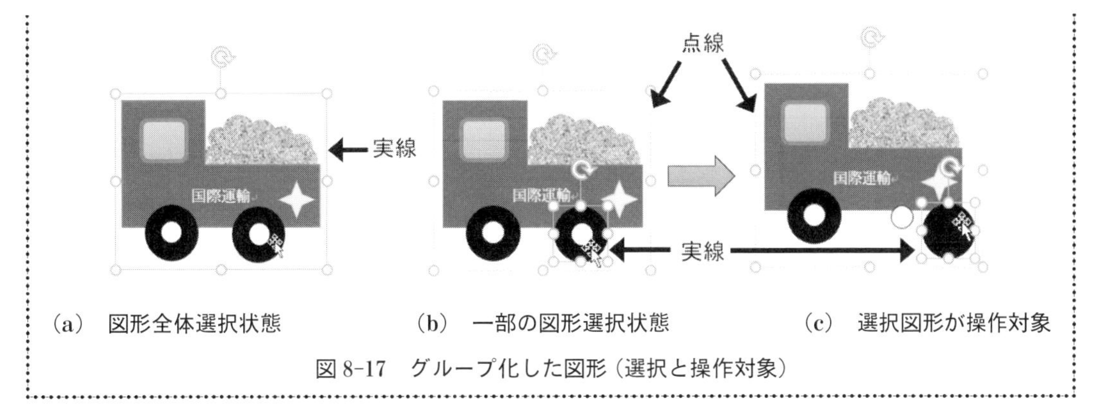

図 8-17　グループ化した図形（選択と操作対象）

コーヒーブレイク

描画キャンバス

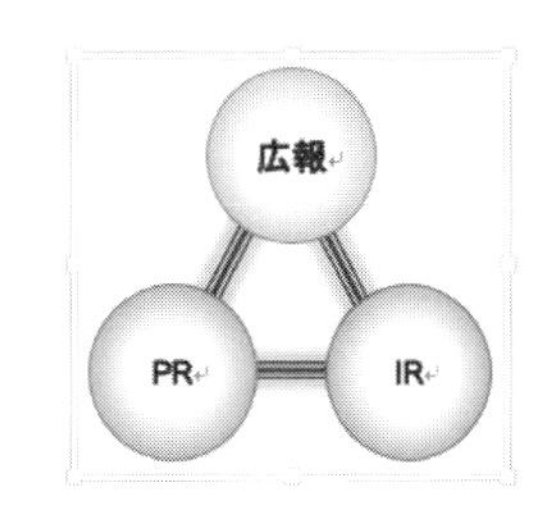

図 8-18　描画キャンバス例

Word には、「描画キャンバス」と呼ばれる描画専用のオブジェクトがあります。描画キャンバス内に描いた図形は、グループ化しなくても、まとまった 1 つの図形として、サイズ変更やコピーなどができます（図 8-18）。描画キャンバスは、［挿入］タブ → ［図］グループ → ［図形］ボタン → ［ 新しい描画キャンバス(N) ］をクリックして、図形を描く前に挿入します。描画キャンバスも他のオブジェクト同様にオブジェクトの基本操作や編集をすることができますが、回転させることはできません。

8.6　演習課題

演習 1　図形を使って表 1 に従ってパンダのイラストを描き、グループ化しなさい（図 8-19）。コピーを活用し、サイズ、回転、重なり順を適切に設定して作成すること。

表 1　使用図形と設定書式

パーツ	使用図形	設定書式
顔	楕円	［枠線のみ-黒、濃色 1］
耳	楕円	［塗りつぶし-黒、濃色 1］、回転
目（黒）	楕円	［塗りつぶし-黒、濃色 1］、回転
目（白）	楕円（正円）	［枠線のみ-黒、濃色 1］
鼻	ハート	［塗りつぶし-黒、濃色 1］
口	線 2 本	枠線…色；赤、太さ；3 pt
リボン	リボン：上に曲がる	図形の調整、任意の書式

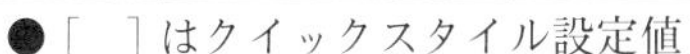
●［　］はクイックスタイル設定値

図 8-19　完成例

演習2 図形を使って**表2**に従ってイラストを描き、グループ化しなさい（**図8-20**）。

表2　使用図形と設定書式

パーツ	使用図形	設定書式
カップ	円柱	調整、任意のクイックスタイル
持ち手	ハート	塗りつぶしなし 枠線…任意の色、太さ；6 pt
絵柄	演習1のイラスト	コピー → 縮小

図8-20　完成例

演習3 図形を使って任意のイラストを描き、グループ化しなさい（**図8-21**）。

図8-21　作成例

第9章 ビジュアルな文書の作成

Wordには、シンプルで実用的なビジネス文書だけでなく、見栄えのよいビジュアルな文書作成を支援する機能があります。あらかじめ用意されている「テーマ」の利用とさまざまなオブジェクトの操作を学び、ビジュアルな文書を作成しましょう（**図9-1**）。

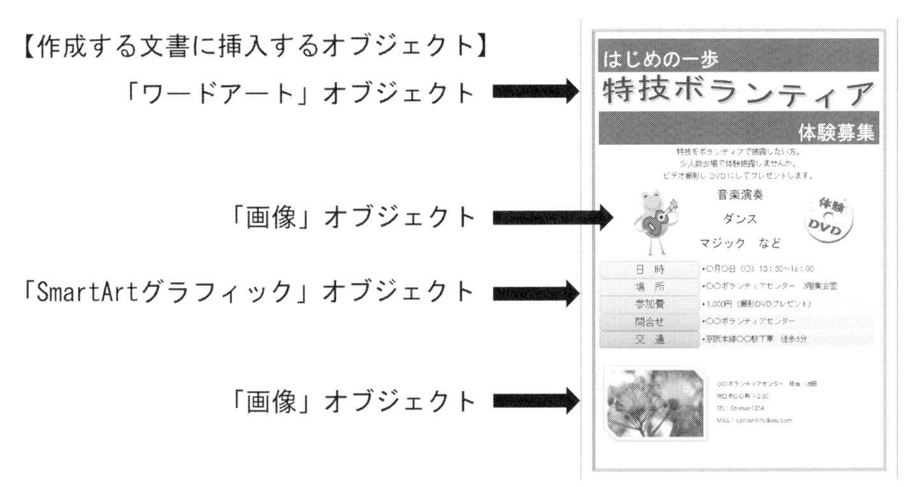

図9-1　作成する文書

9.1 テーマ

文書に使用する配色とフォントセットを登録したものを「テーマ」と呼びます。適用するテーマを選ぶことで、よりイメージに合った文書が作成できます。

例題1-1 新規文書を作成し、入力編集と図形の作成をしましょう。

●ステータスバーに行番号を表示しましょう（ステータスバー右クリック → ［行番号］）。

① 新規文書のページの余白を狭くする。
　［レイアウト］タブ → ［ページ設定］グループ → ［余白▼］ボタン → ［狭い］

② 1ページの行数を35行にする。
　［ページ設定］グループ → ［ダイアログボックス起動ツール］ボタン → ［ページ設定］ダイアログボックス → ［文字数と行数］タブ → ［行数］欄；35 → ［OK］ボタン

特技をボランティアで披露したい方。↵
少人数会場で体験披露しませんか。↵
ビデオ撮影しDVDにしてプレゼントします。↵
音楽演奏↵
ダンス↵
マジック□など↵
↵

図9-2　入力する文章

③ 改行し、10〜16行目に**図9-2**の文章を入力する。

④　編集する（**図 9-3**）。
10〜15 行目の段落配置；［中央揃え］
10〜12 行目のフォントサイズ；14 pt
13〜15 行目のフォントサイズ；22 pt
⑤　図形の長方形を1〜3行目に描く。
⑥　長方形のサイズを変更する。
［書式］タブ →［サイズ］グループ →［高さ］欄；約 21 mm →［幅］欄；約 184 mm
⑦　長方形の塗りつぶしの色を変更する（**図 9-4**）。
［図形の塗りつぶし▼］ボタン →［テーマの色］の［青、アクセント 5、黒+基本色 50%］
⑧　長方形内に文字を入力し、編集する（**図 9-4**）。
長方形を選択 →「はじめの一歩」を入力 →［フォントサイズ］；36 pt → 段落配置；［左揃え］

特技をボランティアで披露したい方。↵
少人数会場で体験披露しませんか。↵
ビデオ撮影し DVD にしてプレゼントします。↵
音楽演奏↵
ダンス↵
マジック□など↵

図 9-3　編集結果

はじめの一歩↵

図 9-4　描く長方形

9.1.1　テーマの変更

Word には数十種類のテーマが用意されています。テーマごとに、テーマに適した「テーマの色」60 色（10 色×グラデーション 6 色）と「フォントセット」が登録されています。既定の文書では「Office テーマ」が適用されています。テーマを変更すると、文書で使用されるテーマの配色とフォントセットが変わります。

例題 1-2　作成中の文書のテーマを「Office」から「クォータブル」に変更しましょう。
①　［デザイン］タブ →［ドキュメントの書式設定］グループ →［テーマ▼］ボタン →［クォータブル］（テーマの「アクセント 5」の色が「青」から「赤」に変わり、テーマのフォントが「游明朝」から「MS ゴシック」に変わる）。
②　長方形の枠線をなくす。
長方形を選択 →［書式］タブ →［図形の枠線▼］ボタン →［枠線なし］

One Point

一覧からテーマをポイントすると、ポイントしたテーマの配色とフォントで文書が表示されます。また、配色だけやフォントセットだけを変更することもできます。配色は［デザイン］タブ →［配色▼］ボタンをクリックし、フォントセットは［デザイン］タブ →［フォント▼］ボタンをクリックし変更します。

9.2　ワードアート

「ワードアート」は、「ワードアートテキストボックス」（装飾文字列の箱）を使って、装飾効果のついた文字列を、文書内に自由に配置するためのオブジェクトです。「ワードアートテキストボックス」は、塗りつぶしも枠線もなしです。

コーヒーブレイク

「ワードアート」・「テキストボックス」・「文字の効果」

文字列を自由に配置するためのオブジェクトには、ワードアートの他に「テキストボックス」（文字の箱）があります。テキストボックスは、［挿入］タブ →［図］グループ →［図形］ボタンから挿入でき、横書き用と縦書き用があります。挿入したテキストボックスの塗りつぶしの色は白、枠線は0.5ポイントの黒色です。

また、本文テキストにも、文字書式の［文字の効果と体裁］を設定することで、ワードアート同様の装飾効果をつけることができます。本文ですから、配置は段落内に固定されます。

9.2.1　ワードアートの作成

例題 2-1　長方形の下、4行目にワードアートを作成しましょう（**図9-6**）。

4行目クリック →［挿入］タブ →［テキスト］グループ →［ワードアートの挿入］ボタン →［塗りつぶし：黒、文字色1；輪郭：白、背景色1；影（ぼかしなし）：赤、アクセントカラー5］（ワードアートテキストボックスに仮の文字が表示される）（**図9-5(a)**）→「特技ボランティア」を入力する（**図9-5(b)**）。

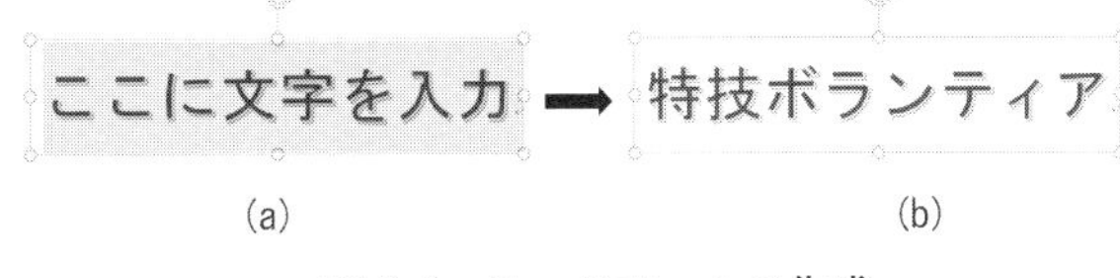

図9-5　ワードアートの作成

One Point

文字列を選択した状態でワードアートを挿入すると、選択している文字列でワードアートが作成されます。

9.2.2　ワードアートの編集

ワードアートの移動、コピー、サイズ変更、回転などの操作は他のオブジェクトと同様です。その他に、形状の変更などワードアート独自の編集ができます。

例題 2-2　ワードアートを編集し、ワードアートと図形を完成させましょう（**図 9-6**）。

図 9-6　ワードアートと図形完成例

① ワードアートテキストのフォントサイズを 48 pt に変更する。

ワードアートの枠線をクリックするか文字列全体をドラッグする → ［ホーム］タブ → ［フォント］グループ → ［フォントサイズ］欄；48

ワードアートの枠線をクリックするとワードアート全体が選択され、中の文字列すべてに対して文字書式が設定されます。ワードアートの文字書式の設定は［ホーム］タブ →［フォント］グループから行います。

② ワードアートの形状を設定する。

ワードアートをクリック → ［書式］タブ → ［ワードアートのスタイル］グループ → ［文字の効果］ボタン A → ［変形］ → ［形状］の［波：下向き］（**図 9-7**）

図 9-7

One Point

ワードアートの形状を設定すると、フォントサイズにかかわらず、文字の大きさがワードアートテキストボックスのサイズに合わせて変わります。

③ ワードアートを移動し、ワードアートテキストボックスのサイズを変更する。

ワードアートをクリック → 枠線をドラッグして**図 9-6** の位置に移動する → 左右のサイズハンドルをドラッグして長方形とほぼ同じ幅にする

④ 長方形をコピーし、コピーした長方形の文字列を訂正し、文字列を右揃えにする。

長方形をワードアートの下側にコピーする（枠線を Ctrl キー＋ドラッグ） → コピーした長方形内の「はじめの一歩」を「体験募集」に訂正する → 段落配置；［右揃え］

9.3　オブジェクトの配置

9.3.1　オブジェクトの配置の種類

挿入した図形やワードアートなどのオブジェクトと本文テキストとの配置について学びましょう。オブジェクトの配置は、大きく分けると「行内配置」と「浮動配置」があります。

(1)　行内配置

「行内配置」では、オブジェクトは、段落内の文字に並びます（図 9-8）。

図 9-8　行内配置例

(2)　浮動配置

「浮動配置」では、オブジェクトを、ページ内のどこにでも配置することができます。周りの本文テキストとの配置設定を「文字列の折り返し」と呼び、次の 6 通りがあります。「四角形」「狭く」「内部」「上下」「背面」「前面」（図 9-9）。「前面」「背面」とは「オブジェクトを本文テキストの前面または背面に配置する」という意味で、「オブジェクト同士の重なり順」ではありません（p.81 8.3 参照）。混同しないようにしましょう。

オブジェクトを挿入した時の既定の配置設定はオブジェクトによって異なります。図形やワードアートは「前面」です。

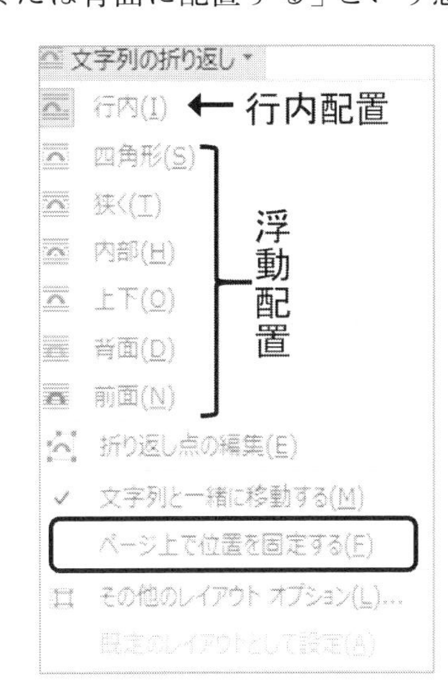

図 9-9　文字列の折り返し

9.3.2　オブジェクトの配置の設定

配置の設定はオブジェクト側で行います。［書式］タブ →［配置］グループ →［文字列の折り返し］（図 9-9）、またはオブジェクトを選択すると横に表示される［レイアウトオプション］ をクリックして設定します。

例題 3　任意の図形を挿入して、文字列の折り返し設定を確かめましょう。

① 任意の図形を 10〜15 行目に挿入する。

② 図形の文字列の折り返し設定を確かめる。
　図形をクリック →［書式］タブ →［配置］グループ →［文字列の折り返し］ボタン → 任意の設定をポイントする（図 9-10）（ポイントした配置状態が表示される）

③ 次の操作のため、挿入した図形を選択し、Delete キーを押して削除する。

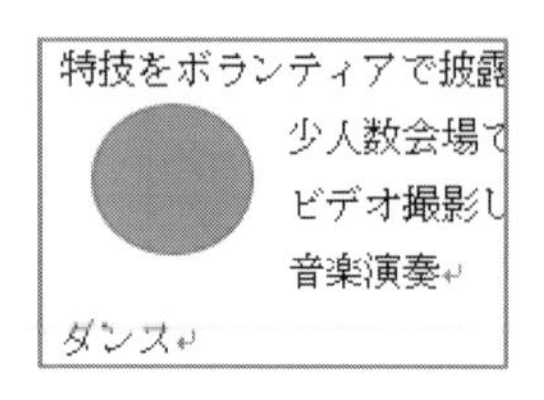

（a）四角形

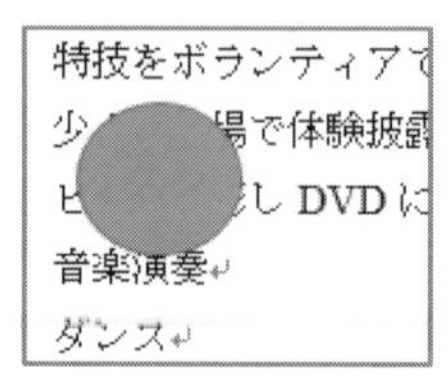

（b）前面

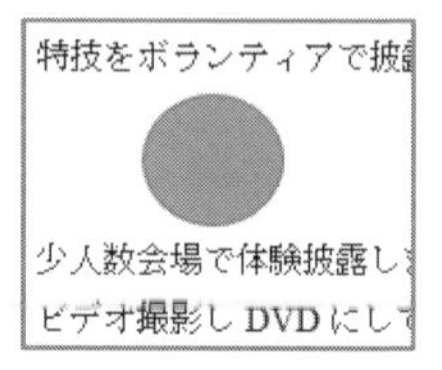

（c）上下

図 9-10　文字列の折り返し設定例

One Point

浮動配置設定のオブジェクトをドラッグすると、本文と余白の境界に「配置ガイド」と呼ばれる緑の水平線や垂直線が表示され、他のオブジェクトや余白との位置関係を確かめながら配置することができます。

コーヒーブレイク

浮動配置オブジェクトと「アンカー」

浮動配置したオブジェクトには位置情報を保持している「アンカー」があり、オブジェクトは「アンカー記号」 の横の段落に連結されています。本文の挿入や削除により、アンカー記号 が上下に移動すると、オブジェクトも上下に移動します。

オブジェクトを移動させたくない場合は、[文字列の折り返し] ボタン → [ページ上で位置を固定する]（**図 9-9**）をチェックオンします。

また、オブジェクトが連結している段落を削除するとオブジェクトも削除されます。削除されないようにするには、アンカー記号を上下にドラッグしてオブジェクトの連結する段落を変更します。

9.4　SmartArt グラフィック

情報を相手にすばやく分かりやすく伝えるための有効な手段として、図解が使われます。図解は図形を組み合わせて1から作ることもできますが、「SmartArt グラフィック」を利用すると、デザイン性の高い図解を容易に作成することができます（**図 9-11**）。

日　時	•〇月〇日（〇）13：30～16：00
場　所	•〇〇ボランティアセンター　3階集会室
参加費	•1,000円（撮影DVDプレゼント）
問合せ	•〇〇ボランティアセンター
交　通	•京阪本線〇〇駅下車　徒歩5分

図 9-11　SmartArt グラフィック完成例

9.4.1　SmartArt グラフィックの挿入

SmartArt グラフィックは、リスト、手順、循環などの分類から目的に合った図解を選択して挿入します。挿入後、図解内に文字を入力し、編集します。挿入した SmartArt グラフィックの「文字列の折り返し」は「行内配置」です。

例題 4-1　16 行目に SmartArt グラフィックの［リスト］から［縦方向ボックスリスト］を挿入しましょう。

16 行目をクリック → ［挿入］タブ → ［図］グループ → ［SmartArt グラフィックの挿入］ボタン SmartArt → ［SmartArt グラフィックの選択］ダイアログボックス → 分類の［リスト］→［縦方向ボックスリスト］（**図 9-12**）→［OK］ボタン

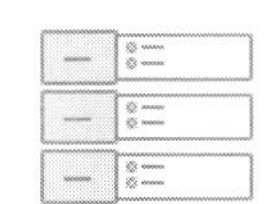

図 9-12　縦方向ボックスリスト

9.4.2　SmartArt グラフィックへの文字入力

SmartArt グラフィックを構成する図形への文字の入力方法は 2 つあります。個々の図形に直接入力する方法と、「テキストウィンドウ」に箇条書きで入力する方法です。テキストウィンドウの箇条書き段落と個々の図形は、階層化され関連付けられています。テキストウィンドウの箇条書きレベルを変更すると、文字の入力される図形も変更されます。

例題 4-2　テキストウィンドウから SmartArt グラフィックに文字を入力しましょう。

① 「テキストウィンドウ」を表示する。

SmartArt グラフィックの左側の［<］をクリックする（**図 9-13**）

［SmartArt ツール］の［デザイン］タブ →［グラフィックの作成］グループ →［テキスト ウィンドウ］ボタンをクリックすることでも［テキストウィンドウ］の表示/非表示を切り替えられます。

② 下記の【テキストウィンドウでの文字入力のポイント】を参考に、図 9-13 に従って、文字を入力する。

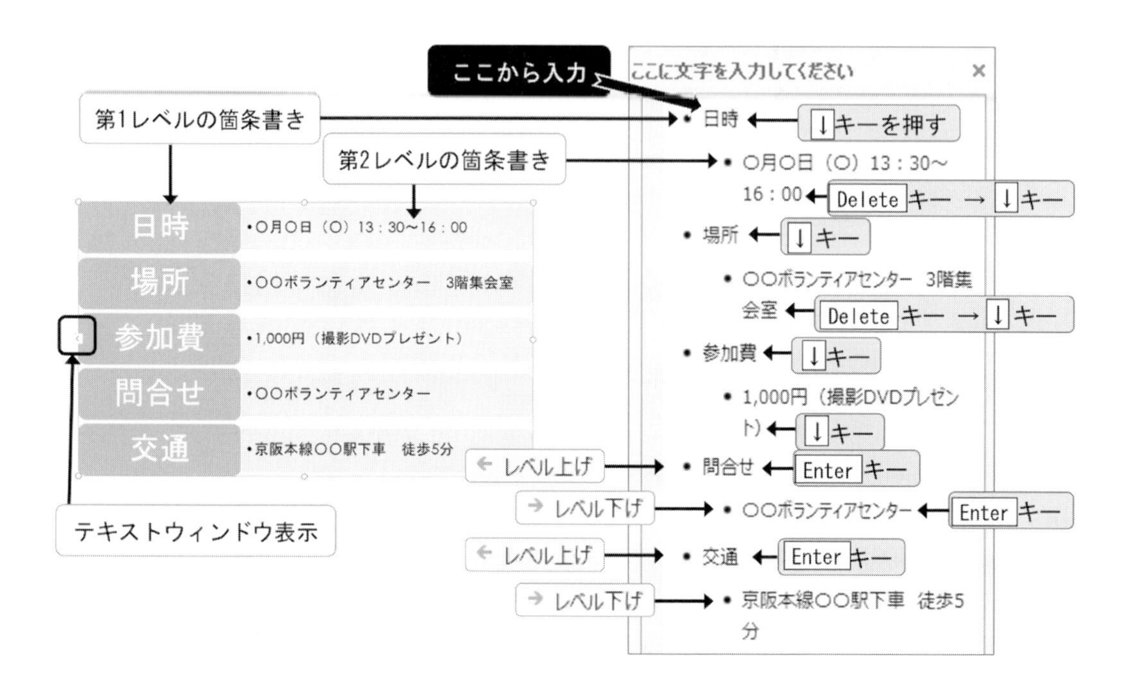

図 9-13　テキストウィンドウでの文字入力方法

【テキストウィンドウでの文字入力のポイント】

(1) 次の箇条書き段落に入力するには、↓キーで文字カーソルを移動します。

(2) 余分な箇条書き段落は、前の行の行末でDeleteキーを押して削除します（対応する図形も削除されます）。

(3) 箇条書きのレベルを 1 つ上げるには、［デザイン］タブ →［グラフィックの作成］グループ →［← レベル上げ］ボタンをクリックします。

(4) 箇条書きのレベルを 1 つ下げるには、［→ レベル下げ］ボタンをクリックします。

One Point

箇条書きレベルの変更は、「テキストウィンドウ」の段落内でTabキー（レベルを下げる）、Shiftキー＋Tabキー（レベルを上げる）を押してもできます。

(5) 箇条書き段落を追加するには、行末でEnterキーを押します。同じレベルの箇条書き段落が追加され、図形も追加されます。

9.4.3 SmartArt グラフィックの編集

(1) SmartArt グラフィックの色の変更

SmartArt グラフィックの色を変更することができます。選択できる色は、設定されている「テーマ」や「配色」によって異なります。

例題 4-3 テキストウィンドウを閉じて、SmartArt グラフィックの配色を変更しましょう。

① 「テキストウィンドウ」を閉じる。
[テキストウィンドウ] 右上の [閉じる] ボタン ✕

② SmartArt グラフィックをカラフルな配色に変更する。
[SmartArt ツール] の [デザイン] タブ → [SmartArt のスタイル] グループ → [色の変更▼] ボタン → [カラフル] の [カラフル-全アクセント]

(2) SmartArt グラフィックのスタイルの変更

SmartArt グラフィックには 1 つの配色にいくつかのスタイルが用意されています。スタイルによって、文字の色も異なります。文字が読みやすいスタイルを選ぶようにしましょう。

例題 4-4 SmartArt グラフィックのスタイルを変更し、体裁を整えましょう。

① 文字の色が暗く、図形の色が明るいスタイルに変更する。
[SmartArt ツール] の [デザイン] タブ → [SmartArt のスタイル] グループ → [その他] ボタン ▽ → [ドキュメントに最適なスタイル] の [パステル] (文字の色が黒で図形が明るい配色になる)

② 図形内の「日時」「場所」「交通」の 2 文字の項目名の間に全角スペースを挿入する。

(3) SmartArt グラフィックのサイズの変更

SmartArt グラフィックのサイズを変更すると図形内の文字のサイズも自動的に調整されます。サイズの変更は、サイズハンドルをドラッグするか、数値で指定して行います。

例題 4-5 SmartArt グラフィックのサイズを数値指定で変更しましょう。

SmartArt グラフィックの外枠線をクリック (全体選択) → [書式] タブ → [サイズ▼] ボタン → [高さ] 欄；約 55 mm → [幅] 欄；約 180 mm

数値指定でサイズ変更する場合は、外枠線をクリックして SmartArt グラフィック全体を選択しましょう。中の図形をクリックすると、選択されている図形のサイズが変わります。

9.5 画　　像

デジタルカメラなどで撮影した写真（画像ファイル）や、描いた画像を文書内に挿入することができます。また、挿入した画像に簡単な編集をすることができます。

〇〇ボランティアセンター□担当：池田↵
守口市〇〇町 1-2-30↵
TEL：06-xxxx-1234↵
MAIL：center-info@xxx.com↵

図 9-14　入力する文章

例題 5-1 文章を入力しましょう。

① 文字入力位置に文字カーソルを移動する。
　SmartArt グラフィックの左下でダブルクリックする（文字カーソルが表示される）

One Point

文書の末尾より後ろでダブルクリックすると、文字カーソルが表示され、入力できます。

② 19〜22 行目まで入力する。
　Enter キーで改行し 19 行目に文字カーソルを移動する → **図 9-14** の 4 行を入力する

● 数字と英字は半角文字で入力しましょう。

9.5.1 画像ファイルの挿入

例題 5-2 デジタルカメラで著者が撮影した写真（画像ファイル）を挿入しましょう。

【使用ファイル：Word 09 例題 5-2.jpg】

17 行目をクリック → ［挿入］タブ → ［図］グループ → ［画像］ボタン → ［図の挿入］ダイアログボックス → 保存場所から「Word 09 例題 5-2.jpg」ファイルを選択 → ［挿入］ボタン

挿入した画像ファイルの「文字列の折り返し」は「行内配置」です。挿入する画像がページに収まらない場合は、次のページに挿入されます。

9.5.2 画像の編集

画像も他のオブジェクトと同様の操作でサイズ変更や配置設定ができます。

例題 5-3 写真のサイズを調整し、本文テキストを写真の横に配置しましょう（**図 9-1**）。

① 写真画像を縮小する。
　写真をクリック → 右下のサイズハンドルを内側へドラッグして縦横とも約 1/2 に縮小する

② 本文テキストを写真画像の横に配置するように設定する。

写真をクリック →［文字列の折り返し］；四角形

(1) 画像のトリミング

画像を必要な部分だけ残して切り抜くことができます。これを「トリミング」といいます。

例題 5-4 写真を花の部分だけ残して切り抜きましょう。

① 写真をクリック →［書式］タブ →［サイズ］グループ →［トリミング］ボタンの → トリミングハンドルをドラッグして、切り抜く範囲を指定する（**図 9-15**）→［トリミング］ボタンの を再度クリックする。

［トリミング］ボタンの［トリミング］をクリックすると、縦横比指定や図形の形で切り抜くことができます。

② 写真の位置を調整する。

写真をドラッグして本文領域の左端（p.89 **図 9-1**）に移動する

図 9-15　トリミング

(2) 画像のスタイル

画像にスタイルを適用して、写真に縁取りや枠付けなどの特殊な効果を付けることができます。

例題 5-5 花の写真に［対角を切り取った四角形、白］スタイルを適用しましょう。

写真をクリック →［書式］タブ →［図のスタイル］グループ →［その他］ボタン →［対角を切り取った四角形、白］（p.89 **図 9-1**）

例題 5-6 13〜15 行目に、著者が描いた画像ファイルを挿入し、編集しましょう（**図 9-16**）。

【使用ファイル：Word 09 例題 5-6-1.png、Word 09 例題 5-6-2.png】

① 画像ファイルを挿入する（ピング画像 2 つ）。

② 画像のサイズを縮小する。

③ 画像の文字列の折り返しを［前面］にする。

④ 画像を 13〜15 行目に移動し配置を整える。

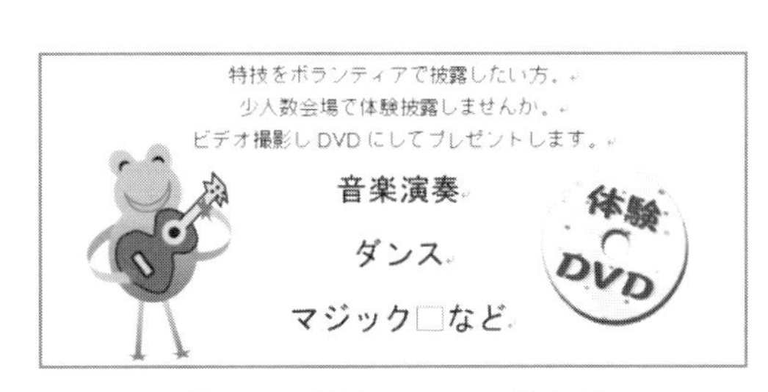

図 9-16　画像ファイル挿入例

代表的な画像ファイル形式には、**JPEG**（ジェイペグ、写真の標準的な形式）、**PNG**（ピング、イラストや写真）、**GIF**（ジフ、色数の少ないイラスト、Webでの簡単なアニメーション）、**BMP**（ビットマップ、Windowsの標準）などがあり、ファイルの種類を示す拡張子（ファイル名の後ろに付く）は、jpg、png、gif、bmpなどです。

コーヒーブレイク

写真やイラストの「著作権」

写真やイラストは創作した時点で自動的に「著作権」が発生し、創作した著作者の許諾なく著作物を無断で利用することは著作権法で禁止されています。また、キャラクター（アニメや漫画の登場人物）を写した写真やキャラクターと見なせる自作のイラスト、芸能人や他人の顔が写っている写真なども、無断で公開すると著作権や肖像権の侵害となります（自分や家族、親しい友人間などごく限られた範囲での利用については例外が認められている場合があります）。

Wordには Web上の画像を検索して簡単に文書に挿入できる機能がありますが、利用する際には、著作権などを侵害しないようにしましょう（p.175 PowerPoint編　コーヒーブレイク「オンライン画像の検索について」参照）。

9.6　ページ罫線

ページの本文領域を罫線や絵柄で囲むことができます。これを「ページ罫線」と呼びます。

例題6　文書に三重線（罫線）のページ罫線を付けましょう（図9-1）。

［デザイン］タブ → ［ページの背景］グループ → ［ページ罫線］ボタン → ［線種とページ罫線と網かけの設定］ダイアログボックス → ［ページ罫線］タブ → ［種類］欄；三重線 ☰ → ［色］欄；任意の色 → ［OK］ボタン

画像などのオブジェクトを選択していると［ページ罫線］ボタンをクリックできません。

9.7 演習課題

演習 1 作成例（図 9-17）を参考にして、図書館で開催するイベントのチラシを作成しなさい。テーマ変更、図形、ワードアート、SmartArt グラフィック、ページ罫線などを使って、自由に工夫して読みやすくビジュアルな文書にしなさい。

【作成例使用機能】

① Enter キーを何度か押して改行する（アンカーを 1 つの段落に集中させないため）。

② ［余白］；やや狭い。

③ ［テーマ］；ベルリン。

④ ［ワードアート］…［変形］；四角形。

⑤ ［図形］の［雲］…［図形のスタイル］→［クイックスタイル］；任意の［枠線のみ］→［図形の効果］→［光彩］→［光彩の種類］から任意 → ワードアートの［背面へ移動］。

⑥ ［ワードアート］…［変形］；フェード：左。

⑦ ［SmartArt グラフィック］の［縦方向プロセス］…［色の変更］；任意 →［SmartArt のスタイル］；［パステル］。

⑧ ［SmartArt グラフィック］の［横方向箇条書きリスト］…［色の変更］；任意 →［SmartArt のスタイル］；［パステル］。

⑨ 画像（著者作）…［文字列の折り返し］；前面（使用ファイル：Word 09 演習 1-1.png、Word 09 演習 1-2.png）。

⑩ ［ページ罫線］…［種類］；═══ →［色］；任意。

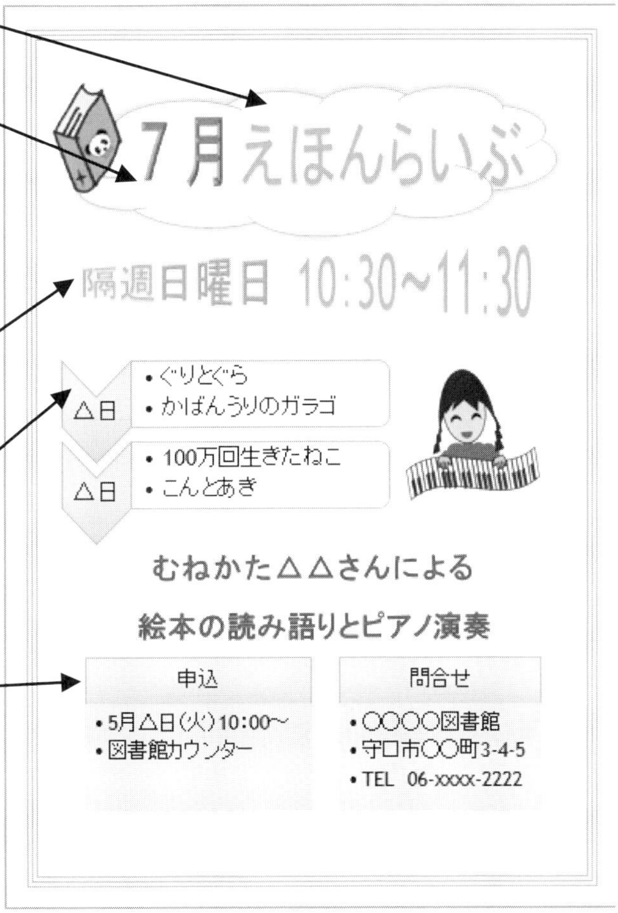

9-17 作成例

演習 2 地域のイベントや学園祭などのチラシを作成しなさい。学んだ機能を活用して、読みやすくビジュアルな文書にしなさい。

第 10 章　レポート・論文に役立つ機能 I

Word には、レポートや論文執筆など長文作成に役立つ機能が多数用意されています。本章では、検索、文字列の置き換え、脚注の挿入、引用文献などの番号管理、見出しスタイルとアウトラインについて学習します。

10.1　ページジャンプ

ナビゲーションウィンドウを利用すると、ページ単位のジャンプができます。

例題 1　ナビゲーションウィンドウを使って、ページにジャンプしましょう。　　　　　【使用ファイル：Word 10 例題 1.docx】

① ［ナビゲーション］ウィンドウを表示する。

［表示］タブ →［表示］グループ →［ナビゲーションウィンドウ］チェックオン（［ナビゲーション］ウィンドウが表示される）（図 10-1）

② ページにジャンプする。

［ナビゲーション］ウィンドウ →［ページ］タブ（縮小ページが表示される）（図 10-1）→ 縮小ページをクリック（クリックしたページにジャンプする）

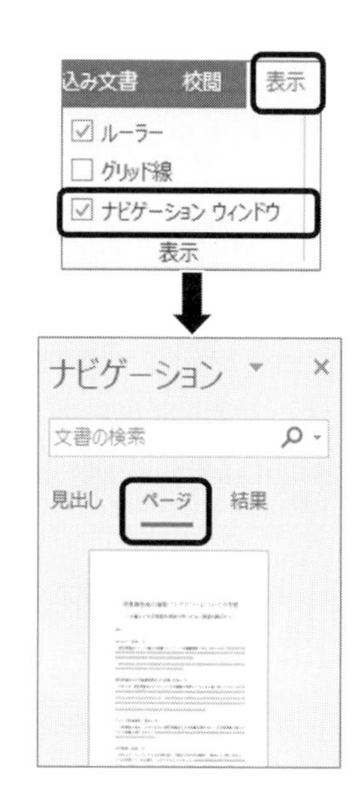

図 10-1　ナビゲーションウィンドウ

［ホーム］タブ →［編集］グループ →［検索］ボタンをクリックしても［ナビゲーション］ウィンドウを表示できます。

10.2　検　　索

ナビゲーションウィンドウで検索を実行すると、文書内の検索文字列が強調表示され、［結果］タブに検索結果一覧が表示されます。一覧内をクリックすると文書内の検索文字列にジャンプします。

例題 2　文書内で「リーダー」を検索しましょう。

① ［ナビゲーション］ウィンドウの検索する文字列入力欄に「リーダー」を入力する（図 10-2）。

② ［結果］タブをクリックする（検索結果は 7 件）（図 10–2）。

③ ［ナビゲーション］ウィンドウの検索結果一覧内をクリックする（クリックした検索結果の文書内の位置にジャンプし、検索文字列が強調表示される）。

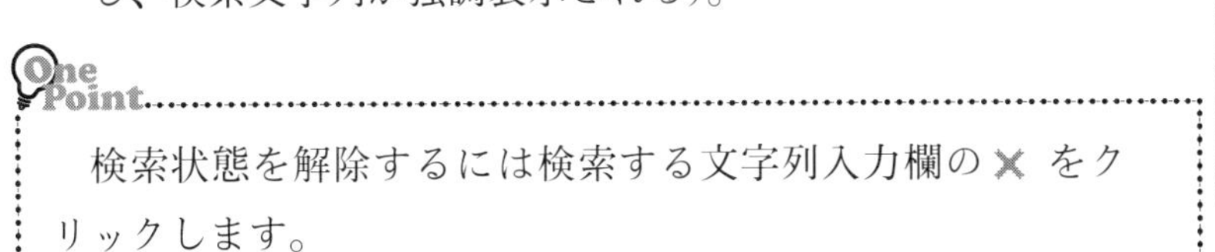

One Point

検索状態を解除するには検索する文字列入力欄の ✕ をクリックします。

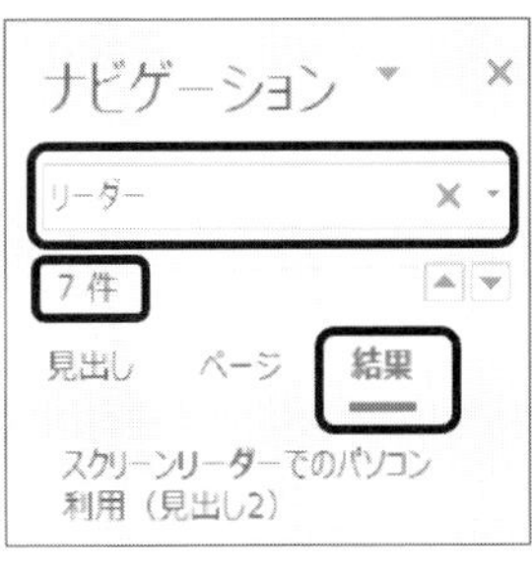

図 10–2　検索

10.3　置　　換

置換機能を使うと、文書内の指定した文字列を別の文字列に置き換えることができます。

例題 3　文書内の文字列「視覚障害」を「視覚障がい」に置き換えましょう。

① ［ホーム］タブ → ［編集］グループ → ［置換］ボタン（図 10–3）→ ［検索と置換］ダイアログボックス → ［置換］タブ → ［検索する文字列］欄；視覚障害 → ［置換後の文字列］欄；視覚障がい（図 10–3）。

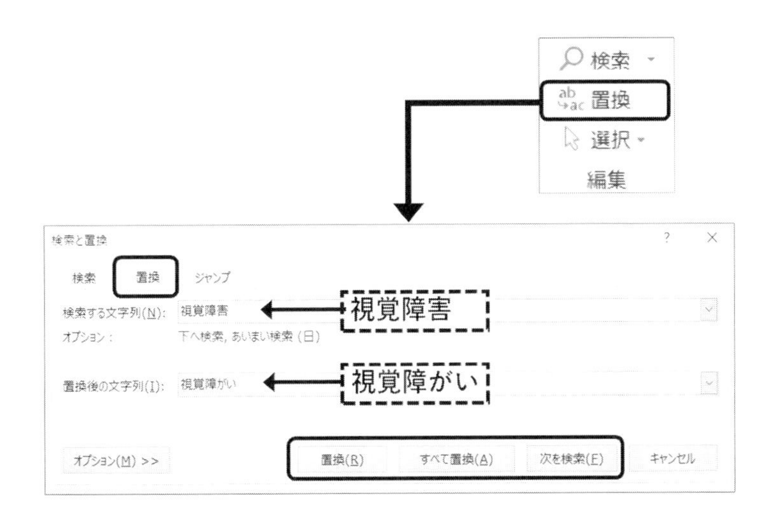

図 10–3　置換

② 検索文字列を検索し、置換する。

次を検索(F) ボタン（最寄りの「視覚障害」が強調表示される）→ 置換(R) ボタン（強調表示の検索文字列が置換され、次の検索文字列が強調表示される）

③ すべての検索文字列を置換する。

すべて置換(A) ボタン（すべての検索文字列が置換され、完了メッセージが表示される）→ ［OK］ボタン（17 項目置換され、置換合計 18 件）

④　閉じる ボタン（[検索と置換] ダイアログボックスが閉じる）。

置換(R) ボタンをクリックすると、強調表示されている文字列が置き換わり、次の検索文字列にジャンプします。置き換えたくない場合は、次を検索(F) ボタンをクリックすると、置換せずに次の検索文字列にジャンプします。

10.4　脚注の挿入

脚注とは、用語の注釈や補足説明などを記した短文のことです。脚注には、各ページ末に表示される「ページ末脚注」と文書の最後に表示される「文末脚注」があります。

例題 4　語句「墨字」と「Voice Over」にページ末脚注を付けましょう。

①　[ナビゲーション] ウィンドウで語句「墨字」（すみじ）を検索する。

②　検索された「墨字」の後ろをクリックする。

③　[参考資料] タブ → [脚注] グループ → [脚注の挿入] ボタン（図10-4）（脚注番号「1」が「墨字」の後ろとページ末の脚注領域に挿入され、文字カーソルが脚注領域に移動する）（図10-5(a)）。

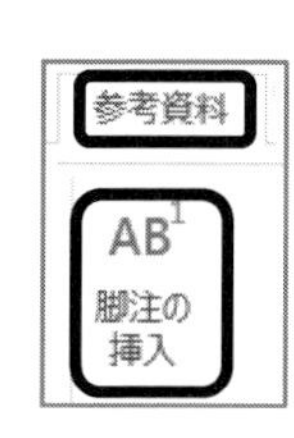

図10-4

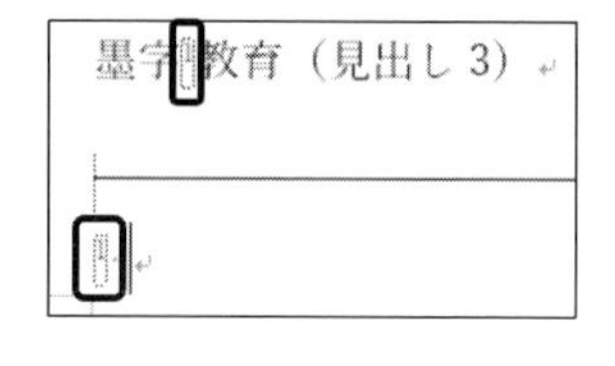

iPhoneなどに標準で装備されている音声読み上げソフト。
点字に対して、漢字などの筆記文字

（a）　脚注番号　　（b）　脚注挿入結果

図10-5　ページ末脚注

④　脚注領域に「点字に対して、漢字などの筆記文字」を入力する。

⑤　同様に「voice over」を検索し、語句の後ろにページ末脚注を挿入する。

⑥　脚注として「iPhoneなどに標準で装備されている音声読み上げソフト」を入力する（図10-5(b)）。

[脚注] グループの [ダイアログボックス起動ツール] ボタン をクリックすると、[脚注と文末脚注] ダイアログボックスが表示され、挿入する脚注の詳細設定ができます。

10.5 引用・参考文献の番号管理

引用や参考している文献は、文末に一覧表記し、通し番号を付けます。本文中の引用・参考箇所には、文末の文献リストと同じ番号を表示します。Word の機能を使うと、文献を追加・削除した場合にも、通し番号がずれることなく管理できます。

10.5.1 文献リストへの段落番号設定

Word の段落番号機能を使って、文献リストに通し番号を付けます。段落番号の番号ライブラリに希望する書式がない場合は、新しく番号書式を定義することができます。

例題 5-1 文末の文献リストに段落番号「1), 2), 3), …」を設定しましょう（**図 10-6**）。

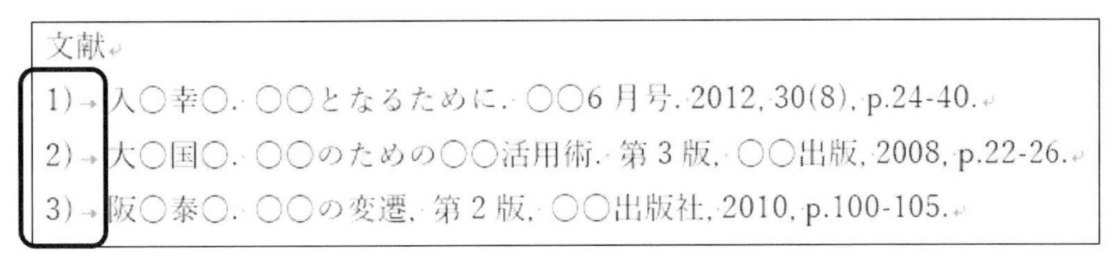

図 10-6 文献リストへの段落番号設定結果

① 文末の文献リスト 3 行を選択する。

② ［ホーム］タブ → ［段落］グループ → ［段落番号］ボタンの［▼］ → ［新しい番号書式の定義(D)...］ → ［新しい番号書式の定義］ダイアログボックス → ［番号の種類］欄；1, 2, 3, … → ［番号書式］欄；1)（数字の後ろのドットを削除し、半角の丸かっこ閉じを入力する） → ［OK］ボタン（**図 10-7**）。

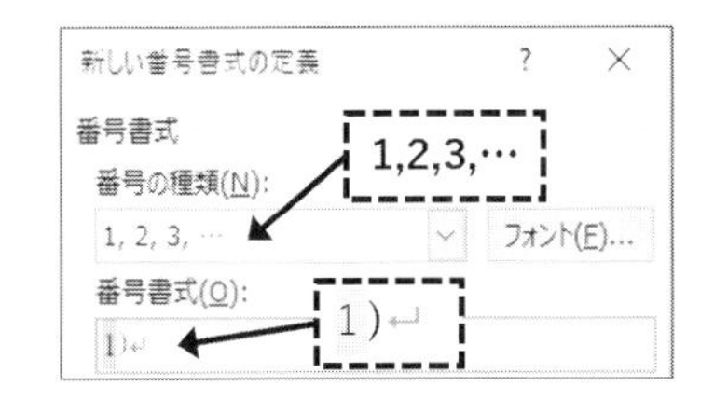

図 10-7 新しい番号書式の設定

10.5.2 引用・参考箇所への文献番号表示

「相互参照」機能を使うと、文献リストの段落番号とリンクする番号を、引用・参考箇所に表示することができます。

例題 5-2 本文中の引用箇所に文献リストの段落番号を表示し、番号を上付き文字にしましょう。

(a) 文献番号「1)」の表示　　(b) 文献番号「2)」の表示

図 10-8 引用・参考箇所への文献番号表示結果

① 「1 つ目引用」を検索し、**図 10-8 (a)** の「1 つ目引用等箇所」の後ろをクリックする。

② ［挿入］タブ → ［リンク］グループ → ［相互参照］ボタン（**図 10-9**）→ ［相互参照］ダイアログボックス → **図 10-9** の①〜④の順に設定する（「1)」が挿入され「引用等箇所 1)」となる）。

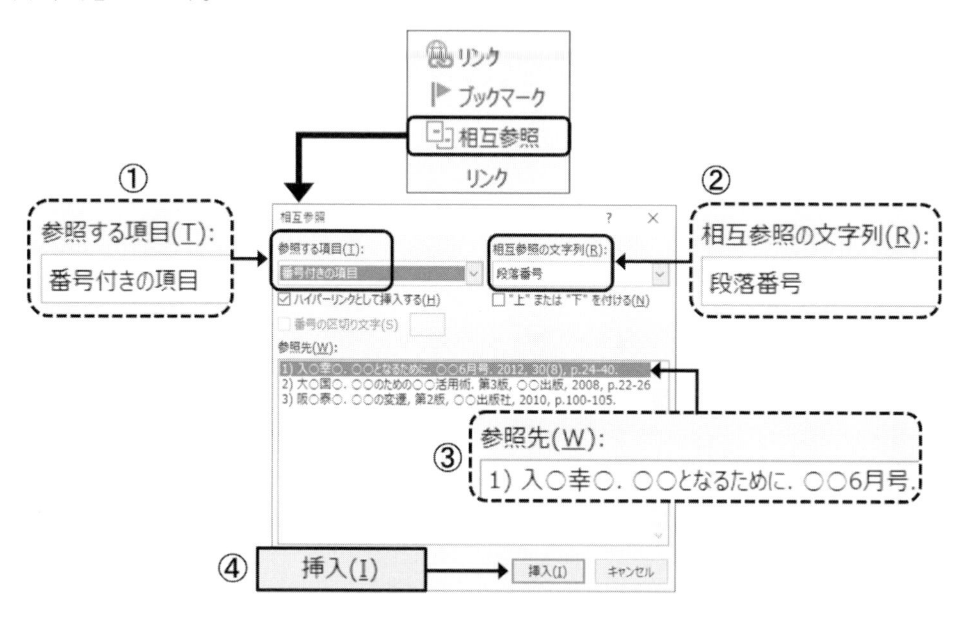

図 10-9　相互参照の設定

③ ［閉じる］ボタンをクリックする（［相互参照］ダイアログボックスが閉じる）。

④ 本文に挿入された「1)」を上付き文字にする。
　「引用等箇所 1)」の「1)」をドラッグして選択する → ［ホーム］タブ → ［フォント］グループ → ［上付き］ボタン $\mathbf{x}^2$（**図 10-10**）

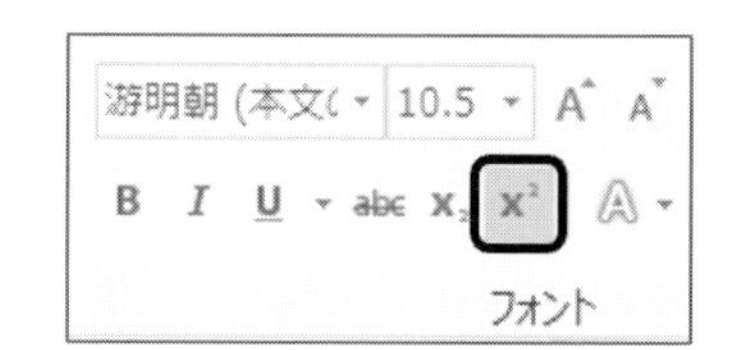

図 10-10　上付き文字設定

⑤ 同様に、**図 10-8 (b)** の「2 つ目引用等箇所」の後ろに、「 2) 大○国○. ○○のための○○活用術. 第3版, … 」への相互参照を設定し、表示された「2)」を上付き文字にする。

One Point

文献の追加や削除により文献リストの段落番号が更新されると、本文中の参照番号も更新されます。直ちに表示を更新したい場合は、［ファイル］タブ → ［印刷］をクリックして印刷プレビューを表示するか、参照番号を右クリックし［フィールド更新(U)］をクリックして更新します。

10.6　見出しスタイルとアウトライン

「アウトライン」は文書の構成を、章・節・項と階層的に表すものです。Word の「スタイル」は、あらかじめ決められた複数の書式に名前を付けて登録したものです。後ろに数字の付いている「見出し 1」「見出し 2」などの見出しスタイルを段落に設定すると、スタイルに登録されている書式だけでなくアウトラインの階層が設定されます。

10.6.1　見出しスタイルとアウトラインの設定

表 10-1 は文書の構成とアウトラインの例です。文書にアウトラインの階層を設定するには、章・節・項などの見出しにする段落をクリックし「見出し」スタイルを設定します。「見出し」の後の数字がアウトラインの階層レベルになり、レベル 1〜レベル 9 まで設定できます。ナビゲーションウィンドウの［見出し］タブには、アウトラインのみが表示されます。

例題 6-1　見出しの段落に見出しスタイルとアウトラインを設定しましょう。

●学習のため、スタイルを設定する段落の後ろに「(見出し 1)」などと表示しています。

表 10-1　文書の構成とアウトラインの例

文書の構成	アウトラインの階層レベル	設定するスタイル
章	レベル 1	見出し 1
節	レベル 2	見出し 2
項	レベル 3	見出し 3

図 10-11　見出しスタイルの設定

① ［ナビゲーション］ウィンドウの［見出し］タブをクリックする（**図 10-12**）。

② 本文 1 ページ 9 行目「はじめに（見出し 1）」内をクリックする。

③ ［ホーム］タブ → ［スタイル］グループ → ［スタイル］の［見出し 1］をクリックする（**図 10-11**）（段落に見出し 1 スタイルとアウトラインレベル 1 が設定され、［ナビゲーション］ウィンドウに表示される）。

④ **図 10-12** のように、見出し段落に［見出し 1］［見出し 2］［見出し 3］スタイルを設定する。

見出し　ページ　結果
はじめに（見出し1）
◢ 視覚障がい者の文字情報取得手段の変遷（見出し1）
◢ アナログ貸出図書（見出し2）
点字図書（見出し3）
カセットテープ録音図書（見出し3）
◢ デジタル図書の登場（見出し2）
デイジー（DAISY）録音図書（見出し3）
ダウンロード、ストリーミング図書（見出し3）
◢ 視覚障がい者の情報通信機器利用（見出し1）
スクリーンリーダーでのパソコン利用（見出し2）
活字文書読み上げ装置の利用（見出し2）
◢ 音声対応携帯電話の利用（見出し2）
らくらくホン（見出し3）
iPhone（見出し3）
◢ 視覚障がい者の情報バリアフリーの課題（見出し1）
◢ 教育におけるパソコンの活用（見出し2）
墨字教育（見出し3）
義務教育での道具としてのパソコン利用教育（見出し3）
アクセシビリティに配慮したWebページ作成（見出し2）
ソフトウェア開発におけるスクリーンリーダー対応（見出し2）

図 10-12　見出しスタイル設定結果（ナビゲーションウィンドウ）

●「見出し 3」スタイルは、「見出し 2」スタイルが設定されると「スタイル一覧」に表示されます（**図 10-11**）。

10.6.2　見出しとアウトラインの操作

ナビゲーションウィンドウを利用すると、見出し段落へのジャンプや指定レベルの見出しのみの表示ができます。また、見出しのレベルの変更、章や節の移動など、アウトラインを操作することができます。

(1)　見出しジャンプ

ナビゲーションウィンドウ内の見出しをクリックすると、クリックした見出し段落にジャンプします。

例題 6-2　ナビゲーションウィンドウを使って見出しにジャンプしましょう。

［ナビゲーション］ウィンドウ内の任意の見出しをクリックする。

One Point

［ナビゲーション］ウィンドウの［先頭にジャンプ］ボタン をクリックすると文頭にジャンプします。

(2)　見出しの折りたたみと展開

ナビゲーションウィンドウ内で、「見出し1」のみ、「見出し2」までというように、指定したレベルまでの見出しを表示することができます。指定した見出しより下位レベルを非表示にすることを「折りたたみ」、表示することを「展開」と呼びます。

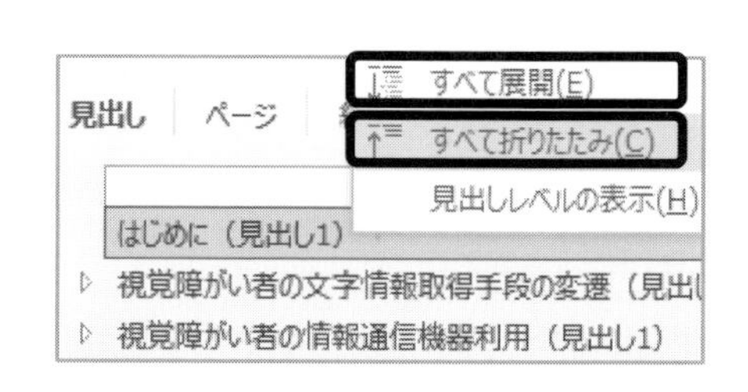

図 10-13　見出しの折りたたみと展開

例題 6-3　ナビゲーションウィンドウ内で、見出しの折りたたみと展開をしましょう。

① 見出し1のみを表示する（すべて折りたたみ）。

［ナビゲーション］ウィンドウ内のいずれかの見出しを右クリック →［すべて折りたたみ］（**図 10-13**）（見出し1のみが表示される）

② 見出し2までを表示する。

［ナビゲーション］ウィンドウ内のいずれかの見出しを右クリック →［見出しレベルの表示］→［2レベルまで表示］（見出し1と見出し2が表示される）

③ すべてのレベルの見出しを表示する（すべて展開）。

［ナビゲーション］ウィンドウ内のいずれかの見出しを右クリック →［すべて展開］（**図 10-13**）（すべての見出しが表示される）

(3)　一部の見出しの折りたたみと展開

ナビゲーションウィンドウ内の◢や▷は、その見出しに下位のレベルの見出しがあることを示しています。◢は展開状態で、▷は折りたたみ状態です。◢や▷をクリックすると、その見出しより下位の見出しの表示と非表示が切り替わります。

例題 6-4 ナビゲーションウィンドウ内で◢や▷をクリックして、一部の見出しの下位の階層を折りたたんだり、展開したりしましょう。

One Point

文書内でも、見出しの折りたたみと展開ができます。文書内の見出しをポイントしたときに表示される◢をクリックすると折りたたまれ、▶をクリックすると展開します（図 10-14）。文書内で折りたたむと下位のレベルの見出しだけでなく本文も非表示になります。

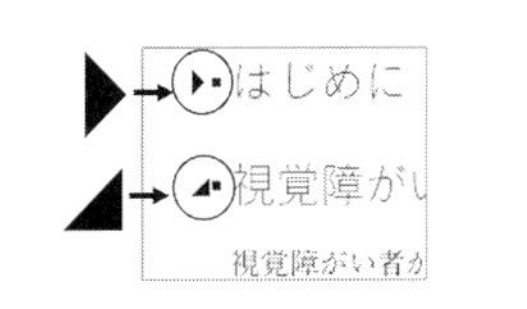

図 10-14　折りたたみと展開（文書内）

(4)　見出しとアウトラインのレベル変更

節（見出し 2）を章（見出し 1）にレベルを上げる、反対に章を節にレベルを下げるなど、見出しとアウトラインのレベルを変更することができます。レベルを変更した見出しだけでなく、下位のレベルの見出しも、連動してレベルが変更されます。

例題 6-5 ナビゲーションウィンドウで見出しとアウトラインのレベルを変更しましょう。

① 「視覚障がい者の情報通信機器利用（見出し 1）」と下位のレベルの見出しレベルを 1 段階下げる。

　［ナビゲーション］ウィンドウで「視覚障がい者の情報通信機器利用（見出し 1）」を右クリック →［➔　レベル下げ(I)］（「見出し 1〜3」が「見出し 2〜4」にレベルが 1 つずつ下がる）

● ［ホーム］タブ →［スタイル］で見出しスタイルが変更されたことを確かめられます。

② 下げた見出しレベルを 1 つ上げて、元の見出しレベルにする。

　見出し 2 に変更された「視覚障がい者の情報通信機器利用（見出し 1）」を右クリック →［←　レベル上げ(M)］

下位のレベルを変更せずに、特定の見出しだけのレベルを変更するには、［ホーム］タブ →［スタイル］グループで見出しスタイルを設定し直します。

(5)　章や節の移動

ナビゲーションウィンドウで、見出しを移動することができ、見出しを移動すると下位のレベルの見出しと本文も一緒に移動します。

例題 6-6 見出し「音声対応携帯電話の利用（見出し 2）」と本文を「活字文書読み上げ装置の利用（見出し 2）」の前に移動しましょう。

［ナビゲーション］ウィンドウで「音声対応携帯電話の利用（見出し 2）」を「活字文書読み上げ装置の利用（見出し 2）」の上にドラッグする（**図 10-15**）。

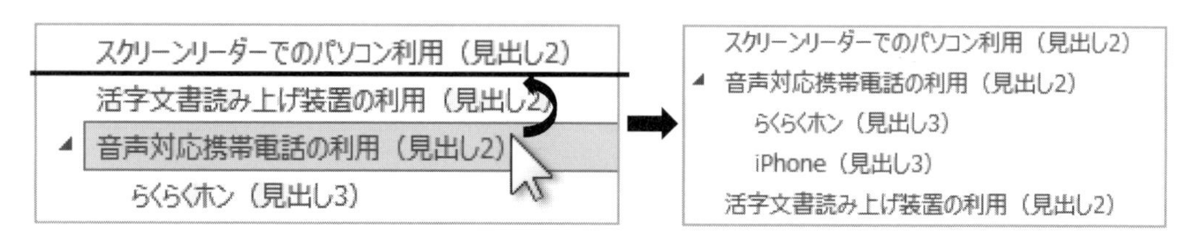

図 10-15 章や節の移動（ナビゲーションウィンドウ）

10.7 見出しの段落番号

見出しスタイルを設定している段落の行頭には、アウトラインのレベル別（見出し 1、見出し 2 など）の段落番号を設定することができます。希望する段落番号書式がリストライブラリにない場合は、設定後に番号書式を変更することができます（**図 10-16**）。

（a） 段落番号設定なし　（b） 段落番号設定例　（c） 段落番号書式変更例

図 10-16 見出しの段落番号（ナビゲーションウィンドウ）

10.7.1 見出しに段落番号設定

例題 7-1 見出しに、アウトラインレベルと関連付けられている段落番号を設定しましょう。

① 「はじめに（見出し 1）」内をクリックする。

② ［ホーム］タブ → ［段落］グループ → ［アウトライン］ボタン → ［リストライブラリ］の**図 10-17** をクリックする（各見出しに**図 10-16（b）**の段落番号が設定される）。

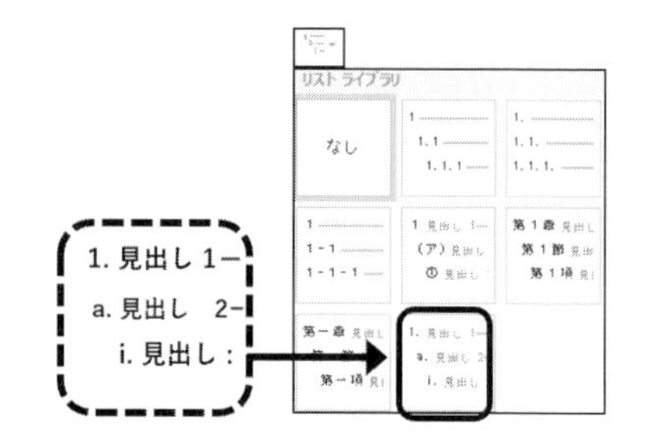

図 10-17 リストライブラリ

One Point

リストライブラリ内に「見出し 1」などの表示のあるものが、アウトラインレベルと関連付けられている設定で、アウトラインレベル別の段落番号を設定できます。

10.7.2 見出しの段落番号書式の変更

段落番号を設定した見出しには、段落番号書式だけでなくインデントなどの段落書式も同時に変更できます。変更は、アウトラインレベルが同じ見出しすべてに適用されます。

例題 7-2 見出し 1 ～見出し 3 スタイルの段落番号書式と段落書式を (a) ～ (c) のように変更しましょう。

(a) 段落番号書式は、見出し 1 を「第 1 章」(「第」章番号「章」) とし、見出し 2 を「1.1」(章番号. 節番号) とし、見出し 3 を「1.1.1」(章番号.節番号.項番号) とする。
(b) 段落番号と見出し文字列の間をスペースであける (既定値はタブ)。
(c) すべての見出しの左インデントをなし (0 mm) にする。

① 見出し 1 スタイルの「はじめに (見出し 1)」内をクリックする。
② [ホーム] タブ → [段落] グループ → [アウトライン] ボタン → [新しいアウトラインの定義(D)...] → [新しいアウトラインの定義] ダイアログボックス → 図 10-18 の①～⑤の順に設定する (見出し 1 の段落番号が図 10-16 (c) に変更される)。

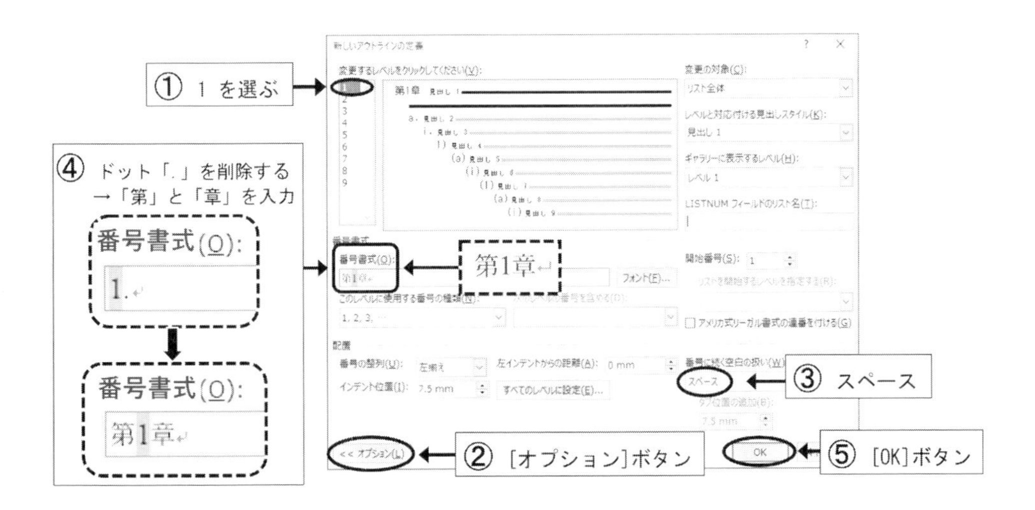

図 10-18 見出し 1 の段落番号書式の変更

③ 見出し 2 スタイルの「a. アナログ貸出図書 (見出し 2)」内をクリックする。
④ [新しいアウトラインの定義(D)...] で図 10-19 の①～④を設定する (設定結果は図 10-16 (c))。

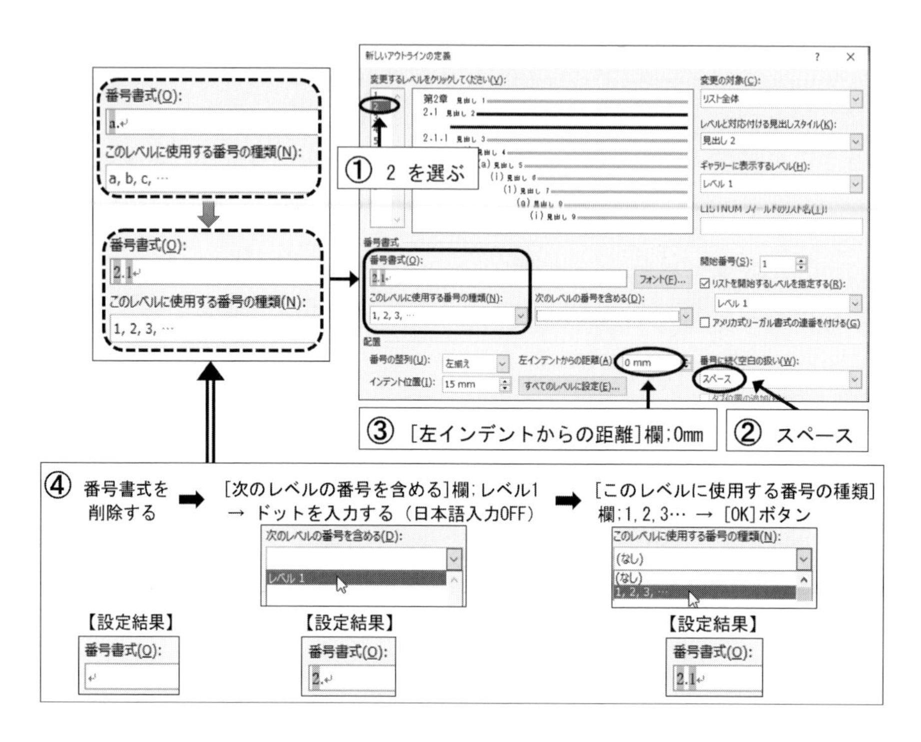

図 10-19　見出し 2 の段落番号書式の変更

⑤　見出し 3 スタイルの「i. 点字図書（見出し 3）」をクリックする。

⑥　[新しいアウトラインの定義(D)...] で**図 10-20** の①～④を設定する（設定結果は**図 10-16(c)**）。

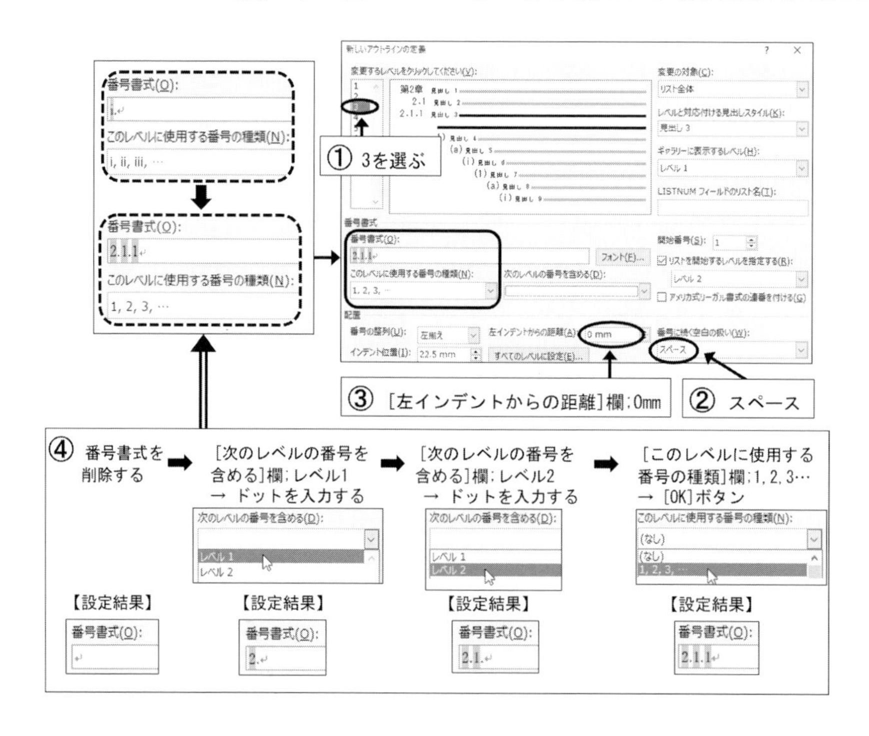

図 10-20　見出し 3 の段落番号書式の変更

One Point

［新しいアウトラインの定義］ダイアログボックスでは、複数の見出しレベルの書式をまとめて変更することもできます。

10.7.3　見出しスタイルの書式変更

見出しスタイルにあらかじめ設定されている、文字書式や段落書式を変更することができ、同じスタイルのすべての見出しに変更を適用することができます。

例題 7-3　すべての見出し 1 のフォントサイズを 16 ポイントに変更しましょう。

① 見出し 1 スタイルの「第 1 章 はじめに（見出し 1）」の行全体を選択 → フォントサイズを 16 ポイントにする（**図 10-21(a)**）。

② 「はじめに（見出し 1）」を選択したまま →［ホーム］タブ →［スタイル］グループ →［スタイル］の［見出し 1］を右クリック →［選択個所と一致するように見出し 1 を更新する］（**図 10-21(b)**）（見出し 1 スタイルが設定された章見出しすべてのフォントサイズが 16 ポイントに変更される）。

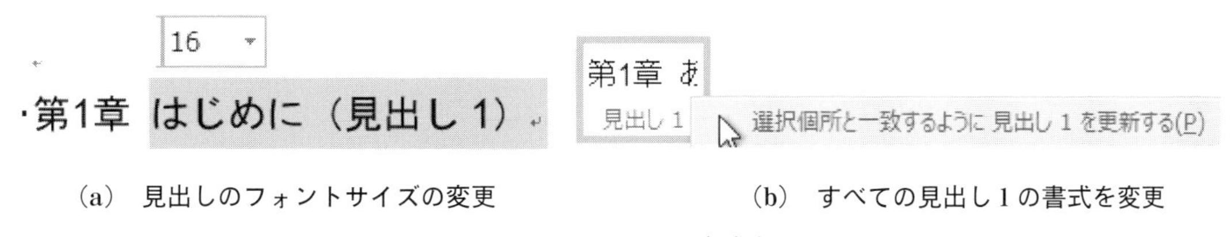

(a)　見出しのフォントサイズの変更　　(b)　すべての見出し 1 の書式を変更

図 10-21　スタイルの書式変更

10.8　演習課題

演習 1　次の指示に従って文書を編集しなさい（検索、置換、脚注、引用文献の番号管理）。

【使用ファイル：Word 10 演習 1.docx】

① ［ナビゲーション］ウィンドウを表示し、文字列「測定」を検索し、［結果］タブから本文内の検索結果位置にジャンプする（検索結果は 5 件）。

② 置換機能を使って、文書内の文字列「対象者」を「被験者」にすべて置き換える（2 件）。

③ 語句「定量的」を検索し、語句の後ろにページ末脚注を挿入する。
脚注内容；具体的に数値で表すこと

④ 文末の文献リスト 3 行に「1),2),3),…」の書式の段落番号を設定する。

⑤ 相互参照機能を使って、文字列「1 つ目引用等箇所」の後ろに文献番号「1)」を、「2 つ目引用等箇所」の後ろに文献番号「2)」を、文献リストの段落番号にリンクするように表示し、「1)」「2)」を上付き文字にする（**図 10-22**）。

1つ目引用等箇所 1)。　　2つ目引用等箇所 2)。

図 10-22　文献番号への相互参照結果

演習 2　次の指示に従って、文書を編集しなさい（見出しスタイルとアウトライン）。

【使用ファイル：演習 1 完成ファイル、または、Word 10 演習 1.docx】

① ［ナビゲーション］ウィンドウの［見出し］タブを表示し、見出しの段落に［見出し 1］［見出し 2］スタイルを設定する（**図 10-23**）。

② ［ナビゲーション］ウィンドウで「△△△△に関する影響（見出し 2）」とその内容を「○○に関する影響（見出し 2）」の前に移動する。

③ 「見出し 1」と「見出し 2」に、アウトラインレベルと関連付けられている段落番号を設定し（p.110 **図 10-17** など）、**図 10-23** のように見出しの段落番号書式を変更する（p.110 **図 10-16(c)** と同設定）。

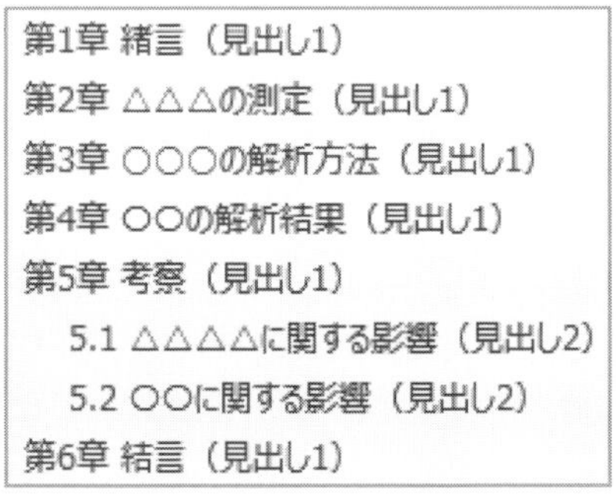

第1章 緒言（見出し1）
第2章 △△△の測定（見出し1）
第3章 ○○○の解析方法（見出し1）
第4章 ○○の解析結果（見出し1）
第5章 考察（見出し1）
　5.1 △△△△に関する影響（見出し2）
　5.2 ○○に関する影響（見出し2）
第6章 結言（見出し1）

図 10-23　完成例（ナビゲーションウィンドウ）

第 11 章 レポート・論文に役立つ機能 II

第 10 章に続いて、改ページ、ページ番号・ヘッダーとフッター、Excel の表・グラフの利用、図表番号、目次、数式、段組みなど、レポート・論文に役立つ機能を学習しましょう。

11.1 改ページの挿入

文書の途中でページを区切ることを「改ページ」といいます。次のページに入力するために改行を繰り返した文書は、編集時にページの区切り位置が変わることがあります。ページの途中でページを改めたいときは、改ページ機能を使ってページを区切るようにしましょう。

改ページ位置の ……改ページ…… を表示するには、編集記号を表示しておく必要があります（［ホーム］タブ → ［段落］グループ → ［編集記号の表示/非表示］ボタン、表示状態は ）。

例題 1 次の 2 箇所に改ページを挿入しましょう（図 11-1）。

【使用ファイル：Word 11 例題 1.docx】

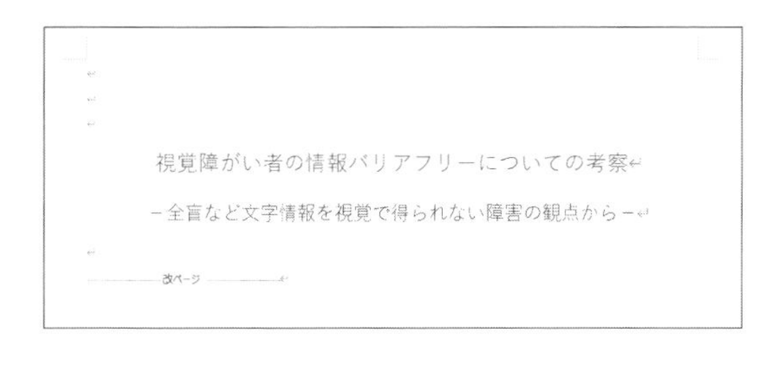

（a） 1 ページ目改ページ結果

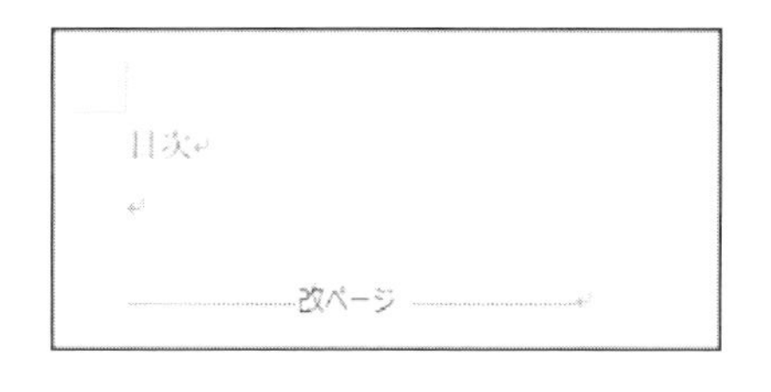

（b） 2 ページ目改ページ結果

図 11-1 改ページ挿入結果（編集記号表示状態）

① 「目次」の前に改ページを挿入する。
 1 ページ目「目次」の前をクリックする → ［挿入］タブ → ［ページ］グループ → ［ ページ区切り ］ボタン（［改ページ］ ……改ページ…… が挿入され、「目次」が 2 ページになる）（図 11-1(a)）

② 「第 1 章 はじめに（見出し 1）」の前に改ページを挿入する。
 「はじめに」の「は」の前をクリックし、改ページを挿入する（図 11-1(b)）

●「第 1 章」は［段落番号］設定のため、「はじめに」の前で改ページを挿入します。

One Point

改ページ挿入箇所で Ctrl キー＋ Enter キーを押すことでも、改ページを挿入することができます。また、改ページを解除するには、挿入した［改ページ］ ....改ページ.......... を行選択して Delete キーで削除します。

11.2　ページ番号・ヘッダーとフッター

ページの本文領域の、上部を「ヘッダー」、下部を「フッター」と呼びます。ヘッダーにはレポート名などを、フッターにはページ番号などを表示します。ヘッダーとフッターの編集は本文とは別の「ヘッダーとフッター画面」で行われ、ヘッダーとフッターの内容はすべてのページに印刷されます。

1ページ目が表紙のレポートなどの場合、表紙にはヘッダーとフッターを表示せず、2ページ目以降に1から始まるページ番号とレポート名を付けることもできます（**図 11-2**）。

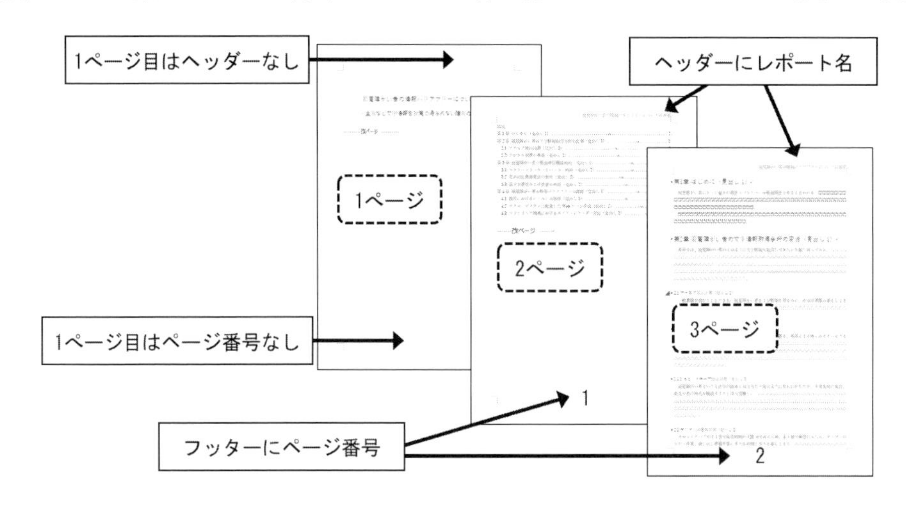

図 11-2　ヘッダーとフッターの挿入例

11.2.1　ページ番号

(1)　ページ番号の挿入

ページ番号を挿入すると、連番が「ヘッダーとフッター画面」に挿入されます。

例題 2-1　ページ番号を、ページ下部中央に挿入しましょう。

［挿入］タブ → ［ヘッダーとフッター］グループ → ［ページ番号▼］ボタン → ［ ページの下部(B) ▸ ］ → ［ 番号のみ 2 ］（連番のページ番号がすべてのページの下部中央に挿入され、「ヘッダーとフッター画面」が表示される）

(2)　ページ番号を先頭ページに表示しない設定

例題 2-2　1ページ目の表紙にページ番号を表示しないように設定しましょう。

［ヘッダー/フッターツール］の［デザイン］タブ →［オプション］グループ →［☑ 先頭ページのみ別指定］チェックオン

(3)　ページ番号の開始番号を1に設定

先頭ページを別指定すると、1ページ目のヘッダーとフッターの内容は削除され、ページ番号もなくなります。しかし、2ページ目のページ番号は「2」のまま変更されません。

例題 2-3　2ページ目のページ番号が1から始まるように設定しましょう。

①　［ヘッダー/フッターツール］の［デザイン］タブ →［ヘッダーとフッター］グループ →［ページ番号▼］ボタン →［ページ番号の書式設定(F)］。

②　［ページ番号の書式］ダイアログボックス →［連続番号］の［開始番号］チェック →［開始番号］欄；0（図11-3）→［OK］ボタン。

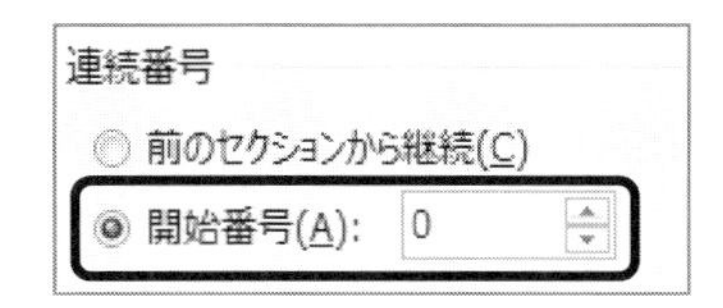

図11-3　ページ番号の書式

③　文書画面に戻る。
［ヘッダー/フッターツール］の［デザイン］タブ →［閉じる］グループ →［ヘッダーとフッターを閉じる］ボタン（図11-4）

図11-4

One Point

「ヘッダーとフッター画面」に切り替わると［ヘッダー/フッターツール］の［デザイン］タブが表示され、「文書画面」の内容は薄く表示されて編集できなくなります。ヘッダーとフッター画面から文書画面に戻るには［ヘッダーとフッターを閉じる］ボタン（図11-4）をクリックするか、Escキーを押します。文書画面では、ヘッダーとフッター画面の内容は薄く表示されて編集できません。

11.2.2　ヘッダーとフッター

ヘッダーとフッターの入力や編集は、「ヘッダーとフッター画面」で行います。ヘッダーとフッター画面は、「ヘッダー領域」と「フッター領域」に分かれています。もう一方の領域を編集するには、領域内をクリックするか、［ヘッダーに移動］ボタンや［フッターに移動］ボタンをクリックします。

(1)　ヘッダーの挿入

例題 2-4　ヘッダーの2ページ以降に、レポート名「視覚障がい者の情報バリアフリーについての考察」を表示し、右に配置しましょう。

① 2ページ目（ページ番号は1）「目次」以降をクリックする。

② ［挿入］タブ → ［ヘッダーとフッター］グループ → ［ヘッダー▼］ボタン → ［ヘッダーの編集(E)］（ヘッダーとフッター画面のヘッダー領域 ヘッダー 内に文字カーソルが移動する）。

● ［先頭ページのみ別指定］を設定したヘッダー領域は、1ページ目は 1ページ目のヘッダー 、2ページ以降は ヘッダー と表示されます。

③ ヘッダー領域に「視覚障がい者の情報バリアフリーについての考察」を入力する。

④ ［ホーム］タブの［右揃え］ボタンで、段落を右に配置する。

⑤ 文書画面に戻る（図11-4）。

11.3　Excelの表・グラフの利用

Excelで作成した表やグラフをコピーしてWord文書内に貼り付けて利用することができます。貼り付け方法はいくつかありますが、Word文書内で表データやグラフデータを編集するかどうかで決めましょう。

11.3.1　Excelの表の利用

例題3-1　あらかじめExcelで罫線や文字書式を設定した表を、Word文書内で編集できる形式で貼り付けましょう（図11-5）。　　　【使用ファイル：Word 11 表とグラフ.xlsx】

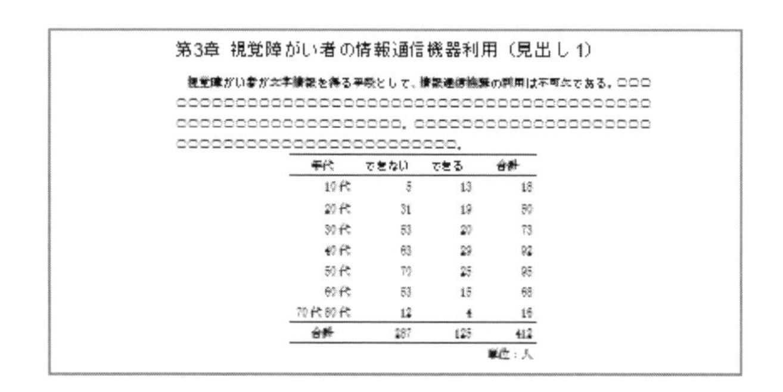

第3章 視覚障がい者の情報通信機器利用（見出し1）

視覚障がい者が文字情報を得る手段として、情報通信機器の利用は不可欠である。□□。□□□。

年代	できない	できる	合計
10代	5	13	18
20代	31	19	50
30代	53	20	73
40代	63	29	92
50代	70	25	95
60代	53	15	68
70代80代	12	4	16
合計	287	125	412

単位：人

図11-5　Excelの表の利用

① Excelファイル「Word 11 表とグラフ.xlsx」を開く（Wordを閉じないこと）。

② シート「表」のセルA1〜D10を選択し、コピーする。

③ Wordウィンドウに切り替え、第3章の本文5行目をクリックする（［ナビゲーション］ウィンドウの［見出し］タブからジャンプ）。

④ ［ホーム］タブ → ［クリップボード］グループ → ［貼り付け］ボタンの［貼り付け▼］ → ［貼り付けのオプション］の［元の書式を保持］をクリックする（図

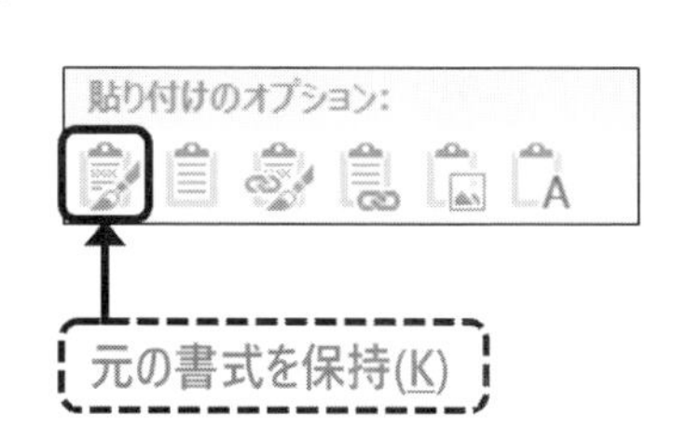

図11-6　表の貼り付けのオプション

11-6)。

⑤　表を左右中央に配置する。

表内をクリック →［表ツール］の［レイアウト］タブ →［表］グループ →［プロパティ］ボタン →［表のプロパティ］ダイアログボックス →［表］タブ →［配置］；中央揃え →［OK］ボタン

11.3.2　Excel のグラフの利用

例題 3-2　Excel のグラフを、Excel で設定した書式で、Word 文書に埋め込み、編集できる形式で貼り付けましょう。　【使用ファイル：Word 11 表とグラフ.xlsx】

①　Excel ファイル「Word 11 表とグラフ.xlsx」のシート「グラフ」を表示する。

②　円グラフのグラフエリアをクリックし、コピーする。

③　Word ウィンドウに切り替え、「3.1 スクリーンリーダーでのパソコン利用（見出し 2）」の本文 6 行目（棒グラフの 2 行上）をクリックする。

④　［ホーム］タブ →［クリップボード］グループ →［貼り付け］ボタンの［貼り付け▾］→［貼り付けのオプション］の［元の書式を保持しブックを埋め込む］をクリックする（**図 11-7**）。

⑤　グラフを段落の中央に配置する。

［ホーム］タブ →［段落］グループ →［中央揃え］ボタン

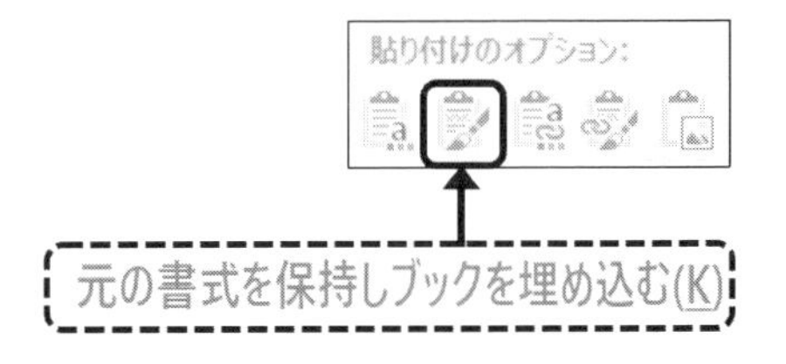

図 11-7　グラフの貼り付けのオプション

● グラフのサイズ変更、移動などの操作は、他のオブジェクトと共通です。

コーヒーブレイク

Excel データの貼り付けオプション

(1) Word 文書内でデータを編集する場合に指定する貼り付けオプション（**表 11-1**）

表 11-1

ボタン	表	ボタン	グラフ
	［元の書式を保持］ Excel で設定した書式の表になる		［元の書式を保持しブックを埋め込む］ Excel で設定した書式のグラフを文書に埋め込む
	［貼り付け先のスタイルを使用］ Word の既定の書式の表になる		［貼り付け先のテーマを使用しブックを埋め込む］ 文字書式などが Word のテーマの書式に変更されたグラフを文書に埋め込む

(2) Word 文書内でデータを編集しない場合に指定する貼り付けオプション（**表 11-2**）

表 11-2

ボタン	表	ボタン	グラフ
	［図］ Excel で設定した書式の表を図として文書に埋め込む		［図］ Excel で設定した書式のグラフを図として文書に埋め込む

(3) その他の貼り付けオプション

リンクマーク 付きの貼り付けオプションを選ぶと、Excel ファイルの表やグラフを Word 文書内にリンクして表示します。Excel 内、Word 文書内のどちらで編集しても、元の Excel データが更新され、Word 文書内にも反映されるという便利さがあります。しかし、ファイルのリンク情報は、ドライブ名からのファイルの場所指定のため、他のメディアにコピーしたファイル間ではリンク先が不明となり、Word 文書内から Excel データの編集ができなくなります。リンクオプションを選択する場合は、特徴をよく把握して利用しましょう。

11.4　図表番号の挿入と参照

11.4.1　図表番号の挿入

文書内の図（オブジェクト）や表に連番を付けることができ、「図表番号」といいます。図表の追加や削除をすると、図表番号は自動的に更新されます。

例題 4-1　文書内の、グラフの下に「図番号」を、表の上に「表番号」を挿入しましょう。

① 例題 3-2 で挿入した円グラフを選択する。

② ［参考資料］タブ → ［図表］グループ → ［図表番号の挿入］ボタン。

③ ［図表番号］ダイアログボックス → ［ラベル］欄；図 → ［位置］欄；選択した項目の下 → 番号付け(U)... ボタン（**図 11-8**）。

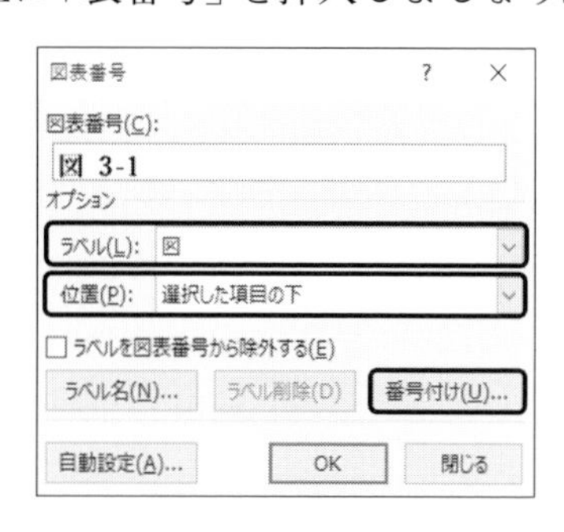

図 11-8　図表番号設定

④ ［図表番号の書式］ダイアログボックス → ［章番号を含める］チェックオン → ［章タイトルのスタイル］欄；見出し 1 → ［区切り文字］欄；-（ハイフン） → ［書式］欄；1,2,3（**図 11-9**） → ［OK］ボタン。

⑤ ［図表番号］ダイアログボックス（**図 11-8**） → ［OK］ボタン（グラフの下に図番号「図 3-1」が挿入され、円グラフの下の棒グラフの図番号が「図 3-1」から「図 3-2」に更新される）。

図 11-9　　図表番号の書式

● 必要があれば、挿入された図番号に続いて図タイトルを入力します。

⑥ 例題 3-1 で挿入した表内をクリック → ［図表番号の挿入］ボタン。

⑦ ［図表番号］ダイアログボックス → ［ラベル］欄の ∨ → 表 → ［位置］欄；選択した項目の上 → ［番号付け］ボタン → ［図表番号の書式］ダイアログボックスの設定は

図 11-9 と同じ → ［OK］ボタン → ［OK］ボタン（表の上に、表番号「表 3-1」が挿入される）。

● 必要があれば、挿入された表番号に続いて表タイトルを入力します。

⑧　表番号の段落を［中央揃え］する。

11.4.2　図表番号の参照

「相互参照」機能を使って、図表番号を参照する文字列を本文内に挿入することができます。図や表の追加などにより図表番号が更新されると、参照文字列も更新されます。

例題 4-2　本文内に、円グラフの図番号への参照文字列を挿入しましょう。

①　参照文字列の挿入位置（グラフの上の 3.1 の本文 2 行目の丸カッコ内）をクリックする。

②　［参考資料］タブ → ［図表］グループ → ［相互参照］ボタン。

③　［相互参照］ダイアログボックス → ［参照する項目］欄；図 → ［図表番号の参照先］欄；図 3-1 → ［相互参照の文字列］欄；番号とラベルのみ（**図 11-10**）→ ［挿入］ボタン → ［閉じる］ボタン。

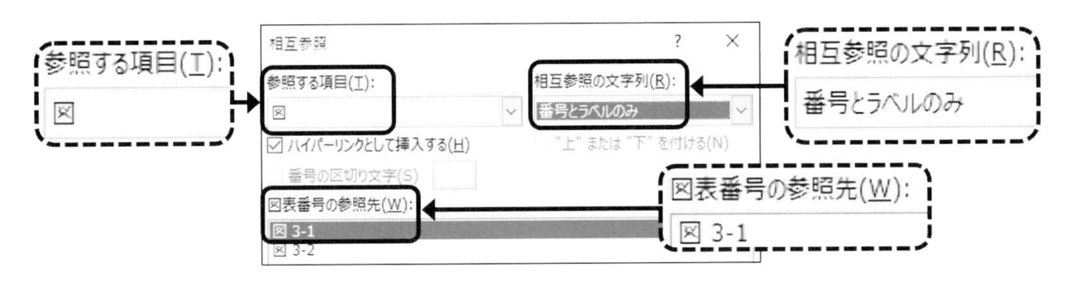

図 11-10　相互参照

One Point

参照文字列は［相互参照］ダイアログボックスの［挿入］ボタンをクリックした回数分挿入されます。余分に挿入した場合は、不要な参照文字列は削除しましょう。

例題 4-3　表番号への参照文字列を、本文内に挿入しましょう。

①　参照文字列挿入位置（第 3 章の 1 行目の丸カッコ内）をクリックする。

②　［相互参照］ボタン → ［相互参照］ダイアログボックス → ［参照する項目］欄；表 → ［図表番号の参照先］欄；表 3-1 → ［相互参照の文字列］欄；番号とラベルのみ → ［挿入］ボタン → ［閉じる］ボタン。

図や表の挿入・削除・移動により、図表番号は自動的に振り直されますが、図表番号の表示の更新は、編集直後ではなく、印刷プレビューや印刷実行時に行われます。また、図表番号を図や表と共に削除すると、参照元のなくなった参照文字列は「エラー！ 参照元が見つかりません。」となります。このエラー表示は自動では削除されませんので、Delete キーで削除しましょう。

11.5 目　　次

見出しの段落に、「見出しスタイル」を設定すると、アウトラインの階層も設定されます。このアウトラインから目次を作成することができます。

11.5.1 目次の作成

例題 5-1 2ページ目（ページ番号は1）の「目次」の下の行に、「見出し1」と「見出し2」からなる目次を作成しましょう。

① 2ページ2行目（「目次」の下）をクリックする。

② ［参考資料］タブ → ［目次］グループ → ［目次▼］ボタン → ［ユーザー設定の目次］。

③ ［目次］ダイアログボックス → ［アウトラインレベル］欄；2（図11-11） → ［OK］ボタン。

［目次］ダイアログボックスで、目次のスタイルや、見出しとページ番号をつなぐ「タブリーダー」の線種を設定できます。

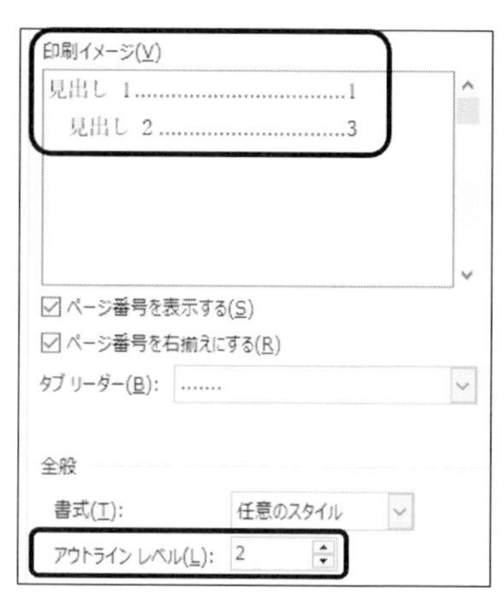

図11-11　目次ダイアログボックス

11.5.2 目次の更新

文書を編集して、見出しやページが変わったら、目次の更新操作をします。目次は自動的には更新されません。

例題 5-2 文書を編集し（改ページ、見出し文字列の編集）、目次を更新しましょう。

① 「第3章　視覚障がい者の…」の前で改ページする。
「第3章」の後ろをクリックする → ［ページ区切り］ボタン

② 「3.1 スクリーンリーダーでのパソコン利用（見出し2）」を「3.1 スクリーンリーダーとパソコン利用（見出し2）」に編集する（目次は更新されない）。

③　目次を更新する。
　目次内をクリック →［参考資料］タブ →［目次］グループ →［目次の更新］ボタン →［目次の更新］ダイアログボックス →［◉ 目次をすべて更新する(E)］チェック →［OK］ボタン（目次が更新される）

11.6　数式の作成

論文に数式を使う場合があります。Word では、簡単に数式の作成ができます。

例題 6　新規文書に次の数式を作成しましょう。

$\mathrm{m}-6=2^{a}$

$\mathrm{t}=\tan\frac{x}{2}$

①　［挿入］タブ →［記号と特殊文字］グループ →［π 数式 ▾］ボタンの［π 数式］→（数式入力枠 ここに数式を入力します。 が表示される）。
②　日本語入力 OFF にする。
③　「m－6＝」を入力する（**図 11-12(a)**）。

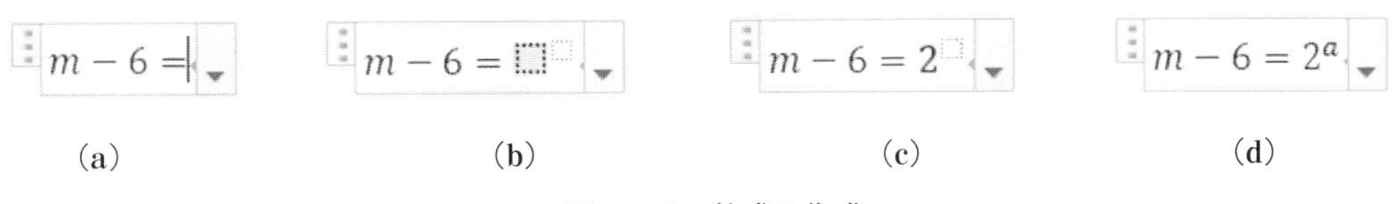

図 11-12　数式の作成

④　［数式］ツールの［デザイン］タブ →［構造］グループ →［上付き/下付き文字▼］ボタン →［上付き文字］（**図 11-13**）→ 数式内の左側の ⬚ に ← キーで移動し（**図 11-12(b)**）、「2」を入力する（**図 11-12(c)**）→ 右側の ⬚ に → キーで移動し「*a*」（小文字の a）を入力する（**図 11-12(d)**）。
⑤　数式入力枠の右外側をクリックする → Enter キーで改行する。
⑥　［挿入］タブ →［記号と特殊文字］グループ →［π 数式 ▾］ボタンの［π 数式］→ 表示された数式入力枠に「t＝」を入力する。

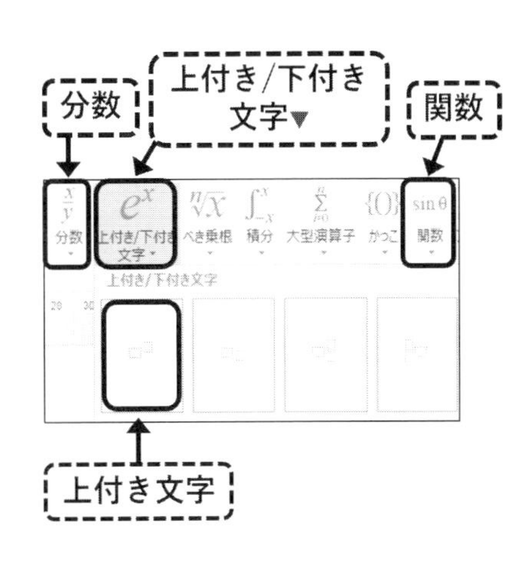

図 11-13　数式の［構造］

⑦　［構造］グループ →［関数］ボタン（**図 11-13**）→［三角関数］の［正接関数］tan ⬚

→ [←] キーで [ ] に移動する。

⑧ ［構造］グループ →［分数］ボタン →［分数（縦）］ → [←] キーで分母の [ ] に移動し「2」を入力 → [←] キーで分子の [ ] に移動し「x」を入力する。

⑨ 数式入力枠の外側をクリックする。

One Point

数式の配置

作成した数式の配置は、文字列の折り返しが「上下」（p.93 9.3参照）のようになっており、これを「独立数式」と呼びます。文字列の折り返しが「行内」のように本文テキストに並ぶ配置を「文中数式」と呼びます。独立数式と文中数式の切り替えや、数式の配置の変更は数式入力枠の をクリックして行います。（**図 11-14**）

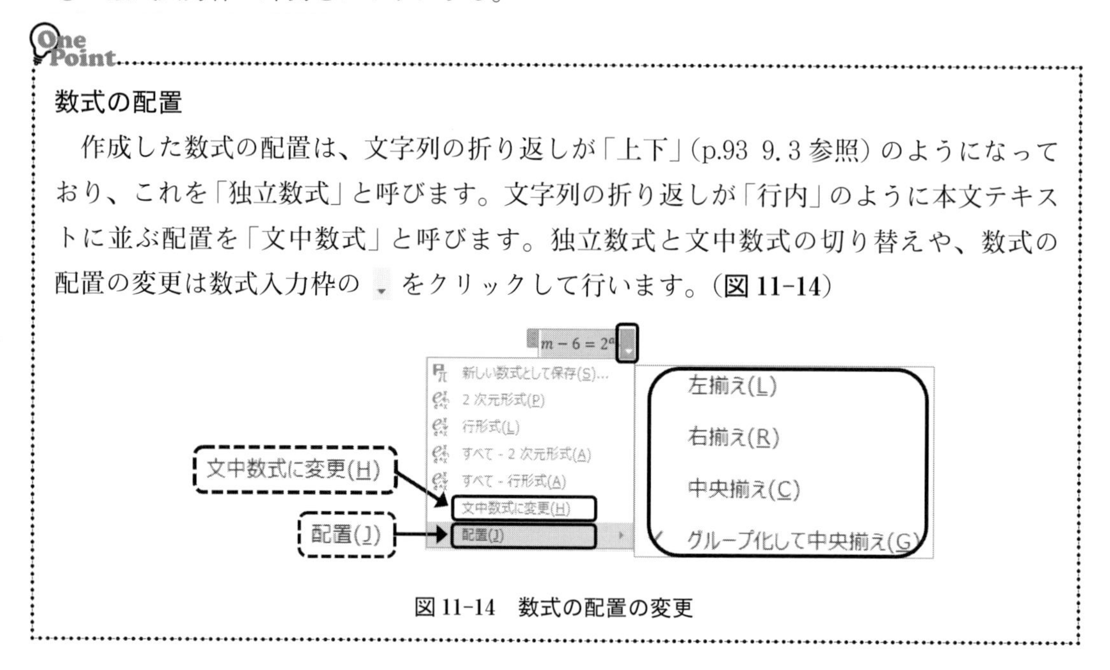

図 11-14　数式の配置の変更

11.7　段組み

「段組み」とは、文書の本文領域を複数の段に分けて配置することです（**図 11-15**）。

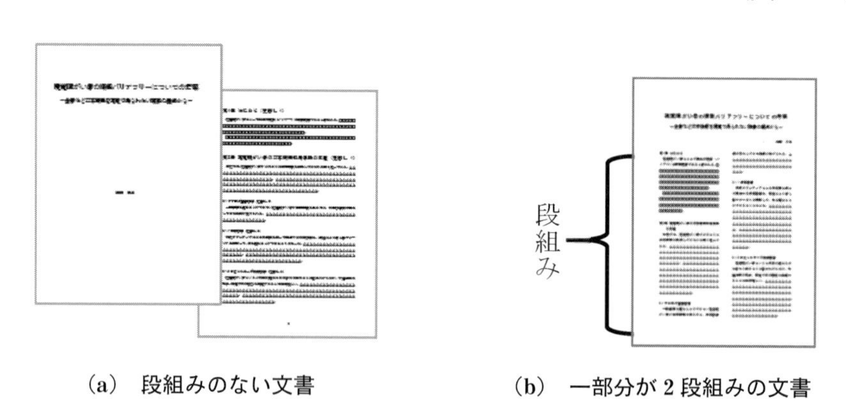

(a)　段組みのない文書　　(b)　一部分が2段組みの文書

図 11-15　段組み

11.7.1　段組みとセクション

Wordで設定できる書式には、これまで学んだ「文字書式」「段落書式」「ページ書式」の他に、「セクション書式」があります。段組みはセクション単位で設定できる「セクション書式」です。文書の一部分を段組みするには、あらかじめ段組みしたい範囲をセクションで区切り、セクションを指定して設定します。

11.7.2　セクション区切りの挿入

例題 7-1　表題部分と本文の間にセクション区切りを挿入しましょう。

【使用ファイル：Word 11 例題 7.docx】

① セクション番号をステータスバーに表示しておく。
　ステータスバーを右クリック →［セクション］（図 11-16）

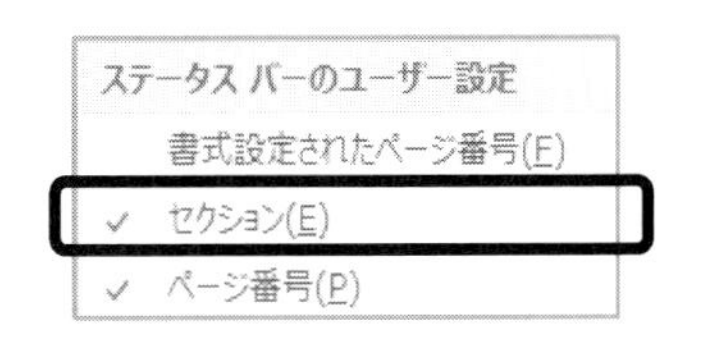

図 11-16　セクション表示

② 1 ページ目の「第 1 章　はじめに」の「はじめに」の前をクリックする。

③［レイアウト］タブ →［ページ設定］グループ →［区切り▾］ボタン →［セクション区切り］の［現在の位置から開始］（図 11-17）。

● ［セクション区切り］セクション区切り (現在の位置から新しいセクション) が挿入され（編集記号の表示が必要）、文字カーソル位置のセクション番号がステータスバーに表示されます。

セクション: 1　1/5 ページ　行: 2　　セクション: 2　1/5 ページ　行: 4

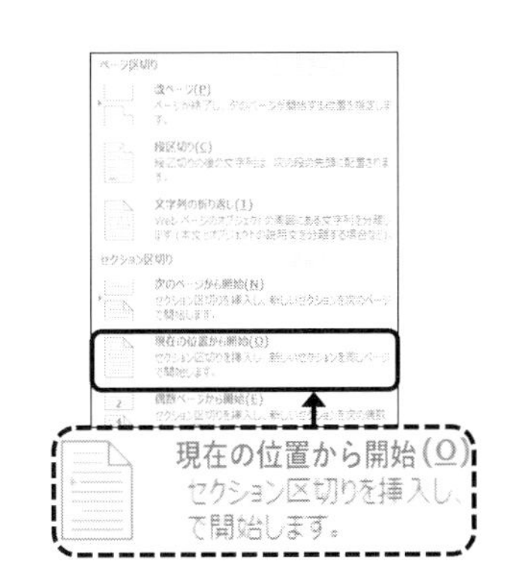

図 11-17　セクション区切り

11.7.3　段組みの設定

例題 7-2　本文のセクションを 2 段組みに設定しましょう。

① 本文（セクション 2）内をクリックする。

● セクションを指定するには、セクション内に文字カーソルを移動します。

②［レイアウト］タブ →［ページ設定］グループ →［段組み▼］ボタン →［2 段］（図 11-18）。

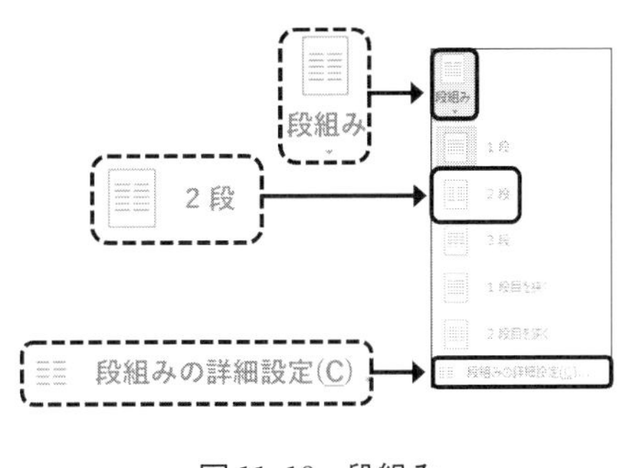

図 11-18　段組み

セクションを区切らずに、段組みする範囲を選択して段組みの設定をすると、自動的に選択範囲の前後にセクション区切りが挿入され、選択範囲が段組みされます。

11.7.4　段組みの設定変更

段組みの段の文字数や段と段の間隔を変更することができます。

例題 7-3 段の間隔を 15 mm に変更しましょう。

① 2段組み内（セクション 2）をクリックする。

② ［レイアウト］タブ → ［ページ設定］グループ → ［段組み▼］ボタン → ［段組みの詳細設定］（**図 11-18**）。

③ ［段組み］ダイアログボックス → ［段の幅と間隔］の［間隔］欄；15 mm（日本語入力 OFF で単位を含めて入力する（**図 11-19**））→ ［OK］ボタン。

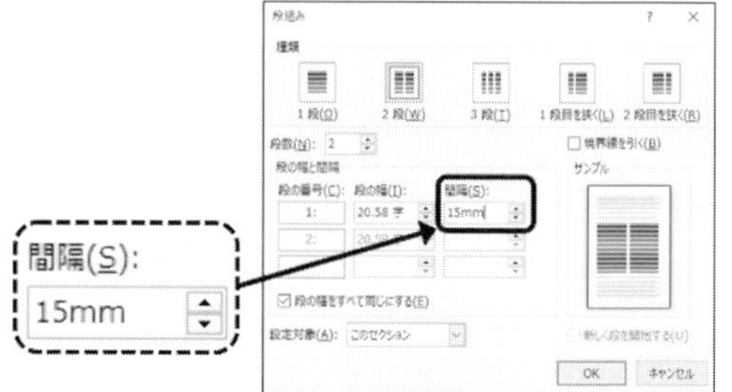

図 11-19　段組みの詳細設定

One Point

段の幅と間隔の単位は「字」となっていますが、「15 mm」などと単位まで入力して指定することもできます。また、段組みを解除するには、段組みセクションを「1 段」に変更し、セクション区切りを削除します。

コーヒーブレイク

2 段組み文書での表の配置

2 段組み文書内に、1 段に収まらない幅の表を配置するには、テキストボックスを利用します（**図 11-20**）。

【設定方法】

① テキストボックスを挿入する。
［挿入］タブ → ［図］グループ → ［図形］ボタン → ［テキストボックス］

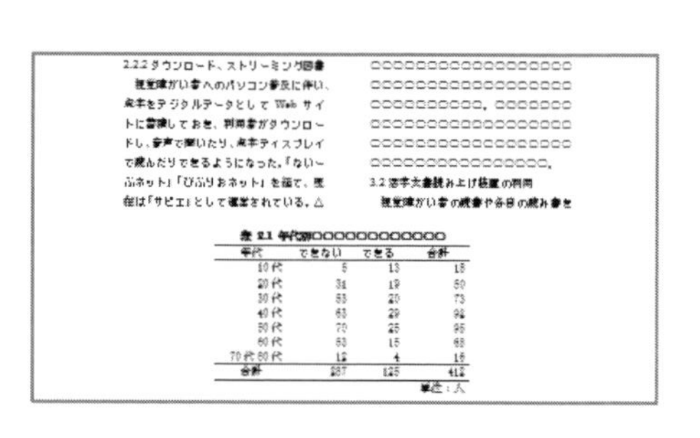

2.2.2 ダウンロード、ストリーミング図書
視覚障がい者へのパソコン普及に伴い、点字をデジタルデータとして Web サイトに登録しておき、利用者がダウンロードし、音声で聞いたり、点字ディスプレイで読んだりできるようになった。「ないーぶネット」「びぶりおネット」を経て、現在は「サピエ」として運営されている。

○○。○○○。

3.2 活字文書読み上げ装置の利用
視覚障がい者の読書や各自の読み書きを

表 2.1 年代別○○○○○○○○○○○○

年代	できない	できる	合計
10代	5	13	18
20代	31	19	50
30代	53	20	73
40代	63	29	92
50代	70	25	95
60代	53	15	68
70代80代	12	4	16
合計	287	125	412

単位：人

図 11-20　2 段組み文書での表の配置

② テキストボックスのサイズを、本文領域（2 段分）と同じ幅にし、高さを調整する。

③ テキストボックスの書式を設定する。
［文字列の折り返し］；四角形 → ［図形の枠線］；枠線なし

④ テキストボックス内に表を配置し（作成、移動など）、表の配置を［中央揃え］にする。

11.8　演習課題

演習1　次の指示に従って文書を編集しなさい。編集記号を表示して作業しましょう。

【使用ファイル：Word 11 演習 1.docx、Word 11 演習グラフ.xlsx】

① 1ページ6行目「目次」の前に改ページを挿入する。

② 「第1章 緒言（見出し1）」の「緒言」の前に改ページを挿入する。

③ ページ番号がページ下部中央に「1　2　3…」と表示されるように設定する。

④ ページ番号を先頭ページに表示しないように設定する。

⑤ 2ページ目からのページ番号の開始番号を1にする。

⑥ 2ページ目以降のヘッダー領域に「○○○○に関する研究」を入力し、右揃えする。

⑦ ヘッダーとフッターを閉じて、文書画面に戻る。

⑧ ファイル「Word 11 演習グラフ.xlsx」のシート「グラフ」の折れ線グラフをコピーし、「第3章 ○○○の解析方法（見出し1）」の1行上に、貼り付けオプションとして［元の書式を保持しブックを埋め込む］を指定して貼り付ける。

⑨ グラフの段落を［中央揃え］にする。

⑩ 挿入したグラフに次の設定の図表番号を挿入する（p.120 **図11-8**、**図11-9**に同じ）。
［図表番号］設定…［ラベル］欄；図 → ［位置］欄；選択した項目の下
［図表番号の書式］設定（［番号付け］ボタン）…［章番号を含める］チェックオン → ［章タイトルのスタイル］欄；見出し1 → ［区切り文字］欄；-（ハイフン） → ［書式］欄；1, 2, 3

⑪ 2ページ目の「目次」の下の行に「見出し1」と「見出し2」からなる目次を作成する。

PowerPoint 編

Microsoft PowerPoint は、プレゼンテーション用の資料を作成するソフトです。プレゼンテーションの基本知識、PowerPoint の活用方法、発表の手順などを学び、最後に模擬発表をしてみましょう。

第1章 プレゼンテーションとは

プレゼンテーションとは何か、概要を確認しておきましょう。

学生の時は課題の発表、社会人では企画の提案などの機会に人前で話をされた経験があることでしょう。

このように様々な場で聞き手に対して、話し手として自分の考えを整理して伝えるための技術を「**プレゼンテーション**」といいます（図1-1）。

プレゼンテーションでは準備の段階で、伝えることの全体を把握し発表の骨組みを組み立てることが重要です。

ここからは新規のプレゼンテーション作成を想定して、具体的なテーマで発表の準備について学びましょう。

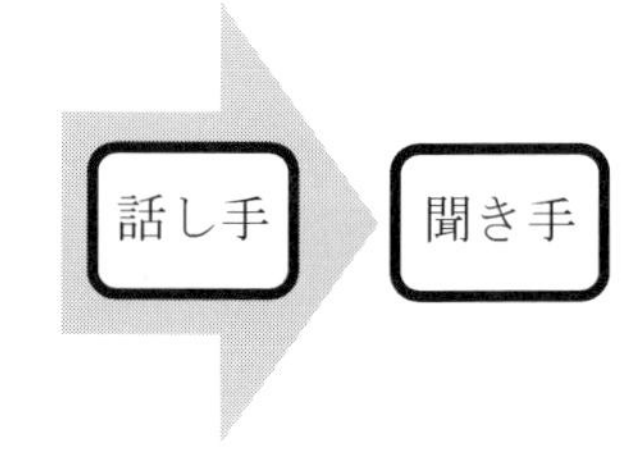

図1-1　プレゼンテーションとは

例題1

新しいプレゼンテーションを作成するために、テーマの状況を設定します。

次のテーマA・Bを参照して、自由な設定でテーマ案を作成しましょう。

テーマA	ある企業の社員が母校の大学で在校生に対して、就職活動について体育館でプレゼンテーションする。
テーマB	あるホームセンターの店長が店員に対して、今後の販売方針について会議室でプレゼンテーションする。
テーマ案	

One Point

テーマの状況設定

設定するテーマは話し手が興味を持ち伝えたい内容であることが前提ですが、聞き手の立場からみても有意義な発表になるように十分に配慮しましょう。

1.1　プレゼンテーションの準備

効果的なプレゼンテーション作成のために、テーマの分析をしましょう。

1.1.1　テーマの分析

テーマの分析では、「誰が」「誰に」「何を」「どこで」伝えるものであるかを明確にします。

例題 2

次の**表 1-1** は設定のテーマ A・B を「誰が」「誰に」「何を」「どこで」という視点で分析した例です。例題 1 で作成したテーマ案についても同様に分析して、記入しましょう。

表 1-1　テーマの分析

	テーマ A	テーマ B	テーマ案
誰　が	卒業生	店長	
誰　に	在校生	店員	
何　を	就職活動	販売方針	
どこで	体育館	会議室	

1.1.2　情報の収集

テーマの分析の次は、プレゼンテーションの素材となる情報の収集をします。

聞き手に対して説得力のある内容にするためには、現状や事実を提示することが大切です。アンケートや聞き取り調査で収集した具体的なデータを提示できるよう準備しましょう。

一般的な情報については、インターネットを用いた収集が効率的です。Web サイト上のデータを利用する場合、複数のサイトを比較して信ぴょう性のある情報を収集しましょう。

著作権

インターネットや書籍などの文章や写真の著者には、著作権という権利があります。

文章や写真の無断利用は著作権の侵害となり、内容の変更や編集も認められません。

引　用

自分の意見の補足や強調することを目的に、他の文章などを引用することができます。

引用においては引用した内容を明確にし、引用の理由を述べましょう。

引用先サイトのアドレス、書籍の作品名や作者名を、明らかにする必要があります。

例題3

表 1-2 テーマAの分析

	テーマA
誰 が	卒業生
誰 に	在校生
何 を	就職活動
どこで	体育館

テーマAを例にプレゼンテーションの情報収集について考えましょう(**表1-2**)。

テーマAでは、どのような情報を収集すればよいでしょうか。

聞き手である「在校生」にとって最も関心がある情報は、「卒業生」の具体的な「就職活動」の体験です。

収集すべき情報源はインターネットよりも、発表者の「就職活動」の内容にあるといえるでしょう。テーマAの「情報の収集」については、次のように設定します。

「就職活動」の始め方や日程、エントリーシートの記入上の注意点、面接の内容などの実際の経験を箇条書きにまとめる。

あなたが作成したテーマ案についても、「情報の収集」の方法を次に記入しましょう。

1.1.3 ストーリーの構成

与えられた時間で情報を伝えられるように発表内容を組み立てることを**ストーリーの構成**といいます。プレゼンテーションのストーリーには、よく使われるパターンがあります。

ここでは、次のストーリーの構成パターンについて、学んでいきましょう。

① 一般的な場合(順序どおりの説明など)

序論	発表の目的や流れを紹介する。
本論	アイデアや主張を具体的に説明する。
結論	ポイントを要約し、結論を強調する。

② 結論を強調する場合(ビジネスの商談など)

結論	結論を述べる。
理由	結論の根拠を論理的に説明する。
効果	要旨をまとめて、効果を強調する。

③　意見を強調する場合（レポートや論文の発表など）

問題提起	主題を提起する。
意見展開	意見の背景と根拠を述べる。
考察	結論をまとめ、課題を整理する。

例題 4

テーマ A ついて、ストーリーの構成を整理しましょう。

誰が：「卒業生」　誰に：「在校生」　何を：「就職活動」　どこで：「体育館」
最も伝えたいポイント：「『内定に結びついた就職活動』について」
ストーリー構成：結論を強調する場合「**結論→理由→効果**」

あなたが作成したテーマ案について、ストーリーの組み立てを次の下線部に記入しましょう。

誰が：「＿＿＿＿＿＿＿＿」

誰に：「＿＿＿＿＿＿＿＿」　何を：「＿＿＿＿＿」　どこで：「＿＿＿＿＿」

最も伝えたいポイント：『＿＿＿＿＿＿＿＿＿＿』について

ストーリー構成：＿＿＿＿＿＿＿＿＿＿＿＿＿＿＿＿＿＿＿場合

「＿＿＿＿＿＿＿＿＿→＿＿＿＿＿＿＿＿＿→＿＿＿＿＿＿＿＿＿」

コーヒーブレイク

起承転結

昔話や作文などの一般的なストーリー展開では、「起承転結」の形が多く見られます。

4 コマ漫画のように最初から順に話を進めて最後に「おち」がある展開で、聞き手に感じたことや心情を伝えやすいという利点があります。

一方この形式は結論が最後になるため、論理的な発表では要点が伝わりにくくなる場合があるので注意しましょう。

1.2　視覚的な資料の作成ポイント

プレゼンテーションは、視覚に訴える内容であることが重要です。効果的にレイアウトを配置し、箇条書き、表、グラフや画像の挿入などによって、聞き手を引きつける資料作成について学びましょう。

1.2.1　レイアウトの基本

スライドのレイアウトでは、わかりやすく自然な印象になるように作成しましょう。

① 簡潔な表現

余分な修飾やあいまいな言い回しを避け、要点をまとめて表示します。

② 視線の流れ

左→右、上→下に視線を動かせるように内容を配置します。

③ 適切な余白

余白にはゆとりを感じさせる効果や、文字列を強調する効果があります。

シートの四方の余白や文中に、適切な余白を設けましょう。

1.2.2　色の効果

スライドの文字列や図形や背景に用いる色は、全体のイメージを大きく左右します。

① 図形の色

図形の色は色数を絞って、スライド全体で統一します。

図形を複数の色で塗りつぶす場合は、色のトーンを揃え、強調したい図形には異なるトーンを利用すると効果的です。(図1-2)。

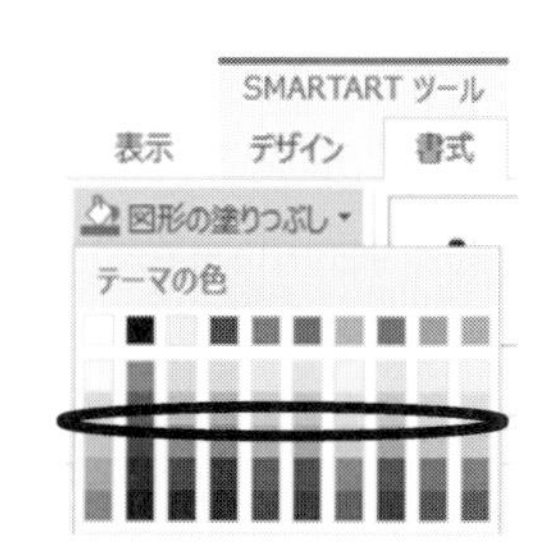

② 文字の配色

文字は、鮮明に読み取れることが最も重要です。背景や図形の色とのバランスに配慮します。

色を付けた図形の中に文字列を表示する場合は、文字列が見えにくくならないように注意しましょう。

③ カラーリング

暖色は優しい印象を与え、寒色は落ち着いた印象を与えます。プレゼンテーションの内容に合わせたカラーリングを選択しましょう(図1-3)。

※白、灰色、黒は「無彩色」といい相関図には含まれません。色相、彩度、明度の要素がすべて備わって「色」とよばれます。

図1-3　色の相関図

1.2.3　情報の視覚化

情報を視覚的に表現するには、次の手法があります。

①　SmartArt

図形を組み合わせた図解のパターンを一覧から選択して利用します（**図 1-4**）。

組織図や流れ図などを効率良く作成することができます。

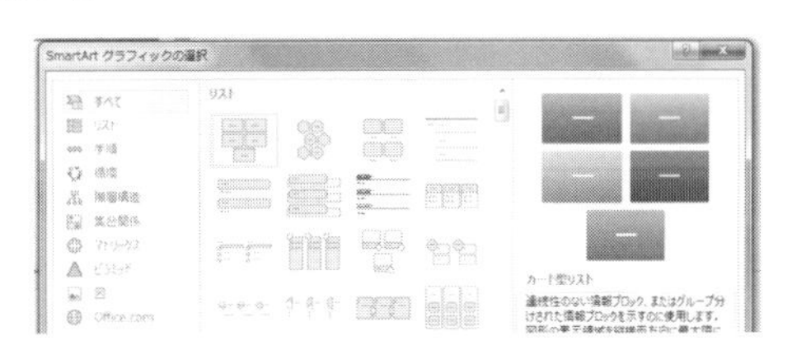

図 1-4　SmartArt

②　表

数値や文字列を体系的に整理して一覧で表し、罫線で囲み表示します。

③　グラフ

棒、折れ線、円などのグラフで、数値データの傾向を読み取りやすくします（**図 1-5**）。

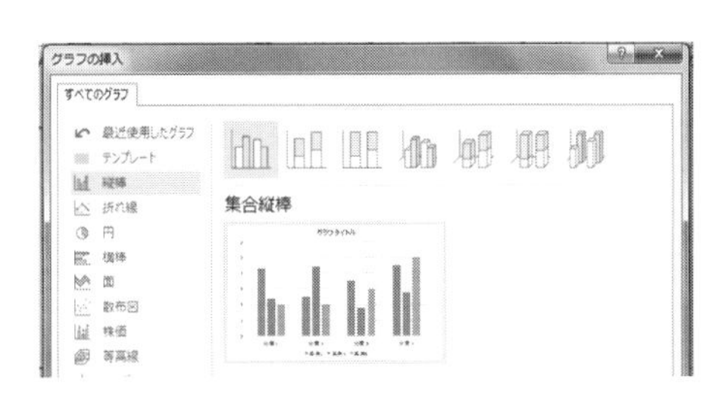

図 1-5　グラフ

※表やグラフは PowerPoint で作成する以外に、Word や Excel で作成したものをそのままスライドに貼り付けて利用することができます。

例題 5

テーマ A の情報の視覚化について、具体的に考えてみましょう。

次のようにストーリーのどこでどの機能を使うかを、おおまかに決めておきます。

作成をすすめる過程で変更や修正が可能ですので、ここでは今の時点での考えを整理しましょう。

> テーマ A のストーリー構成：「**結論→理由→効果**」
> ①　結論：図形、表を利用する。
> ②　理由：グラフを使って説明する。
> ③　効果：SmartArt で表示する。

あなたが作成したテーマ案の情報の視覚化について、次に記入しましょう。

1.3　演習課題

演習1

表1-3　テーマBの分析

	テーマB
誰　が	店長
誰　に	店員
何　を	販売方針
どこで	会議室

次の**表1-3**は**例題1**で作成したテーマBを「誰が」「誰に」「何を」「どこで」という視点で分析した例です。

テーマBについて次の点について考察し記入しましょう。

①　情報収集の方法

②　ストーリーの構成

③　情報の視覚化

第 2 章 PowerPoint の基礎

プレゼンテーションの準備が整ったら、実際に PowerPoint を起動しスライドを作成しましょう。本書では、PowerPoint を用いてプレゼンテーション作成の手順を学びます。

2.1 PowerPoint とは

PowerPoint とはプレゼンテーション作成の作業全般を効率的に進めるためのアプリケーションソフトウェアです。

2.1.1 PowerPoint でできること

PowerPoint の主要な機能と内容を確認しておきましょう。

● **アウトライン機能**

プレゼンテーションの流れや構成が検討できます。

● **スライド作成**

発表用のスライド、配布用資料、解説を記入したノートが作成できます。

● **リハーサル機能**

発表の時間配分やスライド切り替えのタイミングが確認できます。

● **プレゼンテーションの実施**

聞き手の人数や会場設備に合わせ、多様な環境でプレゼンテーションが実施できます。

2.1.2 PowerPoint の起動

次の手順で PowerPoint を起動しましょう。

① ［スタート］ボタン → ［PowerPoint］をクリックします（**図 2-1**）。

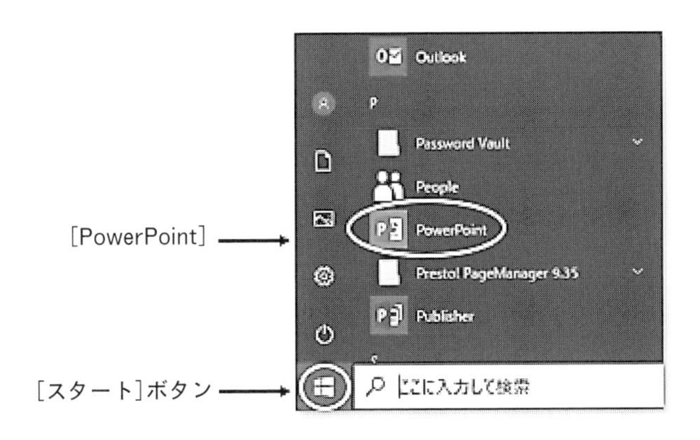

図 2-1　PowerPoint の起動

② ［新しいプレゼンテーション］をクリックします（図2-2）。

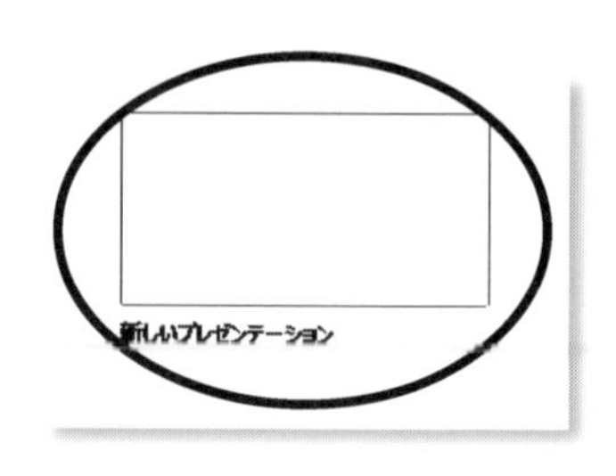

図 2-2 新しいプレゼンテーション

③ 新しい白紙のスライドが表示されます。

2.1.3 PowerPoint の画面構成

PowerPoint の画面構成と各部の名称は**図 2-3** のとおりです。

本書ではこの名称を使用して説明します。

画面の中央にあるスライドペインが、文字や画像や表を入力していく領域です。

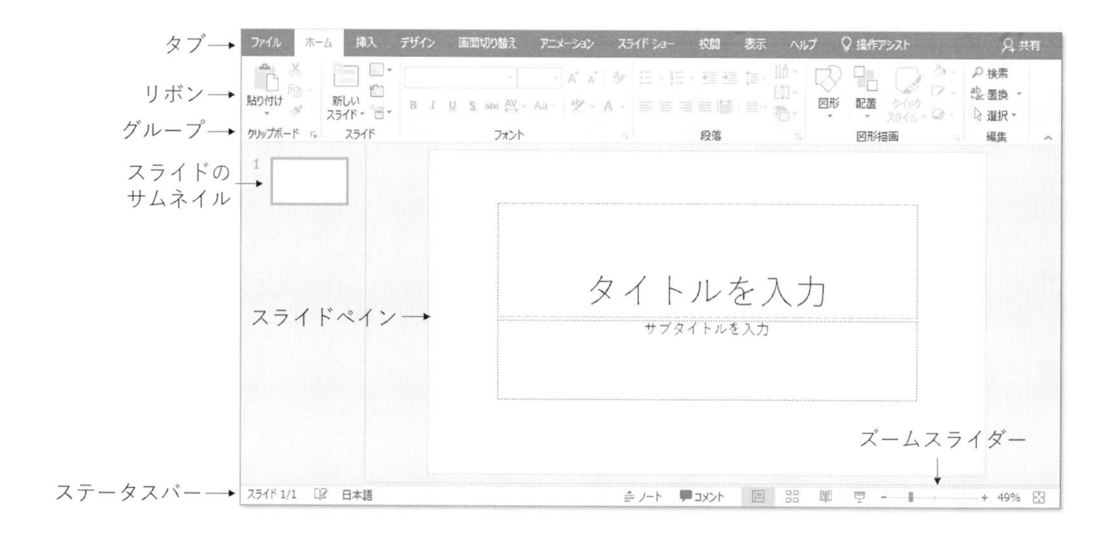

図 2-3 PowerPoint の画面構成

2.2 アウトラインの設計

プレゼンテーション全体の構成を**アウトライン**といいます。情報を整理し効果的なアウトラインの設計をしましょう。

2.2.1 アウトラインの作成

ストーリーの構成を土台にして、アウトラインを作成しましょう。

スライドごとにタイトルと利用する機能を考慮して、アウトラインを作成します。

例題 1

テーマ A のプレゼンテーションについて、アウトラインを作成しましょう。

①　テーマ A の設定は次のとおりです。

誰　が：ある大学の卒業生が
誰　に：在校生に
何　を：就職活動について
どこで：体育館で

②　ストーリー構成は、結論を強調する場合を選択します。
「結論」→「理由」→「効果」ごとに概要をまとめます。

結論	充実した大学生活が内定への近道
理由	自己アピールでは具体的な事例が重要
効果	今できることを見つけてすぐに実行

③　「結論」「理由」「効果」のストーリーから、スライドのタイトルと利用する機能を決定しましょう。ここではタイトルは『』で囲み、機能は< >で囲んで表示しています。

● 「結論」のアウトライン

『自己紹介と発表の経緯』 <図形>

『就職活動のポイント』 <表>

『内定への近道』 <グラフ>

● 「理由」のアウトライン

『具体的な事例とは』 <SmartArt>

『自己アピール』 <オンライン画像>

● 「効果」のアウトライン

『今できることを見つける発想力』 <画像ファイル>

『すぐに実行する行動力』 <写真>

2.2.2　アウトライン表示モード

アウトラインを入力するために表示モードを変更しましょう。

① ［表示］タブ → ［プレゼンテーションの表示］グループ → ［アウトライン表示］（**図2-4**）

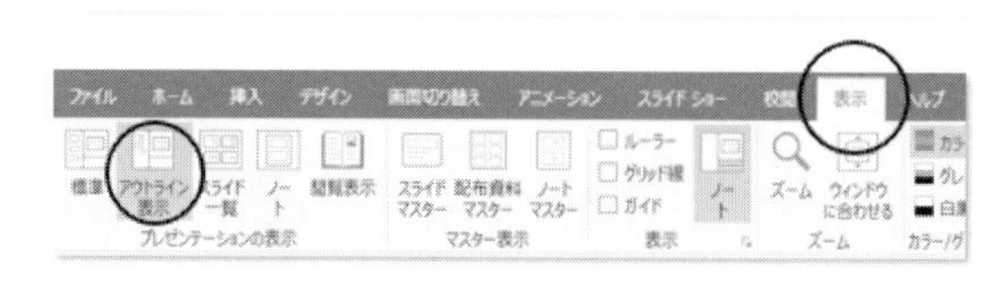

図2-4　［アウトライン表示］ボタン

② 左側に［アウトライン領域］、中央に［スライドペイン］が表示されます（**図2-5**）。

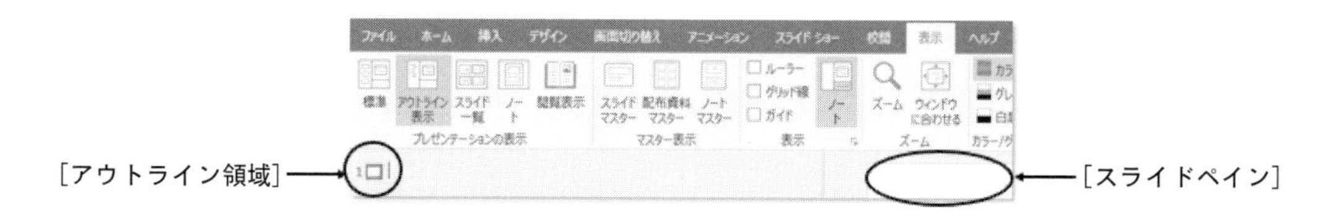

図2-5　［アウトライン表示モード］

2.2.3　アウトラインの入力

作成したアウトラインを画面の左にある「**アウトライン領域**」に入力していきましょう。アウトライン領域に入力した文字は、「**スライドペイン**」にタイトルとして表示されます。Enter キーを押すと新しいスライドが追加されるので、次のタイトルを入力します。

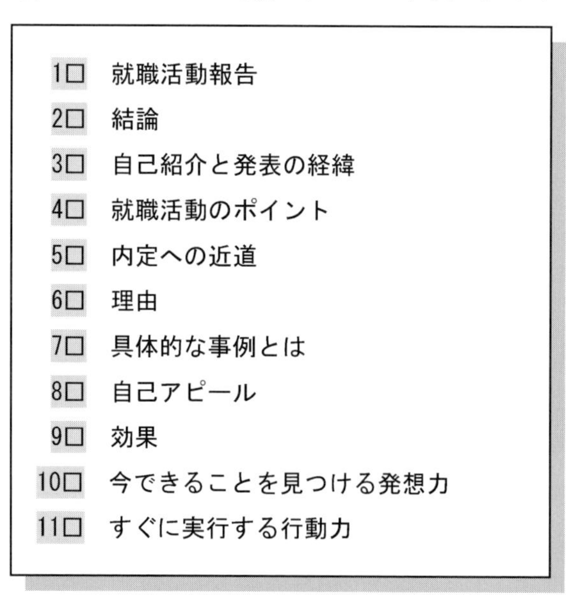

図2-6　アウトラインの入力

例題 2

アウトライン表示モードで、テーマ A のアウトラインを入力しましょう。

① アウトライン領域の「1□」の右に「就職活動報告」と入力します。
中央のスライドペインにも入力したタイトルが表示されます。

② Enter キーを押して、「2□」の右に「結論」と入力します。

③ 3〜11 行目まで**図 2-6** のとおり入力しましょう。

2.2.4 レベルの設定

箇条書きの階層関係を表すため、アウトラインにレベルの設定をします。

レベルを変更する行の □ をクリックして
→ レベルを下げる場合は Tab 、
→ レベルを上げる場合は Shift + Tab
を押します。

※ Shift + Tab とは、
Shift キーを押しながら Tab キーを押す
操作のことです。

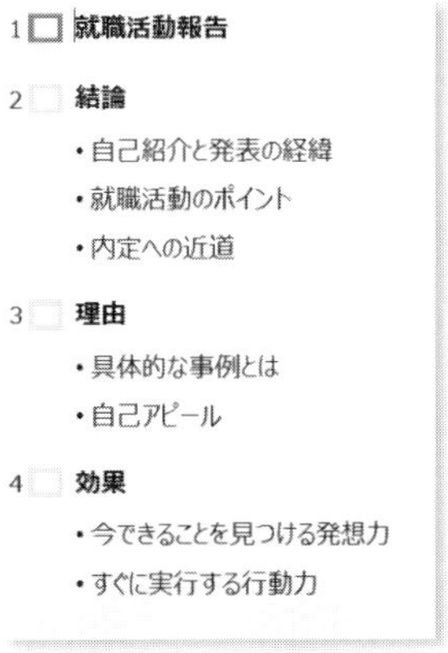

1 就職活動報告
2 結論
・自己紹介と発表の経緯
・就職活動のポイント
・内定への近道
3 理由
・具体的な事例とは
・自己アピール
4 効果
・今できることを見つける発想力
・すぐに実行する行動力

図 2-7 レベル設定

One Point

アウトライン領域で複数行を選択する方法

複数の行を同じレベルに変更する場合は、次の方法であらかじめ行の選択をします。

● **連続した行を選択する場合**

選択する先頭行の □ でクリック→最終行の □ で Shift を押しながらクリックします。

● **離れた行を選択する場合**

選択する先頭行の □ でクリック→次の行の □ で Ctrl を押しながらクリックします。

例題 3

テーマ A のアウトラインに**図 2-7** のとおり、レベルの設定をしましょう。

① 3〜5 行目のレベルを下げます。
3 行目の □ でクリック → 5 行目の □ で Shift を押しながらクリック → Tab

② 7〜8 行目と、10〜11 行目も同様の操作でレベルを下げましょう。

2.3　ファイルの保存と PowerPoint の終了

作成したファイルを保存し、PowerPoint を終了しましょう。

2.3.1　ファイルの保存

ファイルを新規に作成して保存する場合や既存ファイルの名前や保存する場所を変更して保存する場合は、［名前を付けて保存］を選択します。

［名前を付けて保存］の手順は次のとおりです。

① ［ファイル］タブ →［名前を付けて保存］→［参照］（図 2-8）

図 2-8　［名前を付けて保存］

② フォルダを選択 →［ファイル名］ボックスに「就職活動」と入力 →［保存］ボタン（図 2-9）

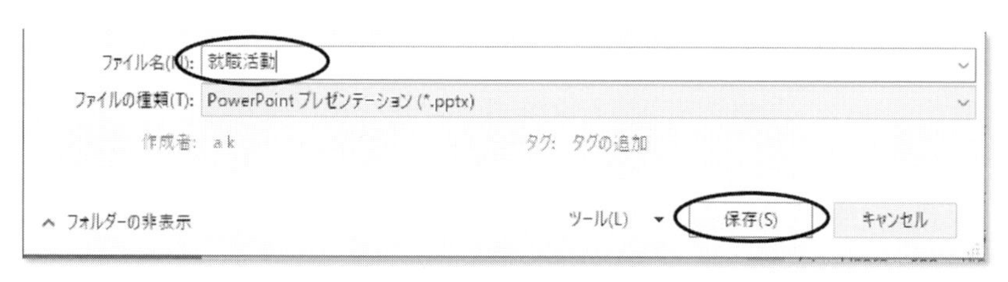

図 2-9　［ファイル名］の入力と［保存］ボタン

※このテキストは第 2 章から第 9 章まで同じファイルを組み立てています。ファイル名を「就職活動」とすると各章の例題を連続して作成できます。

PowerPoint の拡張子

ファイルを保存すると、ファイル名に［ファイルの種類］に対応した拡張子が付加されます。

［保存］ボタンを押す前に［ファイルの種類］で、「PowerPoint プレゼンテーション (.pptx)」を選択しましょう。

2.3.2　PowerPoint の終了

画面右上の［閉じる］ボタン × で PowerPoint を終了。

コーヒーブレイク

PowerPoint の表示モードについて

表示モードの変更は［表示］タブ →［プレゼンテーションの表示］グループで選択しますが、画面右下の［表示モード］ボタンを使うと簡単に切り替えることができます（図 2-10）。

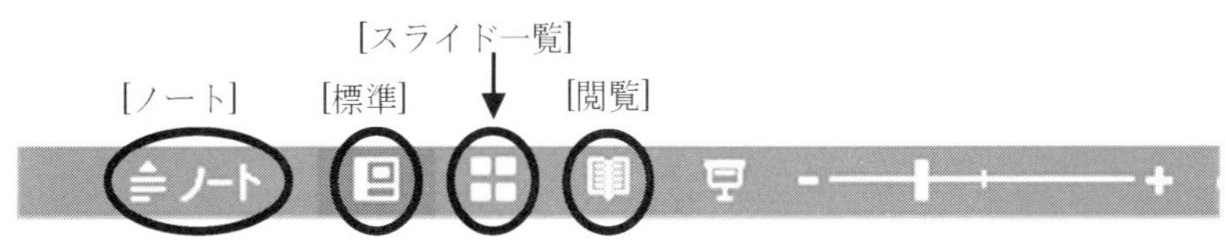

図 2-10　［表示モード］ボタン

- 標準表示：スライドの作成や表示に利用します。
  PowerPoint を起動すると、最初は［標準］表示モードで開かれます。
- アウトライン表示：スライドのタイトルや本文のみが表示されます。
  ［アウトライン］表示への切り替えは［標準］ボタンを使います。
- スライド一覧表示：すべてのスライドのサムネイルを［一覧］表示するモードです。
  スライド全体を確認しながら、移動や削除ができます。
- ノート表示：選択したスライドと［ノート］を同時に表示するモードです。
  ［ノート］には発表時のメモを入力します。
- 閲覧表示：スライドを画面全体に表示するモードです。
  アニメーション効果や画面の切り替え効果の確認ができます。

2.4　演習課題

演習 1

第 1 章の演習問題で分析したテーマ B について、次の＜設定＞と＜ストーリー＞からアウトラインを設計しましょう。

次のページの語群を参考に＜アウトライン＞を作成します。

＜設定＞

誰　が：あるホームセンターの店長が
誰　に：店員に
何　を：来月の販売計画について
どこで：会議室で

<ストーリー>

「問題提起→意見展開→考察」の順序どおり説明するストーリーを用いる。

語群

・来月のキャンペーン　・今月の売上について　・実績　・目標　・問題点
・販売顧客数 UP　・重点商品販売数 UP　・改善案　・内容

<アウトライン>

「問題提起」

● ______________________

・ ______________________

・ ______________________

「意見展開」

● ______________________

・ ______________________

・ ______________________

「考察」

● ______________________

・ ______________________

・ ______________________

演習 2

① 新規の PowerPoint を開き、テーマ B について、タイトルを「○○年度○月販売会議」としてアウトラインを自由に入力します。

② レベルを設定してから、ファイル名「販売会議.pptx」で名前を付けて保存しましょう。

第 3 章　プレゼンテーションの構成と段落の編集

スライドのタイトルを作成し、構成を組み立てましょう。
アウトライン表示モードを使って、本文を箇条書きの表現で簡潔に入力し編集します。

3.1　保存したスライドを開く

作成済みの PowerPoint ファイルを開きます。
［ファイル］タブ → ［開く］ → ［ファイルを開く］ダイアログボックス → フォルダを選択 → ファイルを選択 → ［開く］ボタン

【使用ファイル：PP 03 例題.pptx/前章から継続の場合：就職活動.pptx】

3.2　プレゼンテーションの構成

第 2 章で作成したアウトラインからタイトルをイメージして、プレゼンテーションの構成を組み立てましょう。**タイトル**はスライドの概要を表すように設定します。

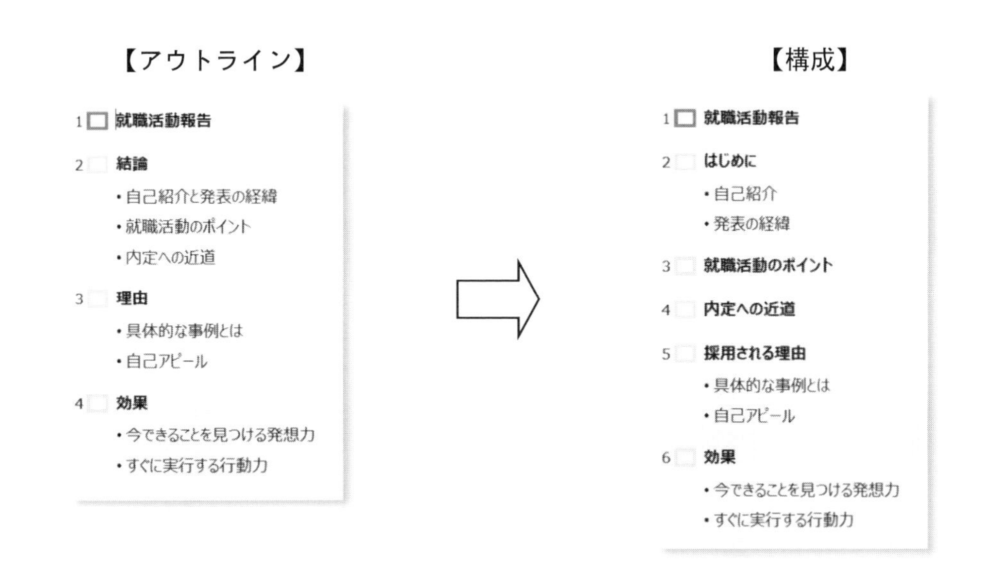

図 3-1　【アウトライン】から【構成】へ

3.2.1　タイトルの作成

スライドのタイトルを入力し、スライド一覧モードで全体の構成を決定します。

例題1 【使用ファイル：PP 03 例題.pptx】

表示形式をアウトライン表示に切り替えてから、入力済みのアウトラインを編集しタイトルと本文の見出しを作成しましょう（**図3-1**）。

① 1枚目のスライド

● アウトラインの内容をそのまま利用します。

1 就職活動報告

② 2枚目のスライド

●「結論」をドラッグして選択し、「はじめに」と入力します（「」は入力不要）。

● 箇条書き「自己紹介」の後の「と」を削除します。

● Enter キーを押すと「発表の経緯」が、箇条書きの2行目に移動します。

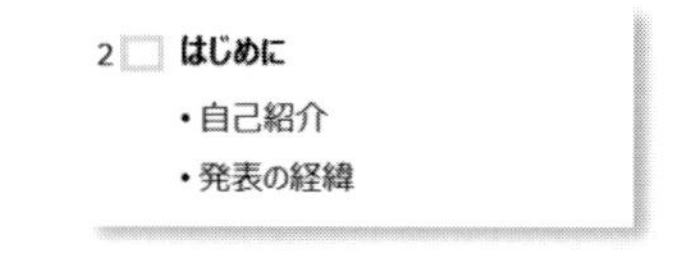

③ 3枚目のスライド

●「就職活動のポイント」をクリックし、Shift ＋ Tab でレベルを上げます。

3 就職活動のポイント

④ 4枚目のスライド

●「内定への近道」をクリックし、Shift ＋ Tab でレベルを上げます。

⑤ 5枚目のスライドタイトル

●「理由」の前に「採用される」と入力します。

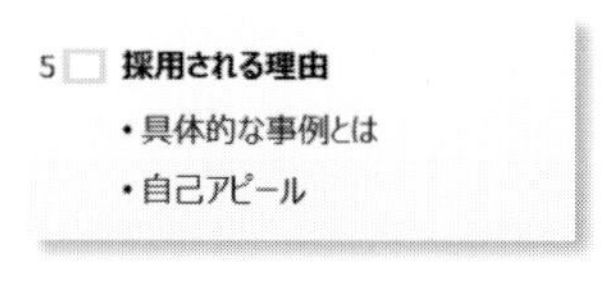

⑥ 6枚目のスライド

● アウトラインの内容をそのまま利用します。

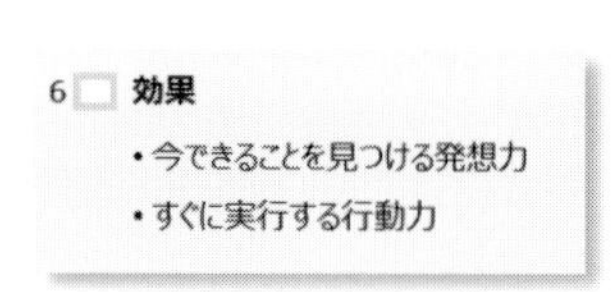

※以上で6枚のスライドのタイトルと本文の見出しが作成できました。

3.2.2　スライド一覧モード

入力したスライドをスライド一覧モードで表示して、スライド全体の構成を確認します。

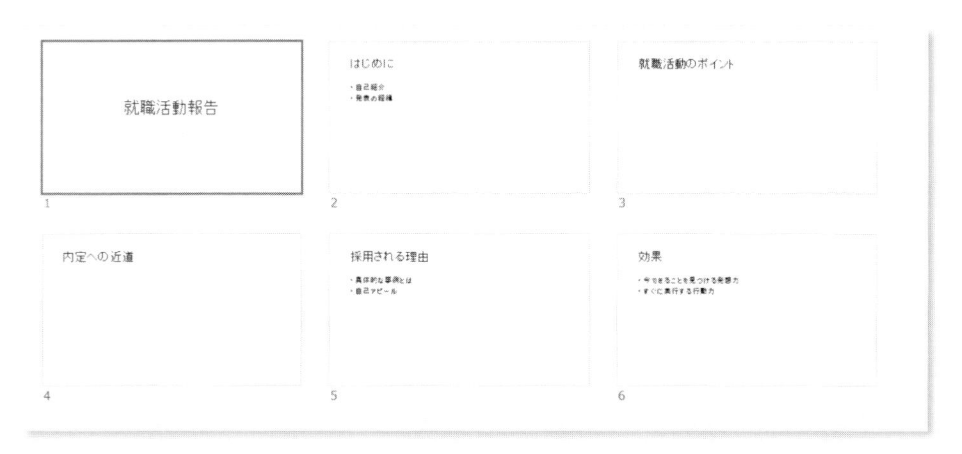

図 3-2　スライド一覧表示モード

① スライド一覧表示モードに切り替えます（**図 3-2**）。
　画面右下のスライド一覧 ボタンをクリック

② 表示倍率を調整しましょう（**図 3-3**）。
　画面右下のズームスライダーのつまみをドラッグか、
　[＋]／[－]ボタンをクリック

図 3-3　ズームスライダー

3.2.3　スライドの編集

スライドの移動や削除、コピーなどの編集機能を使って全体の構成を確認します。

スライド一覧モードではスライドを選択してドラッグするだけで、簡単にスライドの配置が編集できます。

例題 2　　【使用ファイル：PP 03 例題.pptx】

スライドの移動、コピー、削除の編集をしましょう（**図 3-4**）。

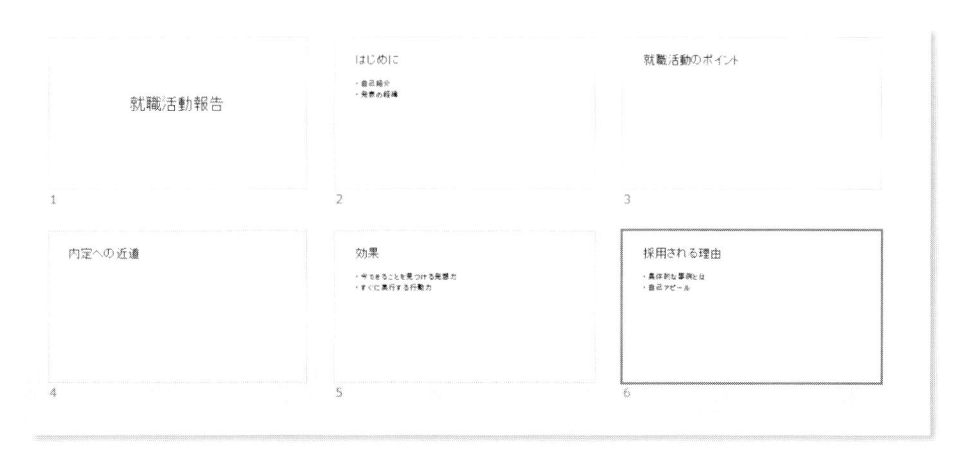

図 3-4　スライド一覧表示モード<編集後>

① タイトル「効果」の6枚目スライドを、タイトル「採用される理由」の5枚目スライドの前へ移動します。

● スライドの移動

移動したいスライドをクリック → 移動先へドラッグ

② タイトル「就職活動報告」の1枚目スライドを、タイトル「採用される理由」の6枚目スライドの後にコピーします。

● スライドのコピー

コピーしたいスライドをクリック → Ctrl キーを押しながらドラッグ

③ コピーした7枚目スライドを削除します。

● スライドの削除

削除したいスライドをクリック → Delete キー

※最終的にスライドは6枚になり、5枚目と6枚目が入れ替わった状態になります。

3.3 段落の編集

スライドの本文の内容を箇条書きで入力しましょう。

箇条書きとは、文章の要点を項目ごとにまとめる記述方法です。

文頭には行頭文字（・など）や段落番号（1.2.3.など）を用いて、文末は「体言止め」で簡潔に表現します。

コーヒーブレイク

体言止め

タイトルや箇条書きでは文末が名詞で終わる形式で表記して、文章を簡潔に表現する技法です。

たとえば「自己紹介をします。」といいたい場合は、「自己紹介」と名詞で文末を結びます。文章にリズムが生まれ、要点が明確になります。

ただし、「体言止め」の文体を口頭で用いると、聞き手には固い印象を与える場合があります。

プレゼンテーションの説明では「体言止め」の部分を、「です・ます」調（敬体）で置き換えた表現にしましょう。

また、論文などの文書の文末は「だ・である」調（常体）を用いるようにします。

3.3.1　箇条書きの入力

「アウトライン表示モード」のアウトライン領域に、箇条書きで本文を入力します。

例題 3　　【使用ファイル：PP 03 例題.pptx　スライド 2】

2 枚目スライドの本文の内容を、箇条書きで入力しましょう（**図 3-5**）。

① 「自己紹介」の文末をクリック → Enter キー

② 新しい段落に「○○学部　平成△△年度卒業」と入力 → Enter キー

③ 新しい段落に「現在　株式会社□□　勤務」と入力（○○、△△、□□は任意）

④ 「発表の経緯」の文末をクリック → Enter キー

⑤ 新しい段落に「就職活動報告を提出」と入力 → Enter キー

⑥ 新しい段落に「キャリアセンターより依頼」と入力

2 はじめに
・自己紹介
・○○学部　平成△△年度卒業
・現在　株式会社□□　勤務
・発表の経緯
・就職活動報告を提出
・キャリアセンターより依頼

図 3-5　2 枚目スライドの箇条書き

3.3.2　箇条書きの編集

箇条書きのレベルを変更して、階層関係を設定しましょう。

例題 4　　【使用ファイル：PP 03 例題.pptx　スライド 2】

2 枚目のスライドの箇条書きを編集しましょう（**図 3-6**）。

① 「○○学部　平成△△年度卒業」の行頭文字をクリック → 次の行の行頭文字で Shift キーを押しながらクリック

② Tab キーを押して、レベルを下げます。

③ 行頭文字の種類を変更します（**図 3-7**）。
　［ホーム］タブ → ［段落］グループ → ［箇条書き］ボタン▼ → 一覧から行頭文字を選択

④ 最終の 2 行（**図 3-6** 反転部分）もレベルを下げて③と同じ行頭文字を設定します。

2 はじめに
・自己紹介
　➤○○学部　平成△△年度卒業
　➤現在　株式会社□□　勤務
・発表の経緯
　➤就職活動報告を提出
　➤キャリアセンターより依頼

図 3-6　箇条書き＜編集後＞

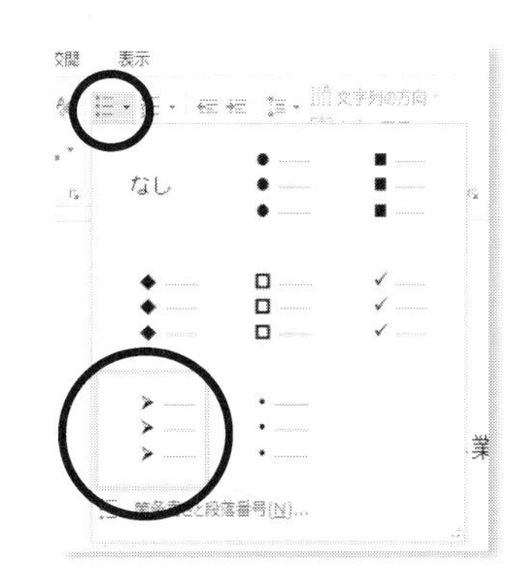

図 3-7　箇条書きボタン

3.3.3　段落番号の設定

箇条書きが順序を示す内容の場合は、行頭に番号を表示する段落番号を設定します。

段落の追加や削除があった場合には、段落番号は自動的に更新されます。

インデントが異なる段落では、レベルごとに別の種類の段落番号が設定できます。

例題5　　【使用ファイル：PP 03 例題.pptx　スライド2】

インデントが設定されている段落に「1.　2.　3.」と「囲み英数字」(①、②、③) の2種類の段落番号を設定しましょう (**図3-8**)。

① 行頭に「1.　2.」を表示する段落を選択します。
「自己紹介」の行頭をクリック → Ctrl キーを押しながら「発表の経緯」の行頭をクリック

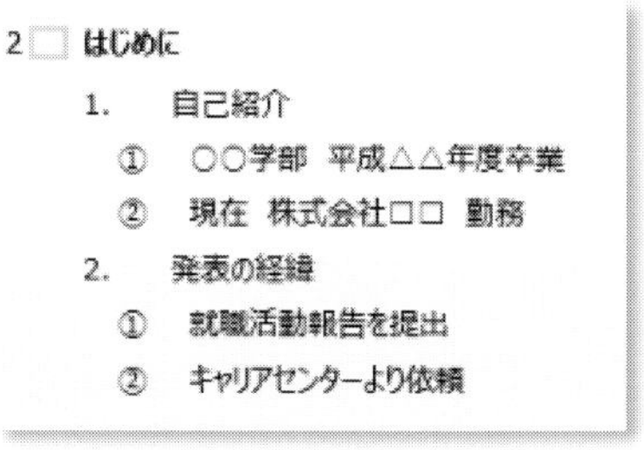

図3-8　段落番号＜設定後＞

② 選択した段落の行頭に「1.　2.」を表示します。
［ホーム］タブ→［段落］グループ →［段落番号］ボタン▼ → 段落番号「1. 2. 3.」を選択 (**図3-9**)

③ 行頭に「①、②」を表示する段落を選択します。
先頭の段落を選択 → 2行目以降は行頭で Ctrl キーを押しながらクリック

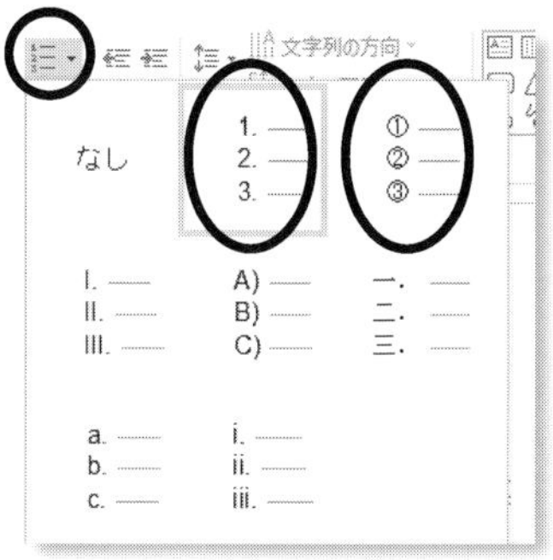

図3-9　段落番号ボタン

④ 選択した段落の行頭に「①、②」を表示します。
［段落番号］ボタンの▼ → 「囲み英数字」(①、②、③) を選択

3.4　上書き保存

完成したファイル「就職活動.pptx」を上書き保存しましょう。

上書き保存したファイルは、前回の保存と同じ場所に同じ名前で更新して保存されます。

［ファイル］タブ →［上書き保存］

※「PP03 例題.pptx」で作成している場合は、ファイル名を「就職活動.pptx」にして名前を付けて保存する。

3.5　演習課題

演習 1　　【PP 03 演習.pptx/前章から継続の場合：販売会議.pptx】

次の＜アウトライン＞は、「あるホームセンターの店長が店員に対して、今後の販売方針について会議室でプレゼンテーションする」というテーマ B の設定です。

● スライド 6 枚程度を目安に、大まかな構成を組み立てます。

● 1 枚目のスライドは表紙になります。内容全体を表したタイトルを考えましょう。

＜アウトラインの例＞

○○年○月度販売会議
●今月の売上実績について
・実績
・問題点
●改善案
・販売顧客数 UP
・重点商品販売数 UP
●来月のキャンペーン
・内容
・目標

＜プレゼンテーションの構成＞

●
●
●
●
●
●

演習 2

プレゼンテーションの構成を入力し、ファイル名「販売会議.pptx」で保存します。

第 4 章　スライドのデザイン

プレゼンテーションで聞き手の関心を引きつける重要な要素に、スライドのデザインがあります。文字を並べただけのスライドは単調な印象になり、極端な色遣いや奇抜なデザインは煩雑な印象を与えます。

テーマにふさわしいデザインや文字書式を設定して、プレゼンテーションの視覚的効果を高める方法を学びましょう。

4.1　デザインのテーマ

PowerPoint には、スライドのデザインの組み合わせが複数用意されています。この組み合わせを「**デザインのテーマ**」といい、一覧から選択するだけで効率よくデザインの変更ができます。テーマには、スライドのデザイン・色・文字書式が組み合わせて登録されています。

テーマの一覧から、プレゼンテーションの内容に合ったデザインを選択します。

4.1.1　テーマの適用

タイトルや本文を入力したスライドに、テーマの適用をします。

例題 1　　【使用ファイル：PP 04 例題.pptx/前章から継続の場合：就職活動.pptx】

ファイルを開いて、スライドに任意のテーマを適用しましょう。

① ［デザイン］タブ → ［テーマ］グループ → ［その他］▼（**図 4-1**）

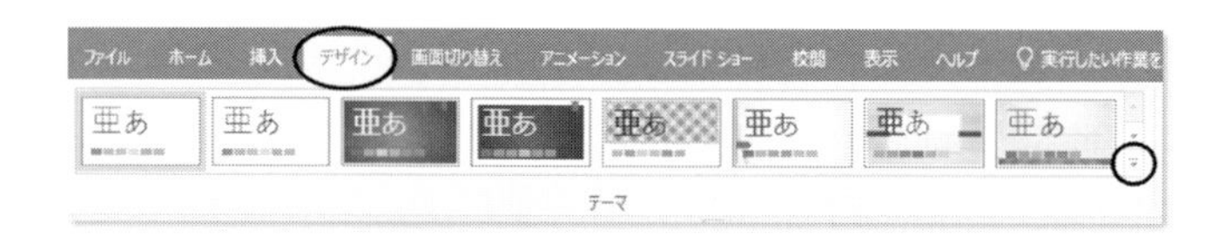

図 4-1　［テーマ］グループ

② テーマの一覧が表示されます（**図 4-2**）。

「リアルタイムプレビュー」で確認し、イメージに合うデザインのテーマを選択します。

図 4-2　テーマの一覧

リアルタイムプレビュー

任意のテーマにマウスポインターを合わせると、選択したイメージが瞬時にスライド本体で確認できる機能を「**リアルタイムプレビュー**」といいます。

別のテーマにマウスをポイントすると、次々とイメージの確認ができます。

4.1.2　バリエーションと配色の変更

スライドの配色と模様の組み合わせを「**バリエーション**」といいます。

適用したテーマの色や模様を変更して、オリジナルな設定ができます。

例題 2　【使用ファイル：PP 04 例題.pptx】

テーマを設定したスライドに、任意のバリエーションを設定しましょう。

① デザインのバリエーションを変更します（**図 4-3**）。

［デザイン］タブ → ［バリエーション］グループ → ［バリエーション］一覧から選択

「バリエーション」では、色の組み合わせと背景の模様をセットで変更できます。

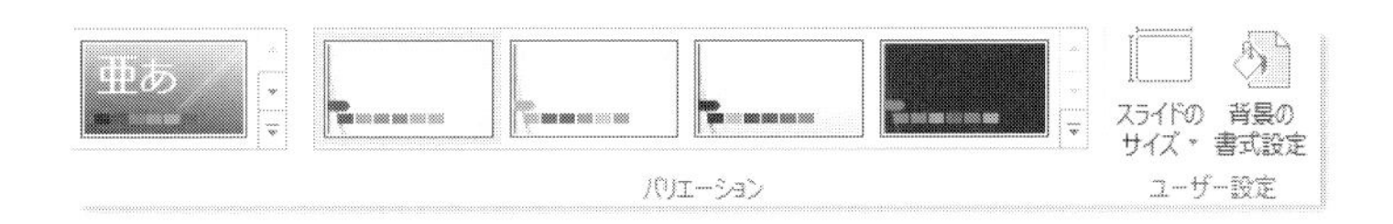

図 4-3　バリエーションの変更

② 配色を変更します（**図 4-4**）。

［デザイン］タブ → ［バリエーション］グループ → ［その他］ボタン → ［配色］

「配色」の機能を使うと、色の組み合わせのみを変更できます。

図 4-4　配色の変更

4.1.3　フォントと効果の変更

見出しと項目について、フォントと効果の組み合わせを一覧から選択します。

すべてのスライドに表示されている文字のフォントや効果が、一度に変更されます。

例題3　　　　【使用ファイル：PP 04 例題.pptx】

テーマを設定したスライドに、任意のフォントと効果を設定しましょう。

① 文字列を選択して、「フォントサイズ」を変更します。

［ホーム］タブ → ［フォント］グループ → ［フォントサイズ］または［文字サイズの拡大］/［文字サイズの縮小］

② 文字列を選択して、「フォントの組み合わせ」を変更します（図4-5）。

［デザイン］タブ → ［バリエーション］グループ → ［その他］ → ［フォント］ → フォントの組み合わせから任意の組み合わせを選択

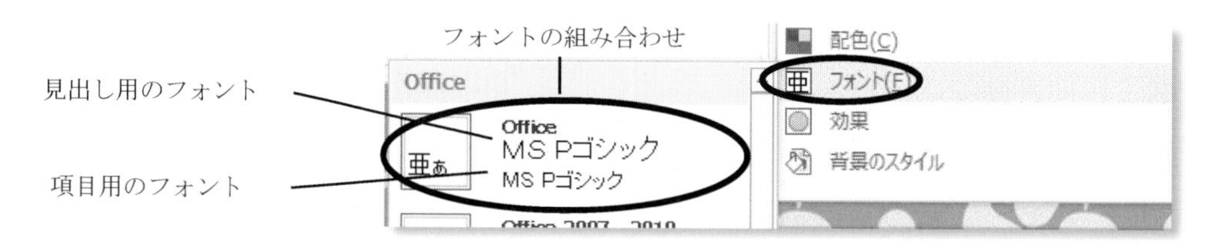

図4-5　フォントの組み合わせ

③ テーマの効果を変更します（図4-6）。

「テーマの効果」とは図形の塗りつぶしや枠線の書式の組み合わせのことで、すべてのスライドが変更対象となります。

［デザイン］タブ → ［バリエーション］グループ → ［その他］ボタン → ［効果］

図4-6　効果の変更

4.2　プレースホルダーの操作

「プレースホルダー」とはスライドに文字列などを入力する領域のことで、破線の四角形で表示されています。

4.2.1　プレースホルダーの選択と削除

プレースホルダーに、文字列を入力しましょう。

例題 4 【使用ファイル：PP 04 例題.pptx スライド 1】

1 枚目のスライドに、次の操作をしなさい（図 4-7）。

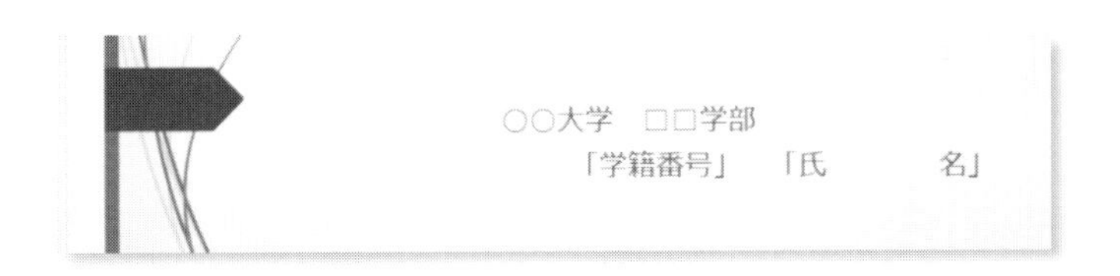

図 4-7 1 枚目スライドのサブタイトル

① サブタイトルのプレースホルダーの内側をクリックします（図 4-8）。

● 外枠の四隅と縦横の中央に、サイズハンドルが表示されます。

● カーソルはデザインのテーマで設定された位置に表示されます。

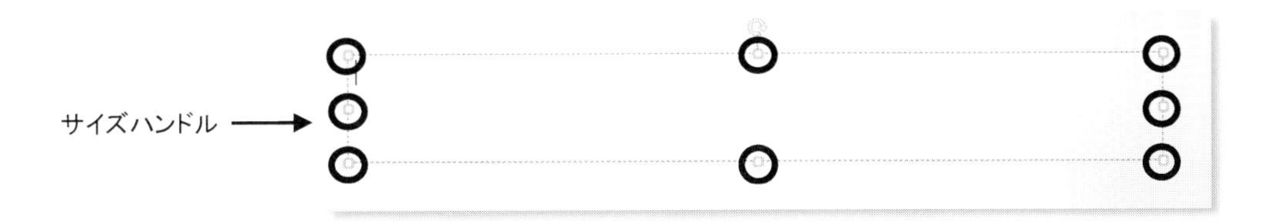

図 4-8 プレースホルダーの選択

② プレースホルダーを削除します。

外枠をクリックして［Delete］キーを押すと、プレースホルダーごと削除されます。［元に戻す］ボタンで、再表示します。

③ プレースホルダー内に、課題作成者の「○○大学」、「□□学部」、「学籍番号」、「氏名」を入力して、フォントサイズを［28］pt、フォントの色を［黒］に変更します。

※ 「」は、入力しません。

4.2.2 プレースホルダーのサイズ変更

入力した文字列に合わせて、プレースホルダーのサイズを変更しましょう。

① プレースホルダーのサイズハンドルにマウスポインターをポイントします。

マウスポインターが双方向の矢印［↔］に切り替わります（図 4-9）。

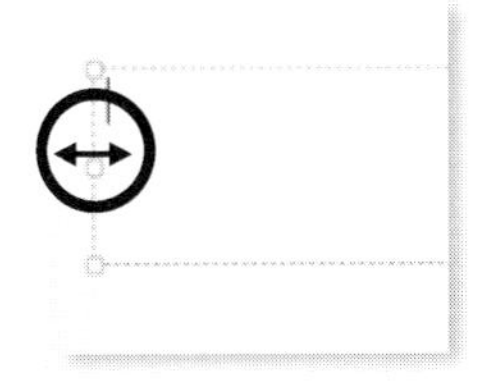

図 4-9 プレースホルダーのサイズ変更

② サイズ変更したい位置までドラッグします。

4.2.3　プレースホルダーの移動

プレースホルダーの枠線上にマウスポインターをポイントします。

① マウスポインターが四方向矢印［✥］で表示されます（図4-10）。

② マウスの左ボタンをクリックして、移動したい位置までドラッグします。

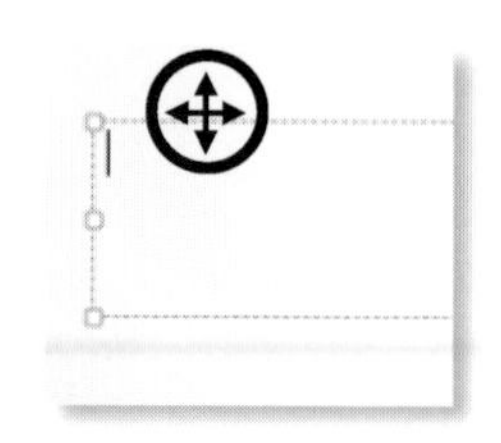

図4-10 プレースホルダーの移動

例題5　　【使用ファイル：PP 04 例題.pptx スライド 1】

サブタイトルのプレースホルダーに、次の操作をしなさい。

① 文字列のフォントとサイズを、背景のデザインに合わせて変更します。

② プレースホルダーの配置とサイズを、文字列に合わせて変更します。

4.3　ワードアートと図形の利用

文字列に効果をつけて、デザイン性のある表示にする機能を**ワードアート**といいます。ワードアートや図形を配置し、視覚効果の高いスライドを作成しましょう。

4.3.1　ワードアートの挿入

ワードアートとは、文字に影、回転、変形などの効果を挿入する機能です。

プレースホルダーに入力済みの文字列へ、ワードアートを挿入します。

例題6　　【使用ファイル：PP 04 例題.pptx スライド 1】

1枚目スライドのタイトルの文字列に、ワードアートの設定をしましょう（図4-11）。

図4-11　1枚目スライド<完成例>

① 効果を挿入したい文字列を選択します。

② ［描画ツール］→［書式］タブ →［ワードアートのスタイル］グループ →［その他］▼(図 4-12)

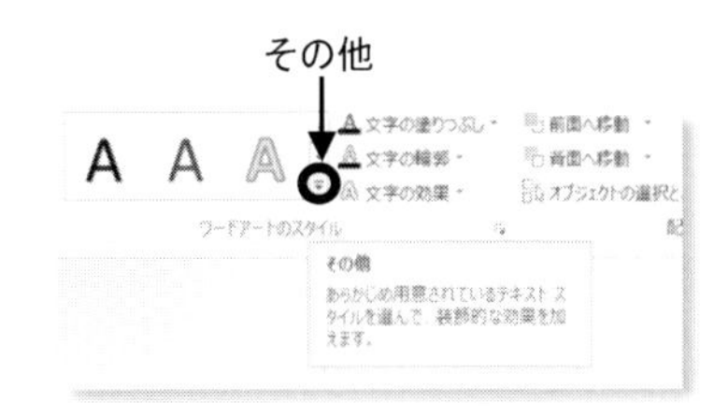

図 4-12　ワードアートのスタイル

③ クイックスタイルの一覧から任意のスタイルを選択(図 4-13)

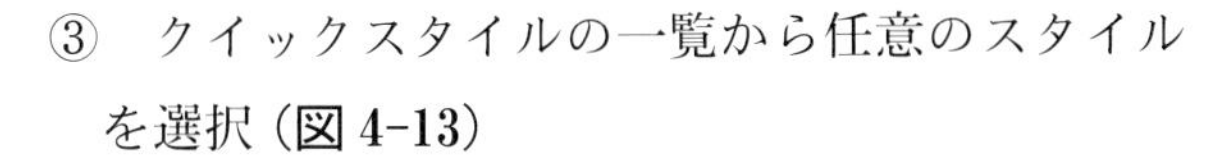

一覧にマウスをポイントすると、スライド上で文字の外観を確認することができます。

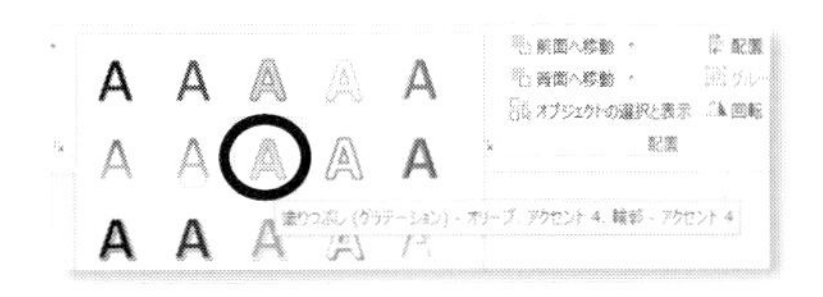

図 4-13　ワードアートの挿入

④ ワードアートの文字サイズを変更します。
［ホーム］タブ →［フォント］グループ →［フォントサイズ］→［60］pt

⑤ ワードアートの文字の色を変更します(図 4-14)。
［描画ツール］→［書式］タブ →［ワードアートのスタイル］グループ →［文字の塗りつぶし］→ 任意の色を選択

※タイトルの色は背景とのバランスが特に重要です。
1.2.2 色の効果を参照して、配色を確認しましょう。

図 4-14　ワードアートの文字の色

4.3.2　図形の作成

図形を効果的に挿入して、インパクトのあるスライドを作成します(図 4-15)。

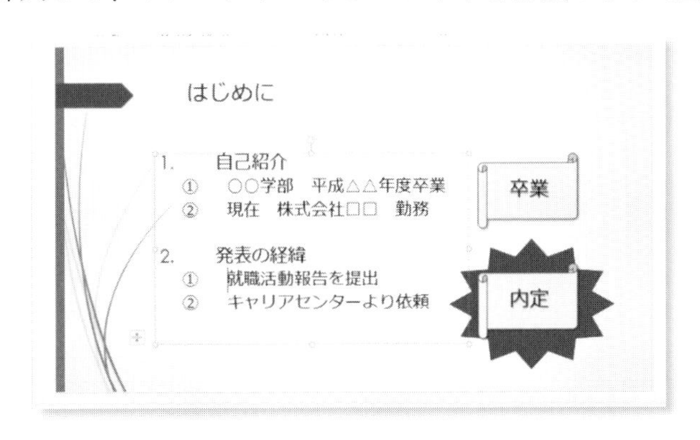

図 4-15　2 枚目スライド<完成例>

例題 7　　【使用ファイル：PP 04 例題.pptx　スライド 2】

2 枚目のスライドに次の図形を挿入しましょう。

先にプレースホルダー内の文字サイズを変更し、スライドの右側に余白を作りましょう（**図 4-16**）。

① 本文の文字サイズを［24］pt に変更 → 空白行を挿入 → プレースホルダーのサイズを変更

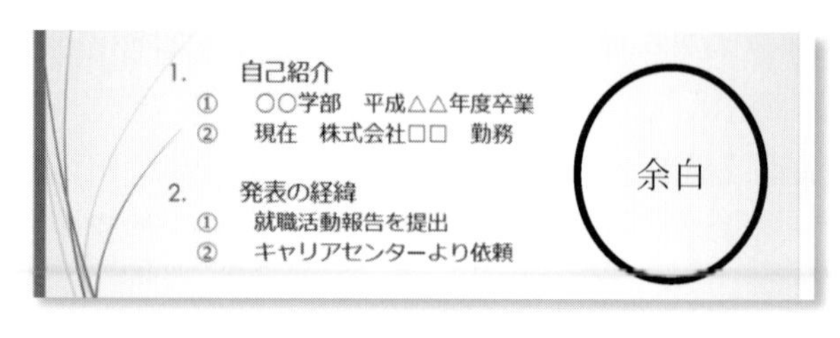

図 4-16　プレースホルダーの調整

② 挿入する図形を選択します（**図 4-17**）。
［挿入］タブ →［図］グループ →［図形］ボタン →［星とリボン］→［スクロール：横］を選択

図 4-17　図形の選択

③ 図形を配置する位置の左上から右下にドラッグ（**図 4-18**）。

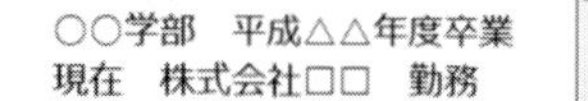

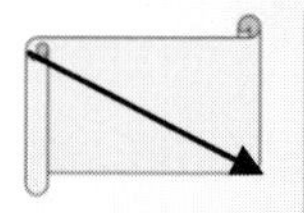

図 4-18　図形の描画

④ 図形の色を変更します（**図 4-19**）。
［描画ツール］→［書式］タブ →［図形のスタイル］グループ →［図形の塗りつぶし］→ 薄いトーンの色から選択

図 4-19　図形の塗りつぶし

⑤ 図形内に表示する文字の色を変更します（**図 4-20**）。
［描画ツール］タブ →［書式］タブ →［ワードアートのスタイル］グループ →［文字の塗りつぶし］→ 濃いトーンの色から選択

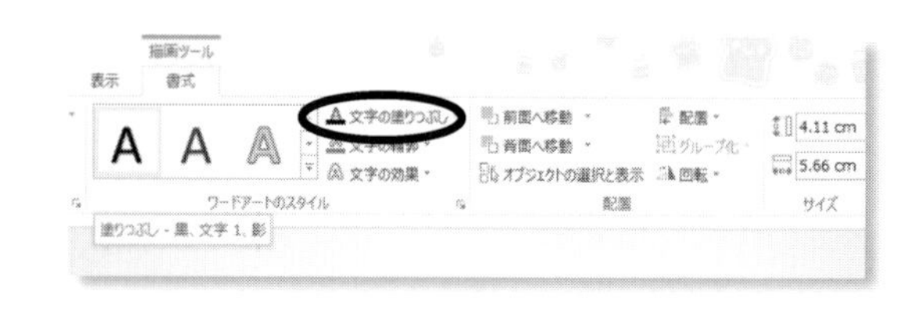

図 4-20　文字の塗りつぶし

⑥ 文字列を入力して、文字サイズを変更します（**図 4-21**）。
図形を選択した状態で「卒業」と入力 → 文字のサイズを［32］pt に変更

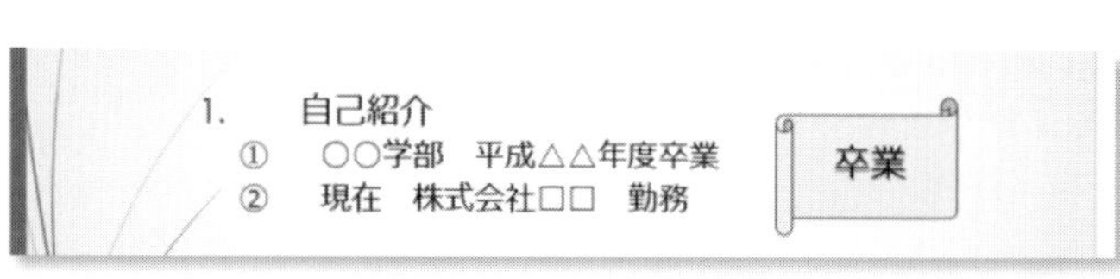

図 4-21　図形内の文字列

⑦　図形に効果の設定をします（**図 4-22**）。

［描画ツール］→［書式］タブ →［図形のスタイル］グループ →［図形の効果］→［影］→［オフセット（斜め右下）］を選択

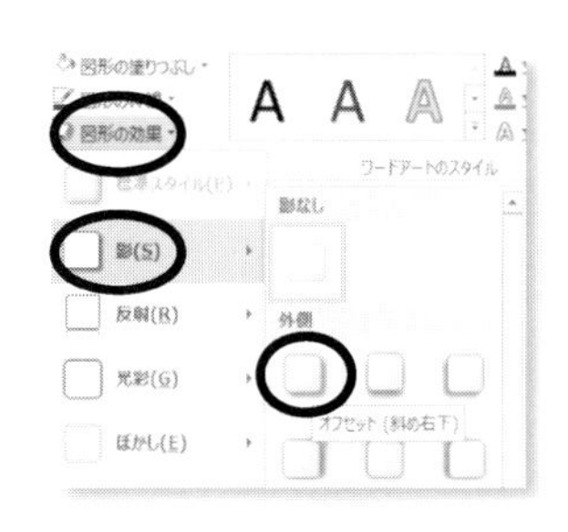

図 4-22　図形の効果

⑧　図形をコピーして、「内定」と入力します（**図 4-23**）。

コピーする図形にマウスポインターを合わせる → 四方向矢印［✥］が表示 → Ctrl キーを押しながらコピー先までドラッグ

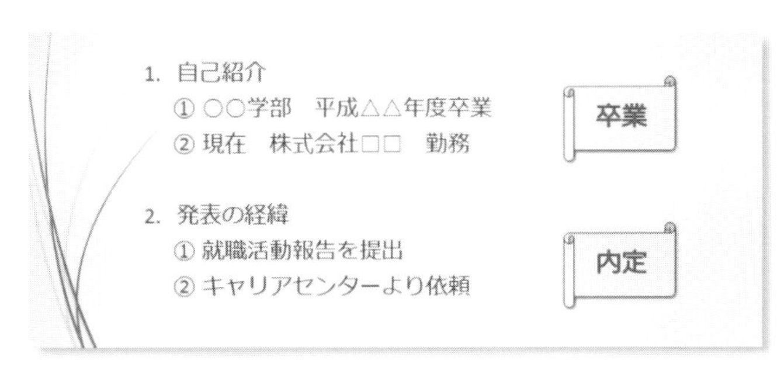

図 4-23　図形のコピー

4.3.3　図形の配置と重なり

複数の図形が重なっている場合は最初に描いた図形が一番下側（背面）に表示され、後に描いた図形が上側（前面）に表示されます。

重なりの順序を変更して、後に描いた図形を下側（背面）に表示します。

例題 8　【使用ファイル：PP 04 例題.pptx　スライド 2】

2 枚目スライドの図形の背面に別の図形を挿入しましょう。

①　重ねて表示したい図形の上に、背面に表示したい図形「星：12pt」を挿入します（**図 4-24**）。

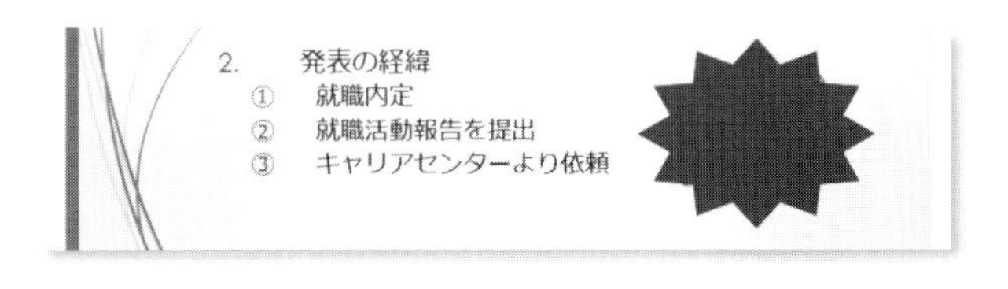

図 4-24　図形の重なり

②　配置の順序を変更します（**図 4-25**）。

［描画ツール］→［書式］タブ→［配置］グループ →［背面に移動］→［最背面へ移動］を選択

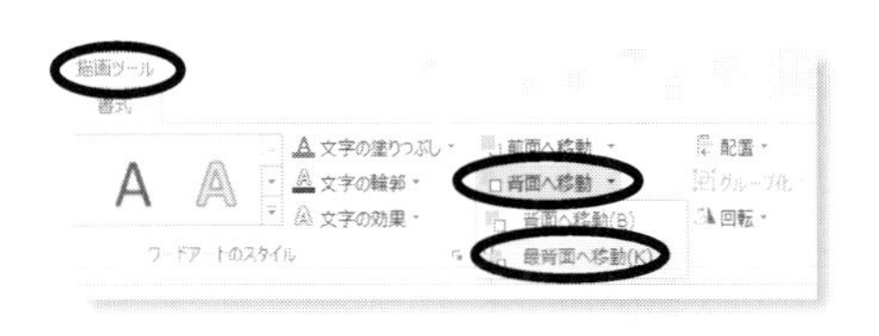

図 4-25　配置の順序

③　配置の順序が変更されて、図形が完成します（図4-26）。

④　ファイル名「就職活動.pptx」で保存します。

図4-26　図形の完成

4.4　演習課題

演習1

【使用ファイル：PP 04 演習.pptx/前章から継続の場合：販売会議.pptx　スライド1】

ファイルの1枚目スライドに、次の設定をします。

①　デザインのテーマを適用する。

②　1枚目のスライドにワードアートでタイトルを挿入する。

1行目40pt、2行目66pt「任意のワードアート」、3・4行目　游ゴシック24pt「太字」

③　ホームセンターのロゴマークを作成する。

図形を2種類以上組み合わせて自由なデザインで作成し、バランス良く配置します（図4-27）。

図4-27　プレゼンテーション「販売会議」1枚目<完成例>

④　ファイル名「販売会議.pptx」で保存しましょう。

第 5 章　表・グラフの挿入

スライドに具体的な情報を提示して、説得力のあるプレゼンテーション資料を作成します。発表のポイントが明確に伝わる表やグラフを挿入する方法について学びましょう。

5.1　表の利用

情報の要点を項目に分けて整理し、表の形式で挿入しましょう。
表の挿入機能を使うと列数と行数を指定するだけで、簡単に表を作成できます。

5.1.1　表の挿入

タイトルの下にあるコンテンツプレースホルダーに 2 列 4 行の表を挿入します。

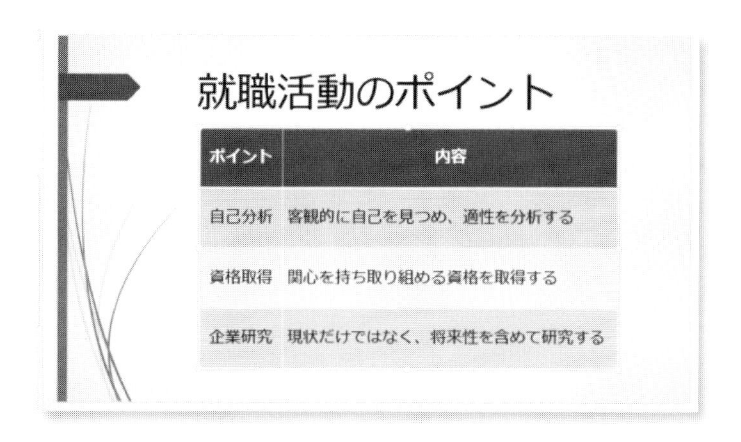

図 5-1　3 枚目スライド <完成例>

例題 1

【使用ファイル：PP 05 例題.pptx/前章から継続の場合：就職活動.pptx　スライド 3】
3 枚目のスライドに、次の表を作成しましょう（**図 5-1**）。
表を挿入 → 文字列を入力 → 列幅を文字列に合わせて変更の手順で作成します。

① コンテンツプレースホルダー内に 6 種類のコンテンツボタンがあります（**図 5-2**）。
左上の［表の挿入］ボタンをクリックします。

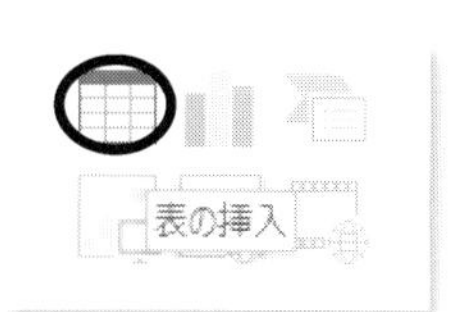

図 5-2　表の挿入

※表を挿入する場合、［挿入］タブ →［表の追加］ボタンを使うと不要なコンテンツプレスホルダーが残ります。タイトルと表をレイアウトする場合、［表の挿入］ボタンを利用するとバランスよく配置できます。

② 2列4行の表を挿入します。
列数［2］→ 行数［4］→［OK］（**図5-3**）

図5-3　列数と行数の指定

③ 2列4行の表が挿入されたら、左上のセルをクリックします（**図5-4**）。
セルの文字入力をしたら、Tab キーで右隣のセルへカーソルを移動します。
右端のセルで Tab キーを押すと、次の行の左端のセルにカーソルが移動します。

ポイント	内容
自己分析	客観的に自己を見つめ、適性を分析する
資格取得	関心を持ち取り組める資格を取得する
企業研究	現状だけではなく、将来性を含めて研究する

図5-4　表の文字入力

④ すべての文字列を入力したら、列幅を調整します（**図5-5**）。
列幅を変更する列の右罫線にマウスをポイント → マウスポインターが［✛］になったらダブルクリック

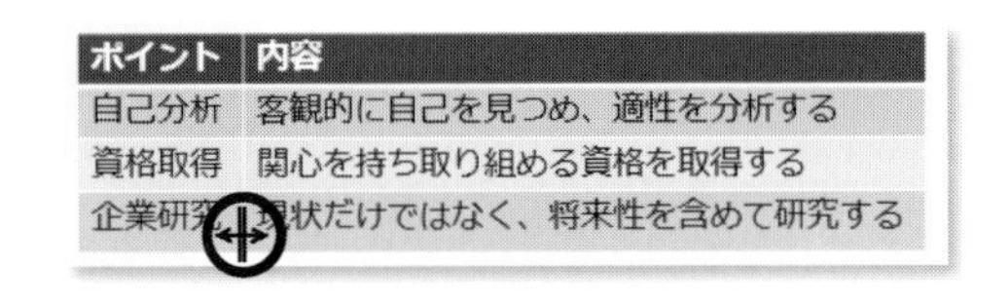

ポイント	内容
自己分析	客観的に自己を見つめ、適性を分析する
資格取得	関心を持ち取り組める資格を取得する
企業研究	現状だけではなく、将来性を含めて研究する

図5-5　列幅の調整

5.1.2　セルの書式

表全体のサイズや文字のフォントサイズを変更して、バランスの良い表にしましょう。

例題2　　　　　【使用ファイル：PP 05 例題.pptx　スライド3】

3枚目のスライドの表に次の変更をします。

① 表全体のサイズを変更します（**図5-6**）。
表の右下のサイズハンドル［□］にポイントして、右下方向にドラッグします。

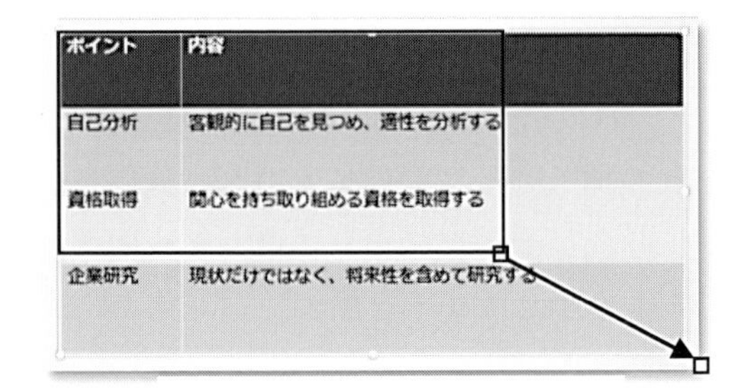

ポイント	内容
自己分析	客観的に自己を見つめ、適性を分析する
資格取得	関心を持ち取り組める資格を取得する
企業研究	現状だけではなく、将来性を含めて研究する

図5-6　表サイズの変更

② 表の外枠にサイズハンドル［□］が表示された状態で、文字を変更します（**図5-7**）。
［ホーム］タブ →［フォント］グループ →［フォントサイズ］ボタン →［24］pt

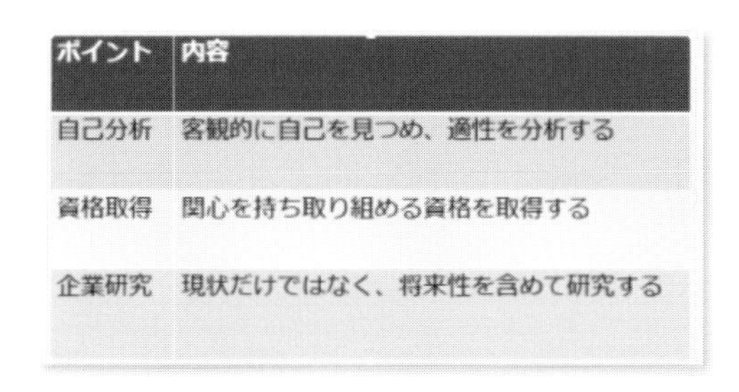

ポイント	内容
自己分析	客観的に自己を見つめ、適性を分析する
資格取得	関心を持ち取り組める資格を取得する
企業研究	現状だけではなく、将来性を含めて研究する

図 5-7　表の文字サイズ

③　表内すべての文字列を、セルの高さの上下中央揃えにします（**図 5-8**）。

　［表ツール］→［レイアウト］タブ →［配置］グループ →［上下中央揃え］ボタン

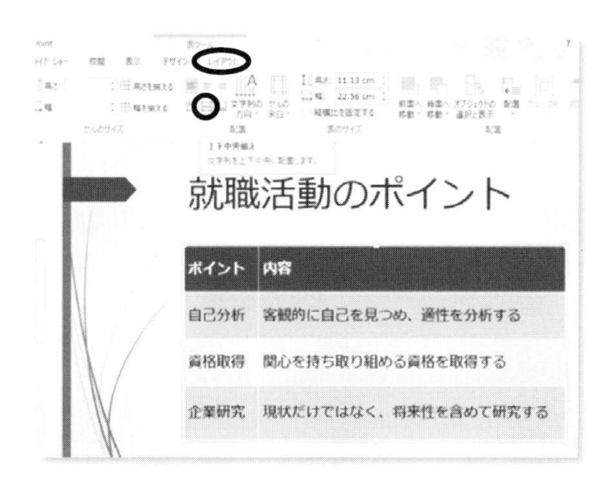

図 5-8　上下中央揃え

④　表内の 1 行目の文字列を、セルの幅の左右中央揃えにします（**図 5-9**）。

　表の 1 行目の左端にマウスをポイントして［➡］の状態で、クリックして反転させます。

　［表ツール］→［レイアウト］タブ →［配置］グループ →［中央揃え］ボタン

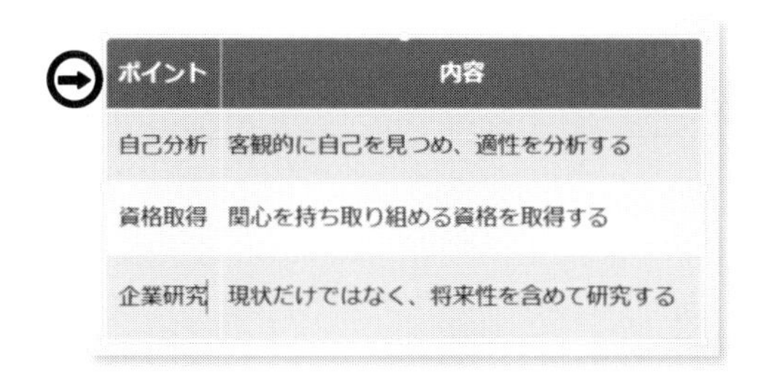

ポイント	内容
自己分析	客観的に自己を見つめ、適性を分析する
資格取得	関心を持ち取り組める資格を取得する
企業研究	現状だけではなく、将来性を含めて研究する

図 5-9　左右中央揃え

⑤　表内の 1 列目の文字列を、セルの幅の左右中央揃えにします（**図 5-10**）。

　表の 1 列目の上端でマウスをポイントして［⬇］の状態で、クリックして④と同様に左右中央揃えにします。

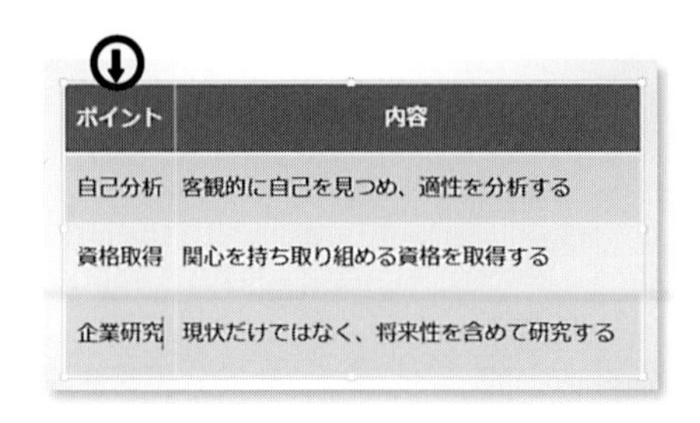

図5-10　列の左右中央揃え

5.1.3　表のデザイン

表のスタイル機能を使って、表のデザインを変更します。

表のスタイルはギャラリーというデザインの組み合わせから選択します。

例題3　　【使用ファイル：PP 05 例題.pptx　スライド3】

3枚目のスライドの表に、ギャラリーから任意のスタイルを設定しなさい。

① ［表ツール］→［デザイン］タブ →［その他］▼をクリックします（**図5-11**）。

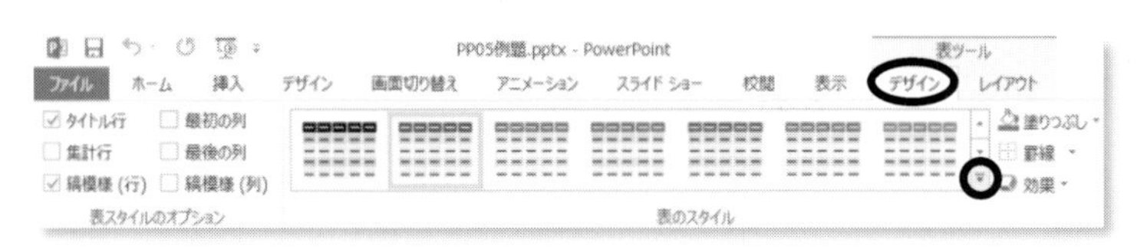

図5-11　表のデザイン

② 表のデザインを変更します（**図5-12**）。

表スタイルのギャラリーは［ドキュメントに最適なスタイル］、［淡色］、［中間］、［濃色］のグループに分かれています。

ギャラリー内のスタイル上にマウスをポイントして、表の内容やイメージに合うデザインをプレビューで確認してから選択します。

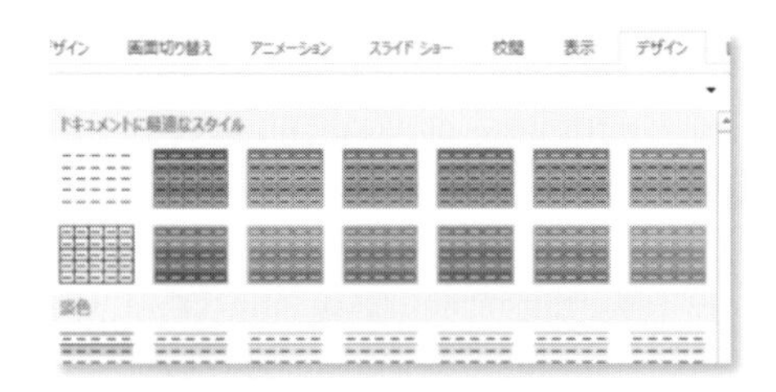

図5-12　表スタイルのギャラリー

5.2　グラフの利用

グラフを利用すると数値の全体的な傾向を視覚的に見せることができます。

プレゼンテーションにおいて最も有効なコンテンツの1つです。

5.2.1　グラフの挿入

グラフの挿入ではグラフの種類を選択し、表示されたサンプルのグラフとワークシートのデータを変更して、グラフを作成します。

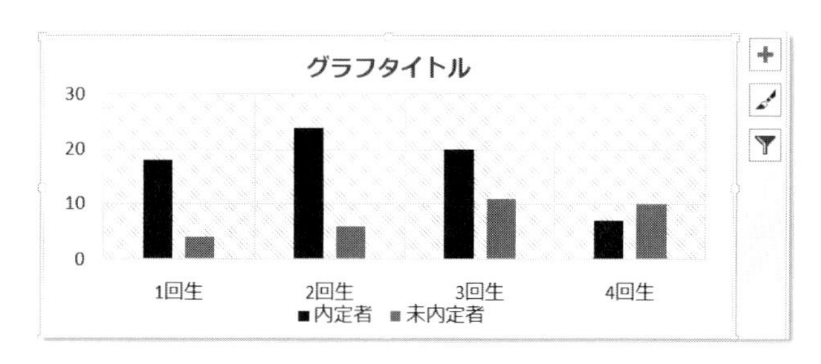

図 5-13　挿入グラフ見本

例題 4　【使用ファイル：PP 05 例題.pptx スライド 4】

4 枚目のスライドに次のグラフを作成しましょう (**図 5-13**)。

① コンテンツプレースホルダー内に 6 種類のコンテンツボタンがあります。

上中央の［グラフの挿入］ボタンをクリックします (**図 5-14**)。

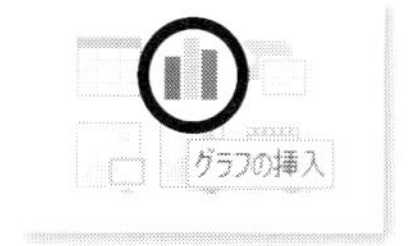

図 5-14　グラフの挿入

② グラフの種類を選択します (**図 5-15**)。

［すべてのグラフ］タブ → 縦棒［集合縦棒］→［OK］

図 5-15　グラフの選択

③ ［Microsoft PowerPoint 内のグラフ］のウィンドウが表示されます (**図 5-16**)。

ワークシートとスライドにはサンプルのデータとグラフが表示されています。

	A	B	C	D	E
1		系列 1	系列 2	系列 3	
2	分類 1	4.3	2.4	2	
3	分類 2	2.5	4.4	2	
4	分類 3	3.5	1.8	3	
5	分類 4	4.5	2.8	5	

図 5-16　［Microsoft PowerPoint 内のグラフ］

④　**図5-17**を参照してA列からC列にデータを入力し、不要なD列をグラフの範囲から除きます。

D列右下にマウスをポイントして、C列の右下までドラッグします。

D列のデータは削除しなくても、グラフには影響ありません。

	A	B	C	D
1		内定者	未内定者	系列3
2	1回生	18	4	2
3	2回生	24	6	2
4	3回生	20	11	3
5	4回生	7	10	5
6				

図5-17　データ入力とグラフ範囲の変更

⑤　ワークシート右上の［閉じる］ボタン☒をクリックし、新しいグラフを表示します。

※もう一度［Microsoft PowerPoint内のグラフ］ウィンドウを表示する場合は［グラフツール］→［デザイン］タブ →［データの編集］をクリックします。

5.2.2　グラフの編集

グラフにスタイルと要素を追加しましょう（**図5-18**）。

編集中はグラフエリアを選択し、外枠にハンドルが表示された状態で操作します。

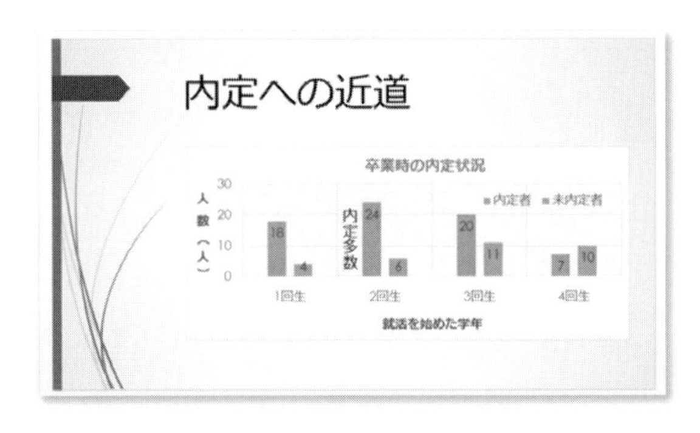

図5-18　4枚目スライド<完成例>

例題5　　【使用ファイル：PP 05 例題.pptx　スライド4】

4枚目のスライドのグラフの色や背景の変更をしましょう。

グラフスタイル機能は、グラフの色や背景の色などをまとめて変更できます。

①　グラフのスタイルを変更します（**図5-19**）。

［グラフツール］→［デザイン］タブ →［グラフスタイル］グループ →［スタイル7］

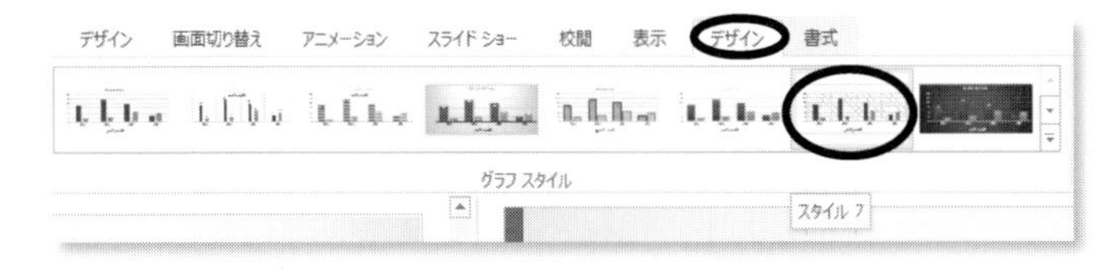

図5-19　グラフスタイル一覧

② グラフの色を変更します（**図 5-20**）。
［グラフツール］→［デザイン］→［色の変更］→ 任意の色を選択

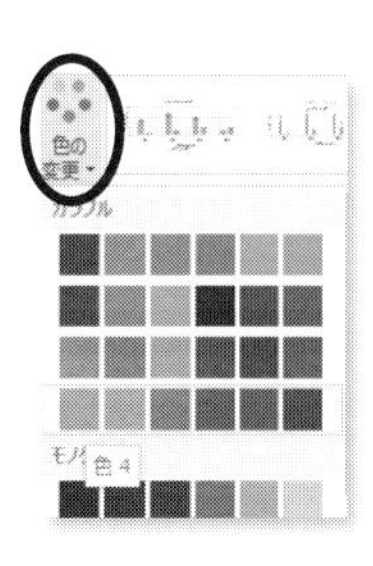

図 5-20　色の変更

例題 6　　【使用ファイル：PP 05 例題.pptx　スライド 4】

グラフの要素を編集して、見やすく配置しましょう（**図 5-21**）。

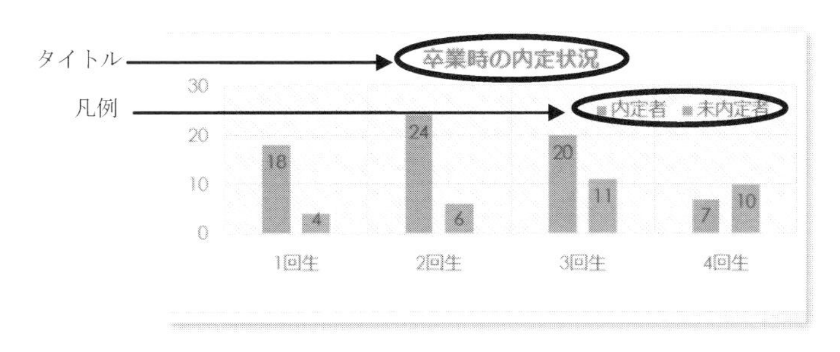

図 5-21　グラフ要素の編集

① グラフ全体のフォントサイズを変更します。
［ホーム］タブ →［フォント］グループ →［フォントサイズ］→［20］pt

② タイトルを入力します。
グラフタイトルの文字をドラッグして反転させ、「卒業時の内定状況」と入力します。

③ 凡例の移動をします。グラフ下部の凡例エリアにポイントし、右上へドラッグします。

例題 7

グラフの縦軸と横軸に、軸ラベルを挿入しましょう（**図 5-22**）。

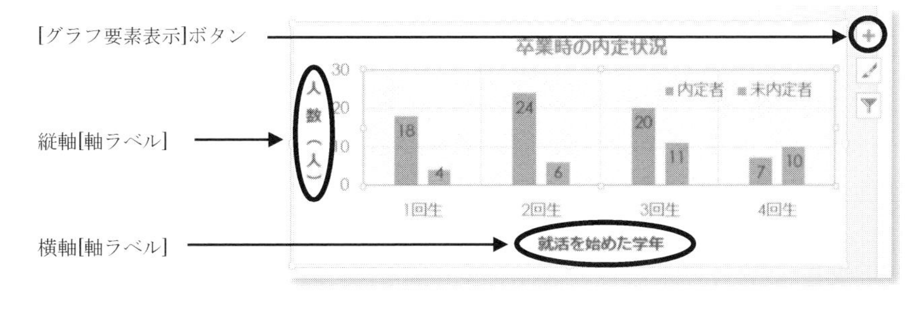

図 5-22　グラフ完成例

① 軸ラベルを挿入します（**図5-23**）。
［グラフ要素表示］ボタン ＋ → ［軸ラベル］▶ → ［その他のオプション］

図5-23　軸ラベルの追加

② 縦軸の軸ラベルを縦向きに挿入します（**図5-24**）。
　グラフ上の縦軸［軸ラベル］をクリック → ［軸ラベルの書式設定］作業ウィンドウ → ［サイズとプロパティ］ボタン → ［文字列の方向］▼ → ［縦書き（半角文字含む）］を選択

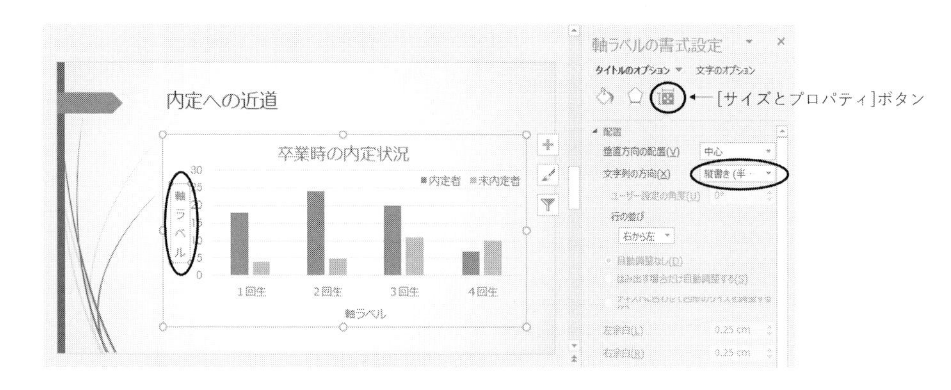

図5-24　軸ラベルの書式設定

③ 縦軸の［軸ラベル］をドラッグ → 「人数（人）」と入力
④ 横軸の［軸ラベル］を挿入しドラッグ → 「就活を始めた学年」と入力

One Point

プロットエリア

　グラフそのものが描かれてるエリアを「**プロットエリア**」といいます。
　挿入した軸ラベルの文字が軸目盛の数値と重なってしまった場合、プロットエリアの大きさを調整しましょう（**図5-25**）。
　グラフのプロットエリアを選択 → コーナーにポイント → ドラッグ
※プロットエリアが正しく選択できていれば、プロットエリアと表示されます。

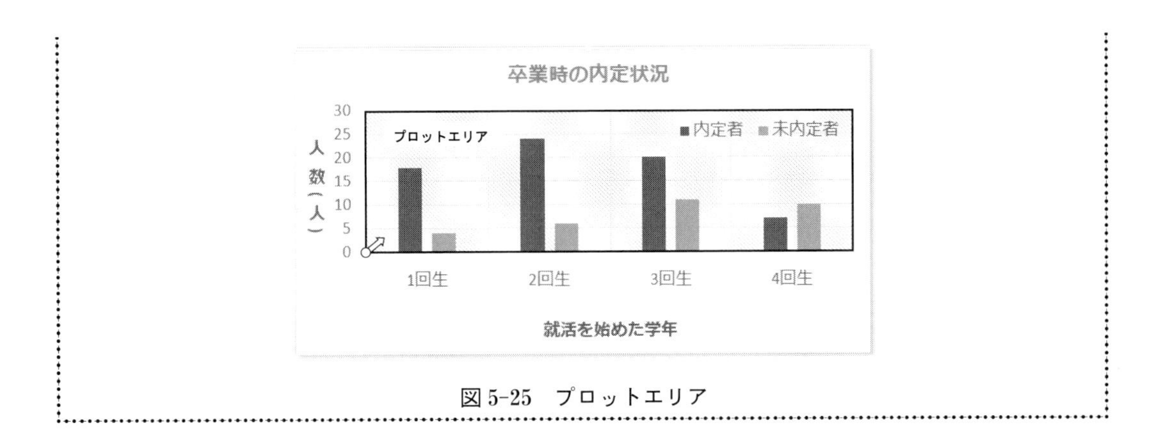

図 5-25　プロットエリア

5.3　テキストボックスの利用

図形のテキストボックスを利用し、自由な位置に文字を入力します（図 5-26）。

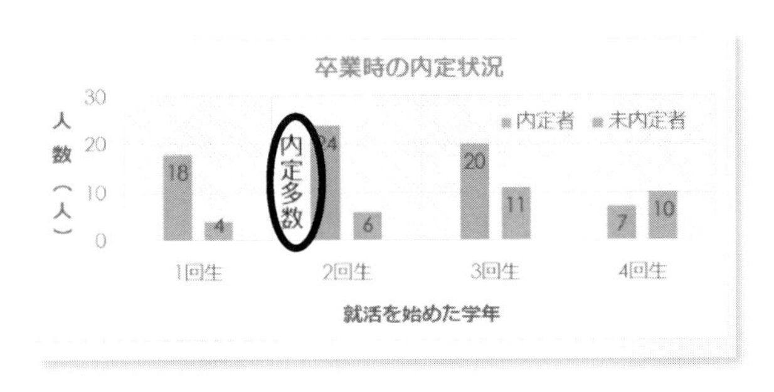

図 5-26　テキストボックスの挿入

例題 8　　【使用ファイル：PP 05 例題.pptx　スライド 4】

グラフ内に［縦書きテキストボックス］を作成します（図 5-27）。

① ［挿入］タブ → ［図形］グループ → ［基本図形］ → ［縦書きテキストボックス］

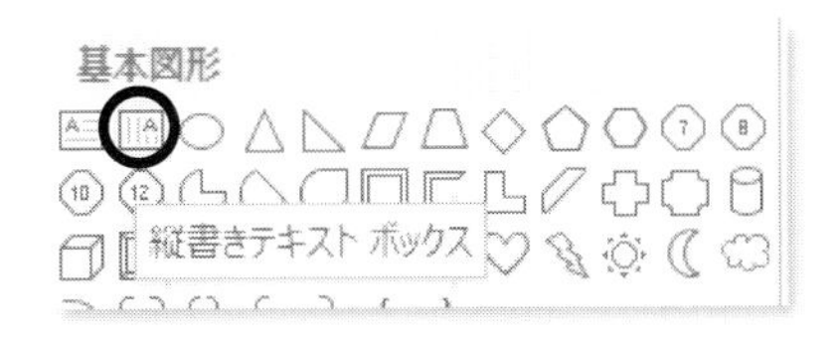

図 5-27　縦書きテキストボックス

② テキストボックスを配置します。
　2 回生の内定者の縦棒グラフの左側に、左上から右下にドラッグ

③ 「内定多数」と入力し、外枠をクリックして、文字サイズを変更します。
　［ホーム］タブ → ［フォント］グループ → ［フォントサイズ］ → ［24］pt

④ ファイル名「就職活動.ppx」で保存しましょう。

5.4　演習課題

演習1

【使用ファイル：PP 05 演習.pptx/前章から継続の場合：販売会議.pptx　スライド 2】

開いたファイルに次の設定をしましょう。

①　2枚目のスライドに次の表を作成し、任意のデザインテーマを設定します（**図 5-28**）。

前月売上実績分析表

部門	目標(万円)	売上金額(万円)	売上達成率
用具・素材	50	52	104%
電気・インテリア	60	68	113%
家庭日用品	40	41	103%
園芸・エクステリア	30	28	93%
カー・アウトドア	20	17	85%
合計	200	206	103%

図 5-28　2枚目スライド<完成例>

②　3枚目のスライドに次の円グラフを作成しなさい（**図 5-29**）。

- **図 5-28**「前月売上実績分析表」の部門別の売上金額のデータをもとに 2-D 円グラフを作成します。
- 電気・インテリア部門の売上データに任意のパターンを設定します。
- データラベルを挿入します。
  ［グラフ要素表示］ボタン ＋ →［データラベル］▶ →［その他のオプション］→［ラベルオプション］→［ラベルの内容］→［分類名］［パーセンテージ］［引き出し線を表示する］にチェック →［区切り文字］→（改行）を選択 →［ラベルの位置］→［外部］にチェック → データラベルを見やすい位置に移動します。

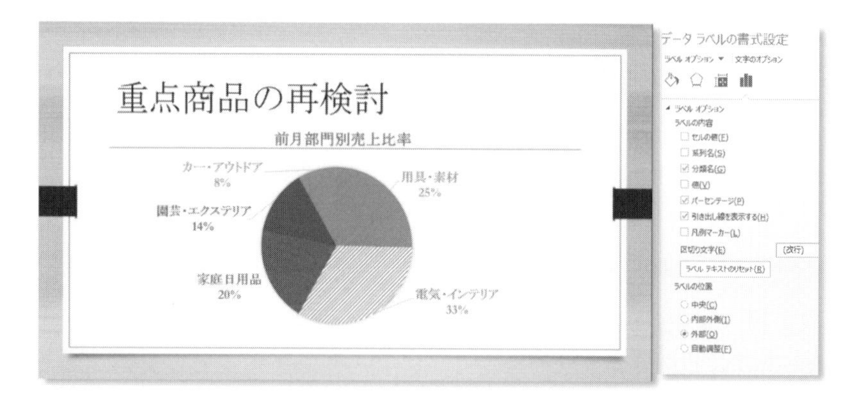

図 5-29　3枚目スライド<完成例>

③　ファイル名「販売会議.pptx」で保存しましょう。

第 6 章 図・画像の挿入

図・画像を用いると文字だけでは表現できない情報をイメージで伝えることができます。適切な図・画像を挿入して、聞き手の印象に残るスライドを作成しましょう。

6.1 SmartArt の利用

SmartArt グラフィックとデザイン性の高い図の組み合わせを挿入する機能です。

6.1.1 SmartArt の挿入

箇条書きで入力したシンプルな文字列を SmartArt グラフィックに変換しましょう。

例題 1

【使用ファイル：PP 06 例題.pptx/前章から継続の場合：就職活動.pptx スライド 5】

5 枚目のスライドの箇条書きを、次の SmartArt グラフィックに変換します（**図 6-1**）。

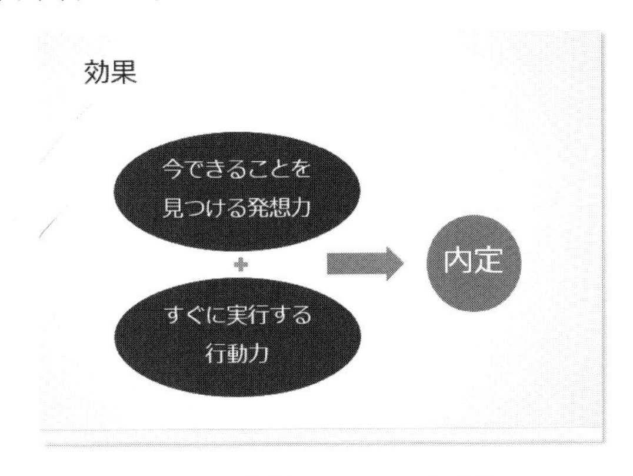

図 6-1 5 枚目スライド<完成例>

① 箇条書きのプレースホルダーを選択します（**図 6-2**）。
箇条書きのプレースホルダーが枠線で表示されます。

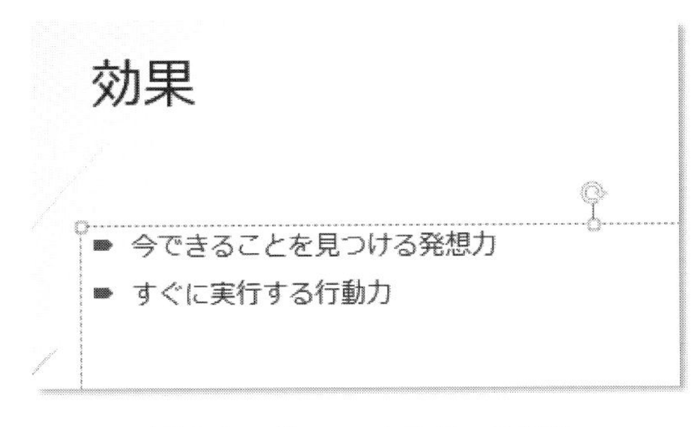

図 6-2 プレースホルダーの選択

② SmartArt グラフィックに変換します（**図 6-3**）。

［ホーム］タブ → ［段落］グループ → ［SmartArt グラフィックに変換］ボタン → ［その他の SmartArt グラフィック］

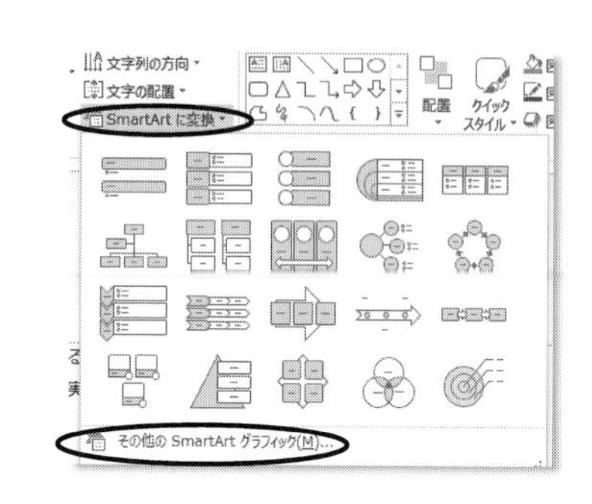

図 6-3　その他の SmartArt グラフィック

③ SmartArt グラフィックの種類を選択します（**図 6-4**）。

［SmartArt グラフィックの選択］ダイアログボックス → ［手順］ → ［縦型の数式］ → ［OK］ → 2 行の箇条書きが文字入りの図形に変換

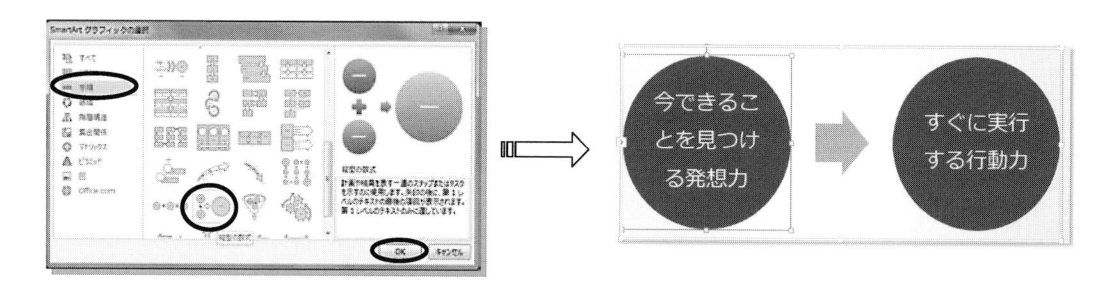

図 6-4　SmartArt グラフィックの選択と変換

④ 文字入りの図形を追加します（**図 6-5**）。

SmartArt グラフィック内テキストウィンドウの文末をクリック → ［Enter］ → 「内定」と入力

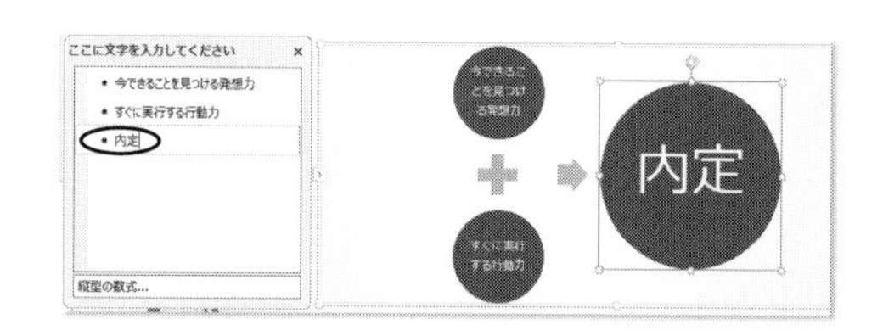

図 6-5　SmartArt のテキストウィンドウ

⑤ 個々の図形のサイズをバランスよく変更します（**図 6-6**）。2 つの図形を同じサイズに変更する場合は Shift キーを使います。

左上の図形をクリック → 左下の図形を Shift キーを押しながらクリック → いずれかの図形の外枠のコーナーにあるサイズハンドルにポイント → ドラッグして横長の楕円になるようにサイズを変更

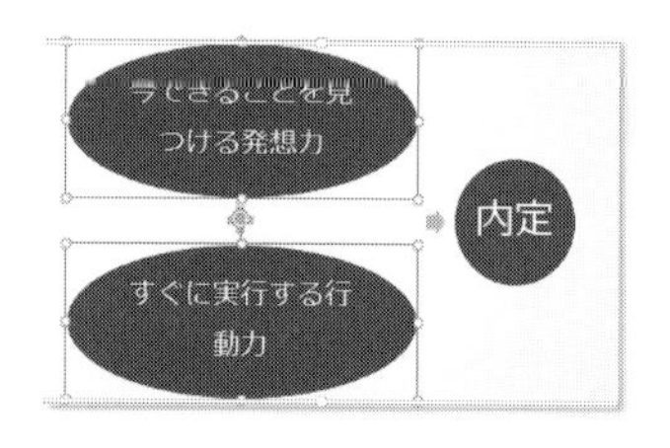

図 6-6　図形のサイズ変更後

⑥ 単語の途中で改行している場合は、単語の先頭で図形内改行をします（**図 6-7**）。

テキストウィンドウの「今できることを」の右をクリック → Shift キー＋ Enter キー

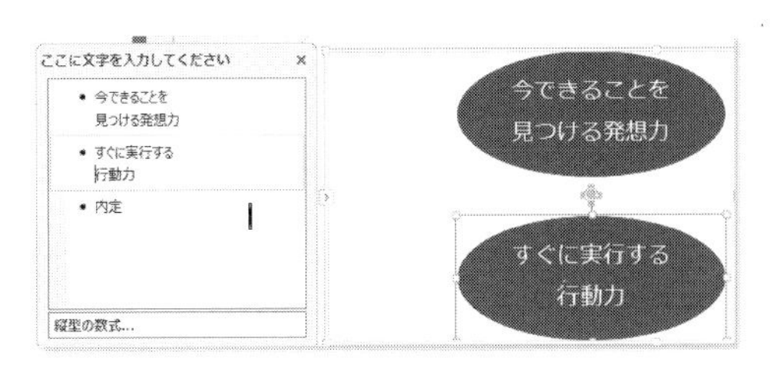

図 6-7 図形内改行

⑦ 右の円は Shift キーを押しながら中心に向かってドラッグし、正円のまま小さくする。矢印のサイズを変更して、バランスのよい位置に移動する。

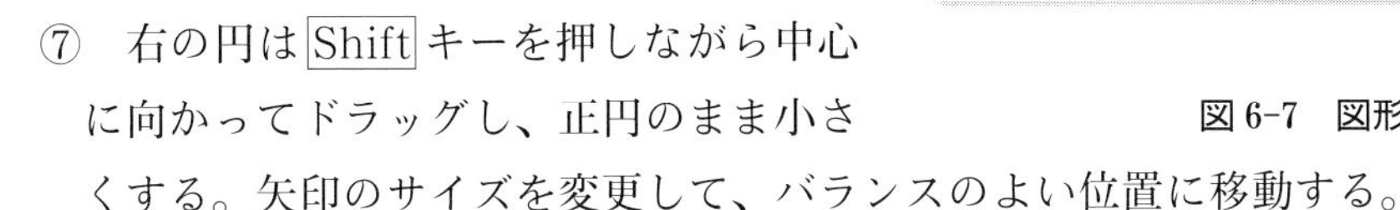

One Point

図形内改行

図形内の文字列が複数行で表示される場合は、改行位置が単語や文節の切れ目になるように調整しましょう。

テキストウィンドウの文字列を Enter キーのみで改行すると、［Enter］位置以降の文字列が同じ形状の新しい図形に分かれて表示されます。

Shift キー＋ Enter キーは、段落内で改行するため、同じ図形の中で改行できます。

6.1.2 SmartArt の種類

SmartArt グラフィックは様々な種類のレイアウトがあり、用途別のカテゴリーに分類されています（**表 6-1**）。

表 6-1 SmartArt グラフィックの分類

カテゴリー	用　途	主な種類
リスト	連続性のない情報	カード型リスト
手順	順序のあるプロセス	基本ステップ
循環	元に戻るプロセス	基本の循環
階層構造	組織図やツリー構造	組織図
集合関係	要素間の比較や関連性	バランス
マトリックス	縦横２×２の４領域に分類される関係	基本マトリックス
ピラミッド	最上部または最下部に頂点がある関係	基本ピラミッド
図	画像と図の組み合わせ	アクセント付きの図

例題 2　　【使用ファイル：PP 06 例題.pptx スライド 5】

上書き保存をしてから、5 枚目のスライドの SmartArt グラフィックを別の種類に変換してみましょう。

リアルタイムプレビューで確認して、最適な種類を選択します。

① SmartArt グラフィック内をクリック

② レイアウトの一覧を表示します。

［SmartArt ツール］→［デザイン］タブ →［レイアウト］グループ →［その他］▼ →［その他のレイアウト］→ 任意のレイアウトを選択

③ ［元に戻す］ボタンで、変更前に戻します。

6.1.3 スタイルの変更

図形の色や形などのスタイルを変更します。

スライドデザインとのバランスや文字の見やすさを重視してスタイルを選択しましょう。

例題 3　　【使用ファイル：PP 06 例題.pptx スライド 5】

5 枚目のスライドに挿入した SmartArt グラフィックのスタイルを変更しなさい。

① SmartArt グラフィック内をクリック

② スタイルの一覧を表示します（**図 6-8**）。

［SmartArt ツール］→［デザイン］タブ →［SmartArt のスタイル］グループ →［その他］▼ → 任意のスタイルを選択

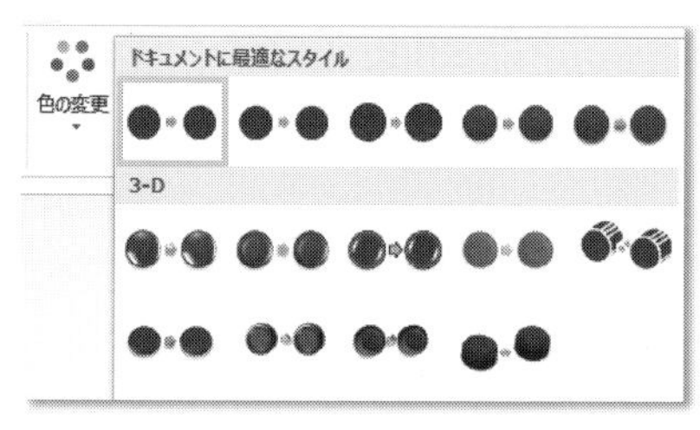

図 6-8　スタイルの変更

6.2 画像の挿入

スライドの内容をイメージで伝えたいとき、適切な画像を挿入すると効果的です。

聞き手の関心を引きつける、画像の挿入方法を学びます。

6.2.1 オンライン画像の挿入

オンライン上にある画像を検索して挿入しましょう。

例題 4　　【使用ファイル：PP 06 例題.pptx スライド 6】

6 枚目のスライドにオンライン画像を挿入します（**図 6-9**）。

※完成例の画像はオンライン画像ではなく、図形機能で作成したオリジナルデザインです。

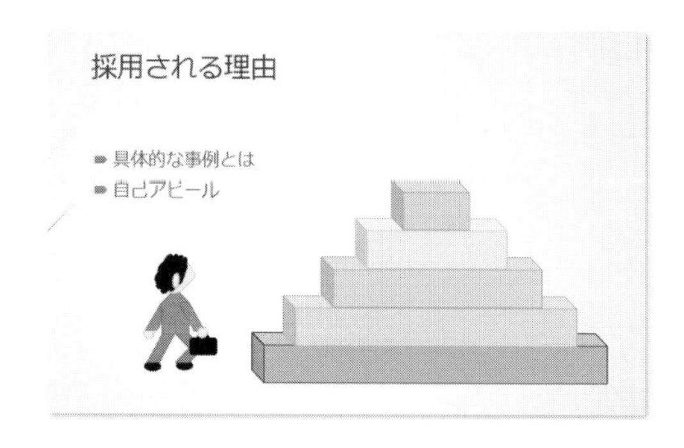

図 6-9　6 枚目スライド＜完成例＞

① 画像の挿入画面を表示して、画像を検索します（**図 6-10**）。

［挿入］タブ →［画像］グループ →［オンライン画像］ボタン →［検索キーワード］ボックスに「ビジネス　イラスト」と入力しましょう。

※目的のキーワードの次に「イラスト」と入力しておくとファイルサイズの大きい写真を候補からはずして検索できます。

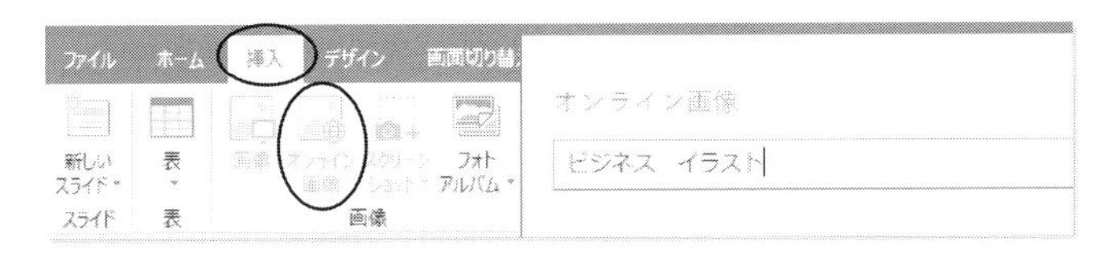

図 6-10　オンライン画像の挿入

② 画像を挿入します（**図 6-11**）。

任意の画像を選択 →［挿入］ボタン

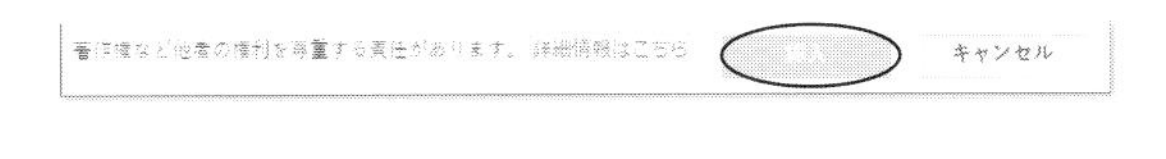

図 6-11　検索画面の［挿入］ボタン

③ 挿入したイラストをスライドの左下に移動し、サイズを変更します。

④ 「階段」で検索した画像を挿入し、スライドの右に移動しサイズを変更します。

コーヒーブレイク

オンライン画像の検索について

オンライン画像での検索結果は、クリエイティブ・コモンズ（CC）によってライセンスされた条件付き使用を認める画像が表示されます。

利用には著作権への配慮が必要です。

色や形状に変化を加えないよう留意しましょう。

※Word 編 p.100 コーヒーブレイク参照。

表 6-2　CC ライセンスのマークと条件の概要

マーク	条件の概要
	作品を作成した著作者を表示して利用する
	営利目的で利用しない
	元の作品を改変しない
	改変した作品も元の作品と同じ組み合わせの CC ライセンスで公開する

6.2.2 画像ファイルの挿入

デジタルカメラやスマートフォンで撮影した画像を挿入して、より具体的なイメージを伝えましょう。

撮影した画像はあらかじめ、パソコンに取り込んでおきます。

インターネットサイトの画像をコピーする場合は、著作権や肖像権に関する規約を確認して利用しましょう。

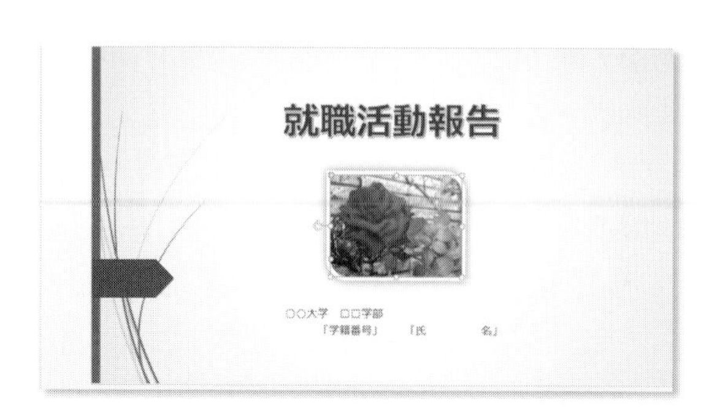

図 6-12　1 枚目スライド＜完成例＞

例題 5　【使用ファイル：PP 06 例題.pptx　スライド 1、PP 06 画像.png】

1 枚目のスライドに画像ファイルを挿入しましょう（**図 6-12**）。

① 画像を挿入するために全体の配置を変更します。

② 画像を挿入します。

［挿入］タブ → ［画像］グループ → ［画像］ボタン → ［図の挿入］ダイアログボックス → 画像ファイル PP06 画像.png（ファイルサイズ 868KB）を選択 → ［挿入］

③ スタイルを変更します。

［図ツール］→［書式］タブ →［図のスタイル］グループ →［その他］▼ → 任意のスタイルを選択

6.2.3　スクリーンショットの挿入

「**スクリーンショット**」を使うと、別に起動しているソフトウェアの画面などをそのまま画像として挿入できます。

例題 6

【使用ファイル：PP 06 例題.pptx　スライド 4】

4 枚目のスライドにスクリーンショットを挿入しなさい。

① スクリーンショットを貼り付けるスライドを表示します（**図 6-13**）。

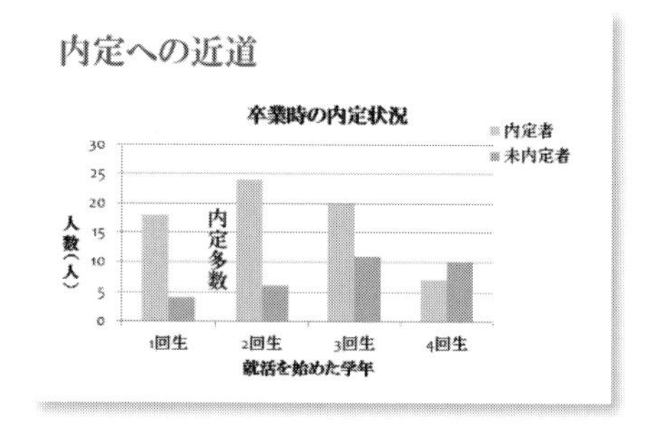

図 6-13　4 枚目スライド

② PowerPoint の画面を開いた状態で、スクリーンショットで挿入したいソフトウェアを起動します（**図 6-14**）。

ここでは、Excel ブック「PP 06 データ.xlsx」を開きます。

	A	B	C	D
1	就活開始学年	内定者数	未内定者数	合計
2	1回生	18	4	22
3	2回生	24	6	30
4	3回生	20	11	31
5	4回生	7	10	17
6	合計	69	31	100

図 6-14　Excel ブック「PP06 データ.xlsx」

③　タスクバーで PowerPoint を選択して表示し、スクリーンショットを挿入します（**図 6-15**）。

［挿入］タブ →［画像］グループ →［スクリーンショット］ボタン →［画面の領域］→「PP 06 データ.xlsx」の表の範囲をドラッグ

図 6-15　スクリーンショット

④　スライドの中央に指定した範囲の画像が貼り付けられます（**図 6-16**）。
画像のハンドルをドラッグし、グラフが隠れるように画像サイズを拡大します。

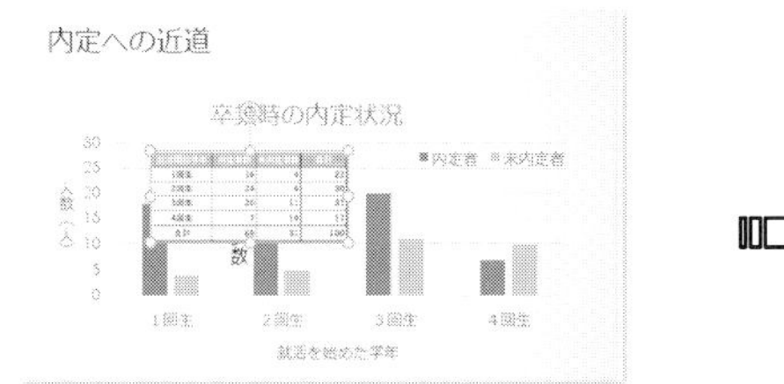

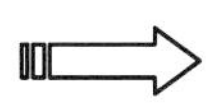

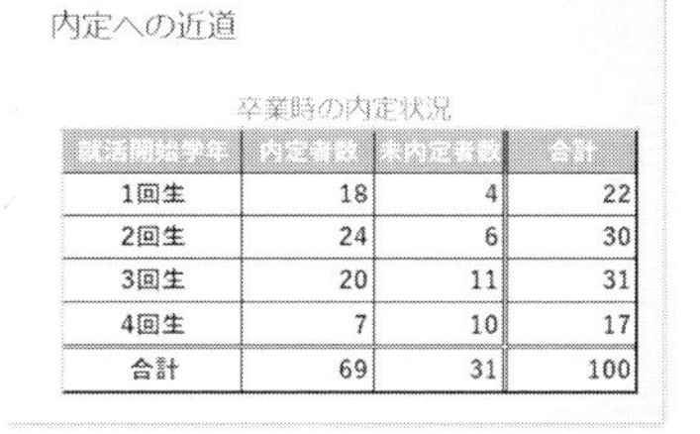

就活開始学年	内定者数	未内定者数	合計
1回生	18	4	22
2回生	24	6	30
3回生	20	11	31
4回生	7	10	17
合計	69	31	100

図 6-16　スクリーンショットの画像サイズ

One Point

スクリーンショットは別ファイルの画面をコピーする場合に便利ですが、同一ファイルの画面はコピーできません。キーボードのプリントスクリーン PrintScreen/PrtSc キーを利用すると、表示されている内容をすべて全画面でコピーすることができます。Alt キーと同時に押すと、アクティブになっているウィンドウ内だけをコピーできます。

6.3　画像の編集

画像を編集して表現力を引き出す方法について学びましょう（**図 6-17**）。

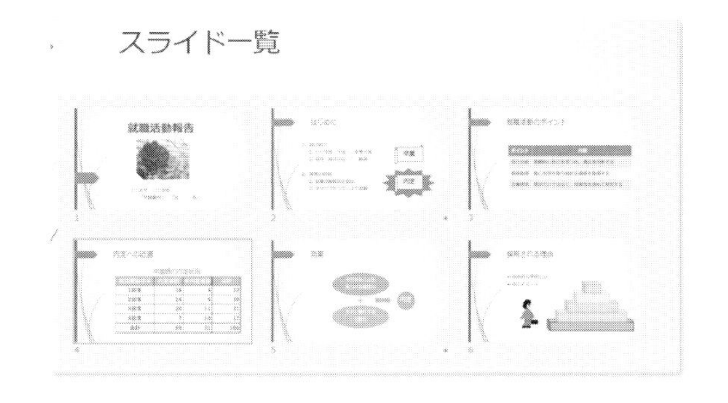

図 6-17　7 枚目スライド<完成例>

6.3.1　トリミング

画像から不要な部分を削除する編集を「**トリミング**」といいます。

トリミングされた画像は必要な部分だけが表示され、伝えたいイメージを強調できます。最終のスライドに全体が確認できるスライド一覧を作成しましょう。

例題7　　【使用ファイル：PP 06 例題.pptx　スライド7】

タイトル「効果」の7枚目スライドを削除し、新しいスライドに画像を貼り付けて、トリミングしましょう。

① スライド一覧画面をコピーします（**図6-18**）。

[表示] タブ → [プレゼンテーションの表示] グループ → [スライド一覧] ボタン → 7枚目スライドを Delete キーで削除 → PrintScreen キー

※表示されている画像イメージがクリップボードに保存されます。

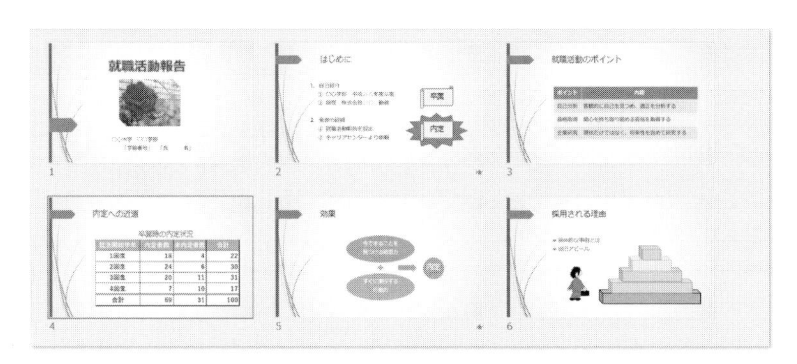

図6-18　スライド一覧＜完成例＞

② 最後のスライドの後に、新しいスライドを挿入します（**図6-19**）。

[表示] タブ → [プレゼンテーションの表示] グループ → [標準] ボタン → 6枚目のスライドを選択 → [ホーム] タブ → [スライド] グループ → [新しいスライド] ボタン

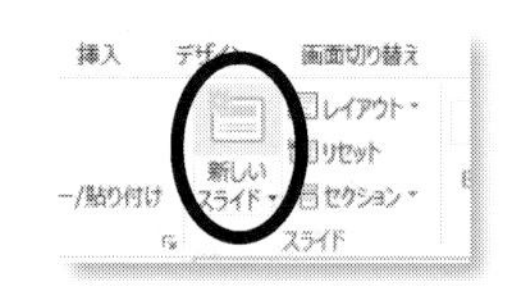

図6-19　新しいスライド

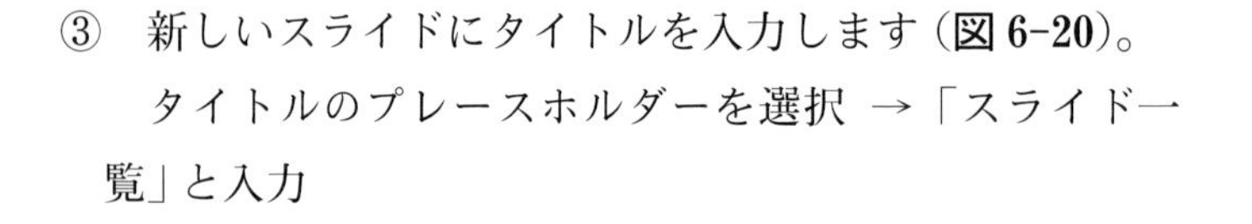

③ 新しいスライドにタイトルを入力します（**図6-20**）。

タイトルのプレースホルダーを選択 →「スライド一覧」と入力

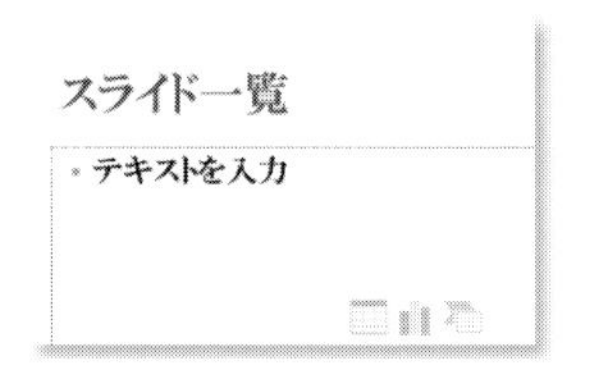

図6-20　タイトル入力

④ 画像を貼り付けます。

コンテンツのプレースホルダーを選択 → [ホーム] タブ → [クリップボード] グループ → [貼り付け] ボタン

⑤　貼り付けた画像をトリミングします（**図 6-21**）。

［図ツール］→［書式］タブ →［サイズ］グループ →［トリミング］ボタン → 画像の外枠にあるハンドルをドラッグして切り取り範囲を指定 → 画像以外の部分をクリック → トリミング完了 → 画像のサイズを調整

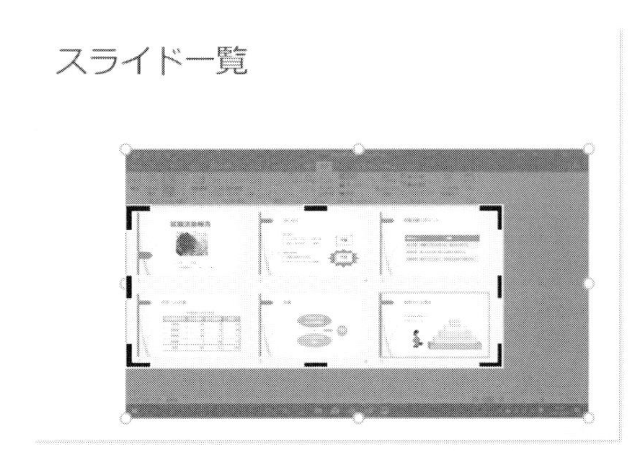

図 6-21　トリミング

6.3.2　効果の設定

図形の効果には影・反射・光彩・ぼかし・面とりなどがあり、一覧から選ぶだけで簡単に設定できます。プレビューで確認して画像に最も合うものを選択しましょう。

例題 8　　【使用ファイル：PP 06 例題.pptx スライド 7】

画像に効果を設定しましょう（**図 6-22**）。

①　7 枚目のスライドに挿入した画像を選択します。

②　画像に影効果を設定します。

［図ツール］→［書式］タブ →［図のスタイル］グループ →［図の効果］ボタン →［影］→［外側］→［オフセット（斜め右下）］

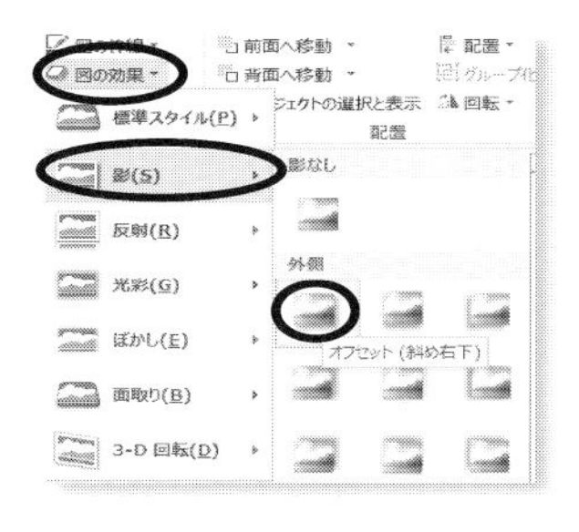

図 6-22　影効果

6.3.3　配置ガイド

「**配置ガイド**」とは図・画像を配置するとき、左右の余白、段落の先頭行、ページの中央に表示されるラインです。

図・画像を配置ガイドに合わせてドラッグすることで、スライド内にバランスよく配置することができます（**図 6-23**）。

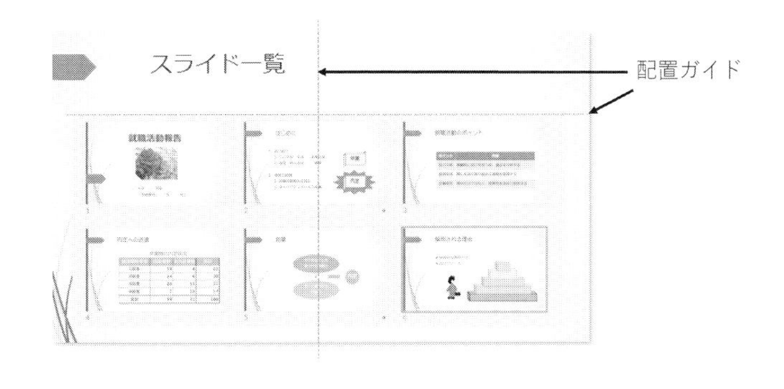

図 6-23　図形の配置ガイド

例題 9　【使用ファイル：PP 06 例題.pptx】

配置ガイドを利用して、図形をスライドの左右の中央に配置し、ファイル名販売会議で保存します。

6.4 演習課題

演習 1

【使用ファイル：PP 06 演習.pptx/前章から継続の場合：販売会議.pptx スライド 4】

ファイルを開き、次の設定をしましょう。

① 4枚目のスライドに次の SmartArt グラフィックを作成します（**図 6-24**）。

［挿入］タブ → ［図］グループ → ［SmartArt］ボタン → ［SmartArt グラフィックの選択］ダイアログボックス → ［手順］ → ［ステップアッププロセス］ → ［OK］

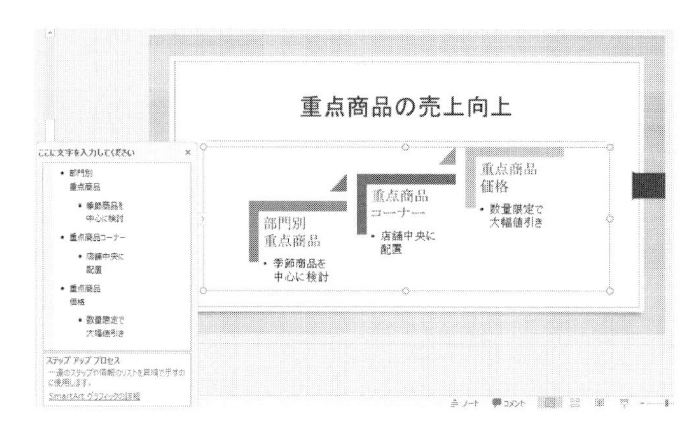

図 6-24　4枚目のスライド＜完成例＞

② 5枚目のスライドにスライド一覧を作成します（**図 6-25**）。

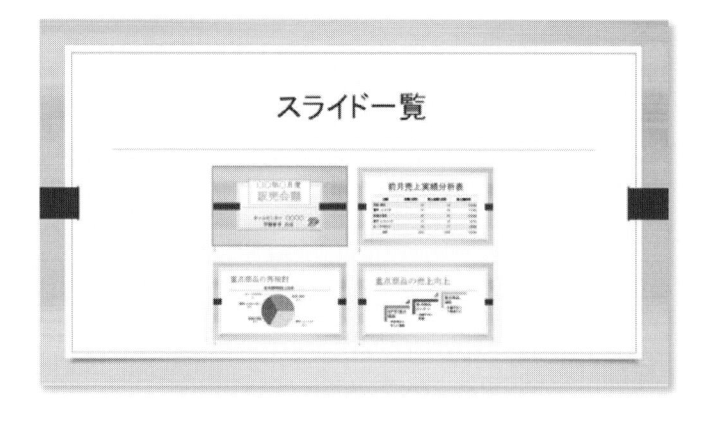

図 6-25　5枚目のスライド＜完成例＞

第 7 章 画面切り替え効果とアニメーション

パソコンで表示したプレゼンテーションのスライドを順序に従って切り替えることを「**スライドショー**」といいます。

画面を切り替える時の動きやオブジェクトごとのアニメーション効果を設定しましょう。

7.1 画面の切り替え効果の設定

作成したプレゼンテーションに、画面の切り替え効果を設定します。

例題 1　【使用ファイル：PP 07 例題.pptx/前章から継続の場合：就職活動.pptx】

プレゼンテーションを実行し、スライド全体を確認しましょう。

① スライドショーを開始します（**図 7-1**）。

［スライドショー］タブ → ［スライドショーの開始］グループ → ［最初から］ボタン

② Enter キーを押すかスライド内をポイントしクリックして、次のスライドに切り替えます。

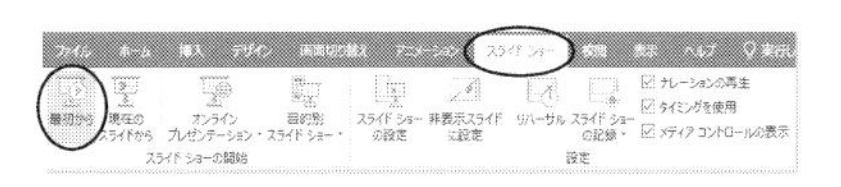

図 7-1　スライドショーの開始

③ 黒いスライドが表示されたら、［Enter/クリック］でスライドショーを終了します。

One Point

スライドショーのショートカットキー

ショートカットキーを使うと、スライドショーの開始・中断ができます（**表 7-1**）。

表 7-1　スライドショーのショートカットキー

キー	スライドショーの操作
F5	最初のスライドから開始
Shift ＋ F5	表示しているスライドから開始
Esc（エスケープ）	中断

例題 2　【使用ファイル：PP 07 例題.pptx　スライド 1】

1 枚目のスライドに画面の切り替え効果を設定しましょう。

① 画面の切り替え効果を選択します（**図 7-2**）。

［画面の切り替え］タブ → ［画面切り替え］グループ → ［その他］▼ → ［画面切り替え］の一覧 → 任意の切り替えを選択

図 7-2　[画面切り替え] の一覧

② 画面切り替えの効果を確認します（**図 7-3**）。

[画面切り替え] タブ → [プレビュー] グループ → [プレビュー] ボタン

③ すべてのスライドに同じ画面切り替えの効果を設定します。

[画面切り替え] タブ → [タイミング] グループ → [すべてに適用]

④ プレゼンテーションを実行して画面の切り替えを確認します。

図 7-3　画面切り替えタブ

画面の切り替え効果

画面の切り替え効果はプレゼンテーション全体で統一しましょう。スライドごとに異なった効果を設定すると、内容より動きの方が強調されて落ち着かない印象になります。

PowerPoint 2016 から搭載された [変形] の画面切り替え効果を適用すると、さまざまなオブジェクトにスライドをまたいだアニメーション効果が設定できます。

7.2　アニメーションの設定

「**アニメーション**」とはスライドショーの実行中に文字や図、グラフに動きをつける機能です。説明のタイミングに合わせた動きをイメージして、アニメーションを設定しましょう。

7.2.1　タイトルのアニメーション

タイトルの文字列に、説明のタイミングで動きを開始するアニメーションを設定します。

例題 3　【使用ファイル：PP 07 例題.pptx　スライド 1】

1 枚目のスライドのタイトルにアニメーションを設定しましょう。

① 1 枚目のスライドを表示し、タイトルのプレースホルダー内をクリックします。

② アニメーションを選択します（**図 7-4**）。

［アニメーション］タブ → ［アニメーション］グループ → ［その他］→［開始］グループ → ［アニメーション］の一覧 → 任意のアニメーションを選択　例：［ズーム］

図 7-4　［アニメーション］グループ

③ アニメーションを確認します。

［アニメーション］タブ → ［プレビュー］グループ → ［プレビュー］ボタン

One Point

アニメーションの分類

アニメーションは効果の内容ごとにグループで分類されています（**表 7-2**）。

文字列にアニメーションを設定する場合は動きより見やすさを重視して、終了時に非表示にならない［開始］か［強調］グループから選択しましょう。

表 7-2　アニメーションの分類

グループ	効果の内容	効　果
開　始	非表示のオブジェクトが [Enter/クリック]時に 効果の動きで表示を開始する	開始 アピール　フェード　スライドイン　フロートイン　スプリット　ワイプ　図形 ホイール　ランダムスト...　グローとターン　ズーム　ターン　バウンド
強　調	表示されているオブジェクトが [Enter/クリック]時に 効果の動きで表示を強調する	強調 パルス　カラー パルス　シーソー　スピン　拡大/収縮　薄く　暗く 明るく　透過性　オブジェクト...　補色　線の色　塗りつぶしの色　ブラシの色 フォントの色　下線　ボールド フラ...　太字表示　ウェーブ
終　了	表示されているオブジェクトが [Enter/クリック]時に 効果の動きで表示を終了する	終了 クリア　フェード　スライドアウト　フロートアウト　スプリット　ワイプ　図形 ホイール　ランダムスト...　縮小および...　ズーム　ターン　バウンド

7.2.2　段落単位のアニメーション

箇条書きや段落ごとに、アニメーションを設定します。

説明に合わせて段落ごとに表示されるようアニメーションを開始しましょう。

例題4　【使用ファイル：PP 07 例題.pptx スライド2】

2枚目のスライドの箇条書きで、個別にアニメーションを実行する設定をしましょう。

① 2枚目のスライドを表示し、箇条書きのプレースホルダー内をクリックします。
プレースホルダーが破線の枠で表示されます。

② アニメーションを選択します。
［アニメーション］タブ → ［アニメーション］グループ → ［その他］▼ → ［アニメーション］の一覧 → ［開始］グループ → 任意のアニメーションを選択 → アニメーションが実行される → 動作する順に番号が表示（**図7-5**）　例：［スライドイン］

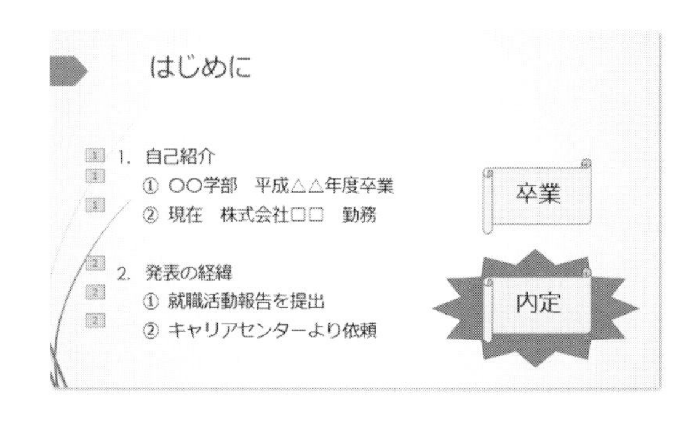

図7-5　段落単位のアニメーション

③ 2枚目のスライドのアニメーションの動きを確認します。
Shiftキー＋F5キー → 現在のスライドからプレゼンテーションが開始 → ［Enter/クリック］ → 段落ごとにアニメーション表示 → Escキー → スライドショー中断

One Point

アニメーションの確認

プレビューボタンをクリックすると連続してアニメーションが再生されます。

スライドショーと同じタイミングでアニメーションを確認したい時は、Shiftキー＋F5キーで「このスライドからプレゼンテーションが開始」を利用しましょう。

アニメーションの動きを段落ごとに確認できます。

7.2.3　SmartArt のアニメーション

SmartArt グラフィックを構成している複数の図形に、アニメーションを設定します。

例題 5　　【使用ファイル：PP 07 例題.pptx　スライド 5】

SmartArt グラフィックに、図形ごとのアニメーションが実行される設定をしましょう。

① 5 枚目のスライドを表示して、SmartArt グラフィック内を選択します。

② 任意のアニメーションを選択します。

［アニメーション］タブ → ［アニメーション］グループ → ［その他］→［アニメーション］の一覧 → ［開始］グループ → 任意のアニメーションを選択　例：［グローとターン］（文字が回転しながら拡大表示となる）

③ 効果のオプションを設定します（**図 7-6**）。

［アニメーション］タブ → ［アニメーション］グループ → ［効果のオプション］ボタン → ［個別］→ アニメーションを実行する順番を示す番号が表示

④ 5 枚目のスライドのアニメーションの動きを確認します。

Shift キー＋F 5 キー → 現在のスライドからプレゼンテーションが開始 → ［Enter/クリック］→ 図形ごとにアニメーション表示 → Esc キー → スライドショー中断

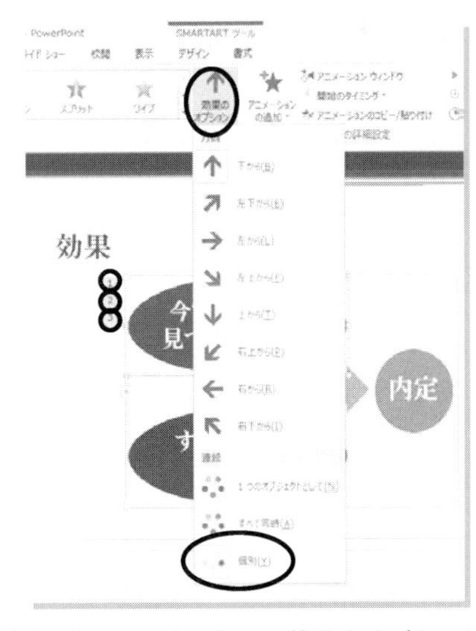

図 7-6　アニメーション効果のオプション

7.2.4　グラフのアニメーション

スライドに挿入したグラフに、アニメーションを設定します。

項目や系列ごとに個別で表示して、グラフの強調したいポイントを明確にできます。

例題 6　　【使用ファイル：PP 07 例題.pptx】

4 枚目のスライドの表とグラフにアニメーションを設定しましょう。

グラフの上に配置している表をフェードで非表示にして、表示された棒グラフの棒が順番に表示されるアニメーションを設定します。

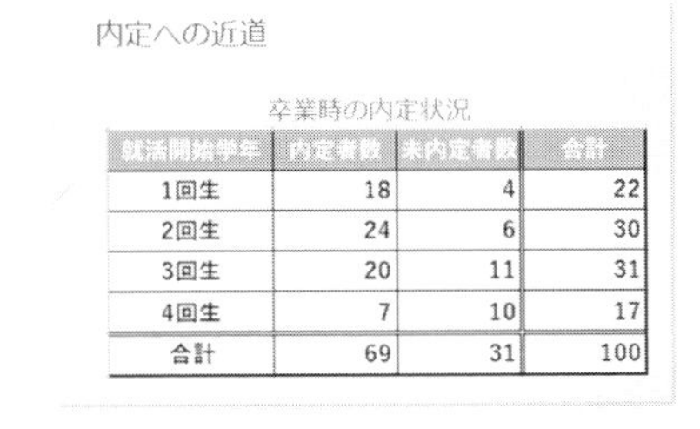

内定への近道

卒業時の内定状況

就活開始学年	内定者数	未内定者数	合計
1回生	18	4	22
2回生	24	6	30
3回生	20	11	31
4回生	7	10	17
合計	69	31	100

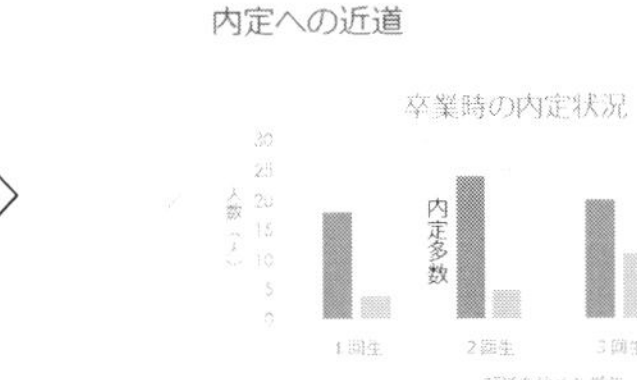

図 7-7　表からグラフへのアニメーション切り替え

① 4枚目のスライドの表に終了のアニメーションを設定します（図7-7）。

4枚目のスライドの表範囲をクリック → ［アニメーション］タブ → ［アニメーション］グループ → ［その他］ → ［アニメーション］の一覧 → ［終了］グループ → 任意のアニメーション　例：［フェード］

② 棒グラフにアニメーションを設定します（図7-8）。

表を下方向に少しだけ移動 → グラフ範囲をクリック → ［アニメーション］タブ → ［アニメーション］グループ → ［その他］ → ［アニメーション］の一覧 → ［開始］グループ → 任意のアニメーション　例：［ワイプ］

③ 効果のオプションを設定します。

［アニメーション］タブ → ［アニメーション］グループ → ［効果のオプション］ボタン → ［項目別］ → 表を元の位置に戻す

④ 内定多数のテキストボックスにも開始グループから任意のアニメーションを設定する。 例：［フロートイン］

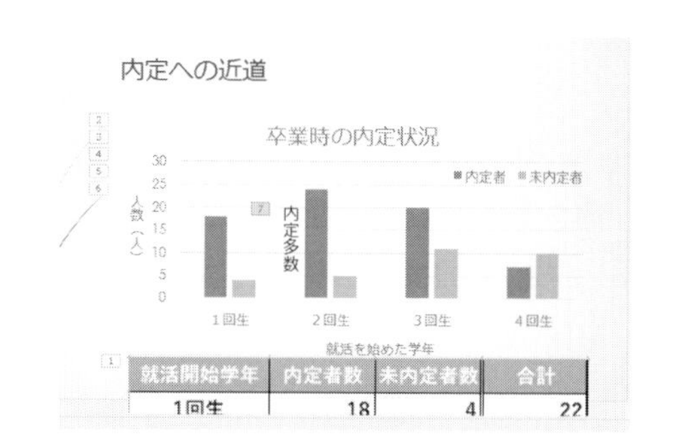

図7-8　グラフのアニメーション

⑤ 4枚目のスライドのアニメーションの動きを確認します。

Shift キー＋ F 5 キー → 現在のスライドからプレゼンテーションが開始 → ［Enter/クリック］ → 表が非表示になって棒グラフの背景が表示 → ［Enter/クリック］ → 棒グラフの棒が項目別に表示 → Esc キー → スライドショー中断

7.3　アニメーションの詳細

アニメーションの詳細設定について学びましょう。

7.3.1　アニメーションのタイミング

アニメーションが動作を始めるタイミングは、通常クリック時になっています。タイミングを変更して、複数のアニメーションが自動的に次々と開始するように設定します。

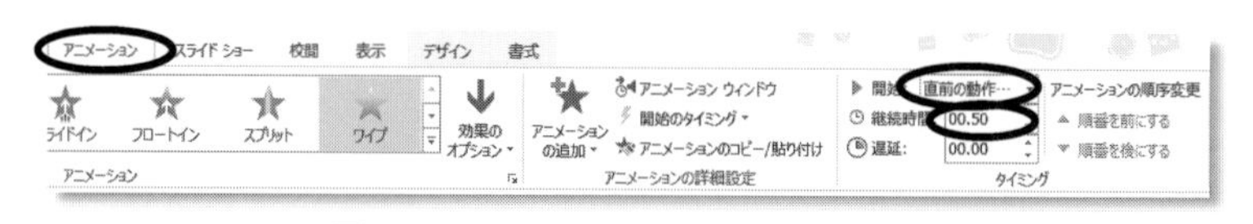

図7-9　アニメーションのタイミング

例題7　【使用ファイル：PP 07 例題.pptx スライド5】

5枚目のスライドにあるSmartArtグラフィックのアニメーションが、クリックしなくても自動的に動くように変更しましょう。

① 5枚目のスライドを表示して、SmartArt グラフィック内を選択します。

② 自動的にアニメーションが実行されるようにタイミングを設定します（**図 7-9**）。
　［アニメーション］タブ → ［タイミング］グループ → ［開始］→［直前の動作の後］→［継続時間］→ 任意の［秒数］を設定

7.3.2　アニメーションの軌跡

イラストなどに自由な動きを設定する効果を「**アニメーションの軌跡**」といいます。
直線・アーチ・ターン・図形・ループなどの軌跡で2点間を移動させることができます。

例題 8　【使用ファイル：PP 07 例題.pptx　スライド 6】

イラストにアニメーションの軌跡を設定しましょう。

① 6枚目のスライドを表示し、ビジネスマンのイラストをクリックして選択します。

② アニメーションを設定します（**図 7-10**）。
　［アニメーション］タブ → ［アニメーション］グループ → ［その他］ボタン▼ → ［アニメーションの軌跡］→［その他のアニメーションの軌跡効果］→［線と曲線］→［対角線(右上へ)］→［ＯＫ］→ ビジネスマンのイラストを移動したい方向にドラッグ

③ 移動した軌跡に破線が引かれます（**図 7-11**）。
　移動したい位置まで破線の終点を変更して軌跡を設定します。

④ ビジネスマンの画像の配置を最前面に変更します。

⑤ アニメーションの動きを確認します。
　［アニメーション］タブ →［プレビュー］グループ → ［プレビュー］ボタン

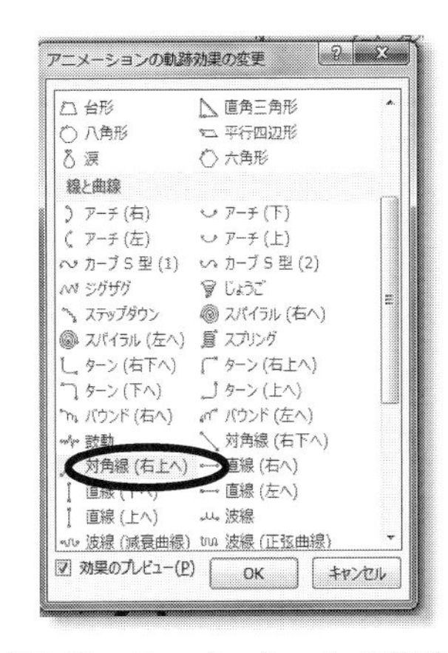

図 7-10　アニメーションの軌跡

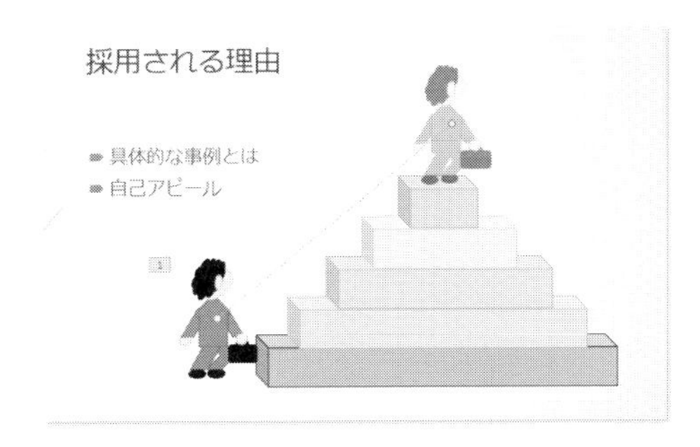

図 7-11　軌跡の終点を変更

7.3.3　アニメーションの削除

不要なアニメーションを削除することができます。

削除するアニメーションは、プレビューで内容を必ず確認しましょう。

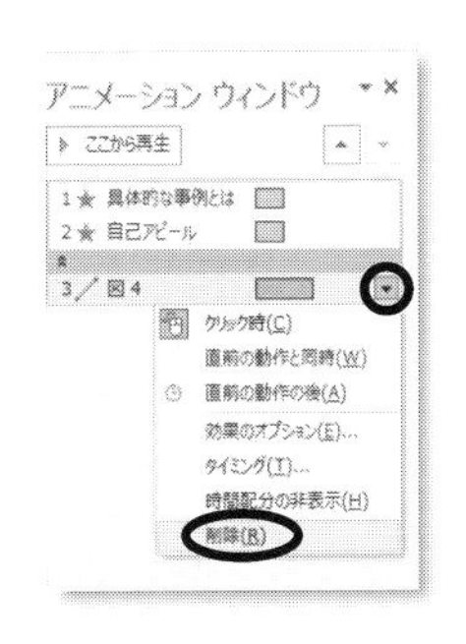

図 7-12　アニメーションの削除

例題 9　　【使用ファイル：PP 07 例題.pptx】

任意のアニメーションを削除し、削除直後であれば他の操作と同様に元に戻せることを確認しましょう。

① アニメーションが設定されているスライドを表示します。

② アニメーションの内容を確認します（図 7-12）。

［アニメーション］タブ → ［アニメーションの詳細設定］グループ → ［アニメーションウィンドウ］→ アニメーションを選択

③ 削除するアニメーションの［▼］ → ［削除］

④ 画面左上の［元に戻す］ボタンをクリック → 削除前の状態に戻ったことを確認

One Point

アニメーションウィンドウ

アニメーションの詳細を設定するための作業領域で、内容の確認、順序の変更、削除などの操作ができます。

7.4　演習課題

演習 1　　【使用ファイル：PP 07 演習.pptx/前章から継続の場合：販売会議.pptx】

ファイルを開き、次の設定をしましょう（図 7-13）。

① すべてのスライドに、同じ「画面切り替えの効果」を設定します。

例：［アンカバー］など

② 1 スライドにつき 1 〜 2 種類の「アニメーション」を設定します。

アニメーションはスライドの内容を強調するための機能です。

過剰な設定は避けて、聞き手にポイントが伝わるアニメーションを設定しましょう。

例：スライド 1 / ワイプ、スライド 2 / スライドイン、スライド 3 / ホイール、
　　スライド 4 / フェード、スライド 5 / 拡大/収縮など

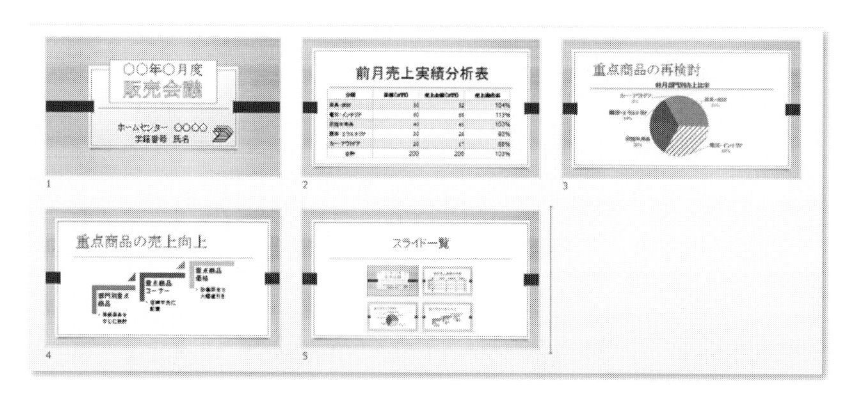

図 7-13　PP 07 演習.pptx のスライド一覧＜完成例＞

第 8 章　スライドショーの準備と実行

発表の準備やスライドショー実行時のスライド操作で便利に使える機能を学びましょう。

8.1　スライド番号の利用

「スライド番号」とは、スライドの上部か下部のデザインのテーマごとに定められた位置に表示される番号です。

聞き手との質疑応答などのコミュニケーションにおいて、スライド番号があれば目的のスライドをすばやく限定することができます。

8.1.1　スライド番号の挿入

1 枚目のスライドはプレゼンテーション全体の表紙になりますので、一般的にページ番号は表示しません。

2 枚目以降のスライドに、番号が［1］から表示されるように設定しましょう。

例題 1　【使用ファイル：PP 08 例題.pptx/前章から継続の場合：就職活動.pptx】

完成したスライドにスライド番号を挿入します。

① 2 枚目以降のスライドにスライド番号を挿入します（**図 8-1**）。

［挿入］タブ → ［テキスト］グループ → ［スライド番号の挿入］ボタン → ［ヘッダーとフッター］ダイアログボックス → ［スライド］タブ → ［スライド番号］にチェック → ［タイトルスライドに表示しない］にチェック → ［すべてに適用］

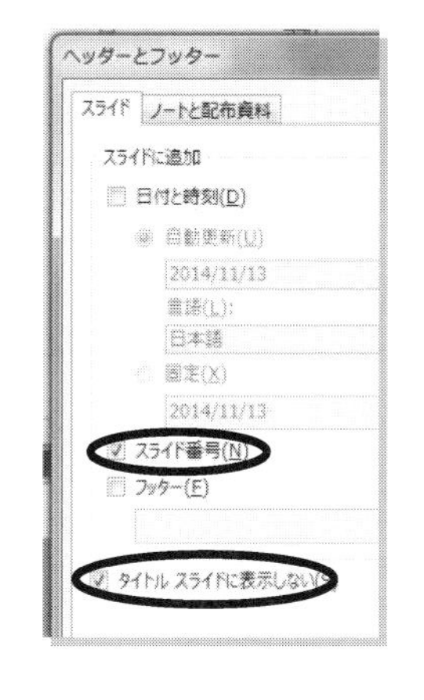

図 8-1　スライド番号の設定

② ［スライドのサイズ］ダイアログボックスでスライド開始番号を変更します（**図 8-2**）。

［デザイン］タブ → ［ユーザー設定］グループ → ［スライドのサイズ］ボタン → ［ユーザー設定のスライドのサイズ］ → ［スライドのサイズ］ダイアログボックス

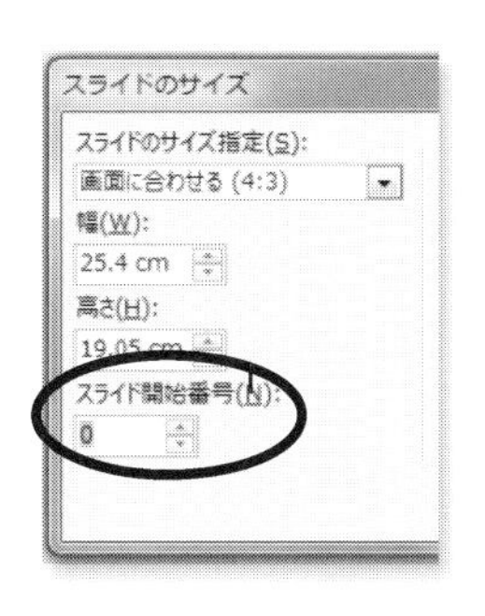

図 8-2　スライド開始番号

③　［スライド開始番号］に［0］を入力

2 枚目以降のスライドに番号が［1］から表示されていることを確認する。

8.1.2　スライド間のジャンプ

スライドショーの実行中に任意のスライドを表示することを、**「スライド間のジャンプ」**といいます。説明の途中で、別のスライドに移動する場合に便利な機能です。

例題 2　　【使用ファイル：PP 08 例題.pptx】

スライドショーを開始して、スライド間をジャンプしなさい。

①　スライドショーを開始します（**図 8-3**）。

［スライドショー］タブ →［スライドショーの開始］グループ →［最初から］ボタン

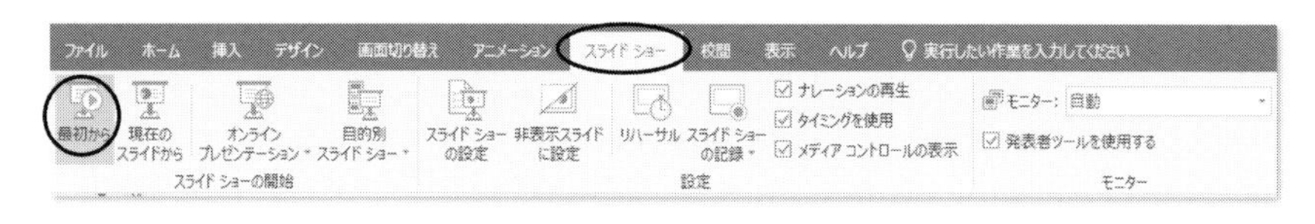

図 8-3　スライドショーの開始

②　移動したいスライドのページ数の数字キーを押す →［Enter］

※この場合のページ数とは、スライド番号と異なり 1 ページ目を［1］とする番号です。1 ページ目に移動したい場合、［1］のキーを押してから［Enter］を押すとスライドの表示がジャンプします。

スライド間ジャンプのショートカットキー

スライドショーの実行中は、ショートカットキー操作で簡単にスライド間をジャンプすることができます。

- 前のスライドに戻る場合…………［↑］/［←］
- 後のスライドに進む場合…………［↓］/［→］/［Enter］
- スライド一覧を表示する場合……［－］（マイナスボタン）

8.2　リハーサルの実行

「リハーサル」では、スライドごとの時間配分やアニメーションの動きを確認できます。

リハーサルで記録しておいたスライドを切り替えするタイミングを利用して発表時に再生することができます。

8.2.1　リハーサル機能

リハーサル機能を使い、プレゼンテーション発表で自動的にスライドを切り替えて表示するための準備をしましょう。

例題 3　【使用ファイル：PP 08 例題.pptx】

実際に発表するイメージでリハーサルを実施し、切り替えのタイミングを保存しましょう。

① リハーサルを開始します（図 8-4）。

［スライドショー］タブ → ［設定］グループ → ［リハーサル］ボタン

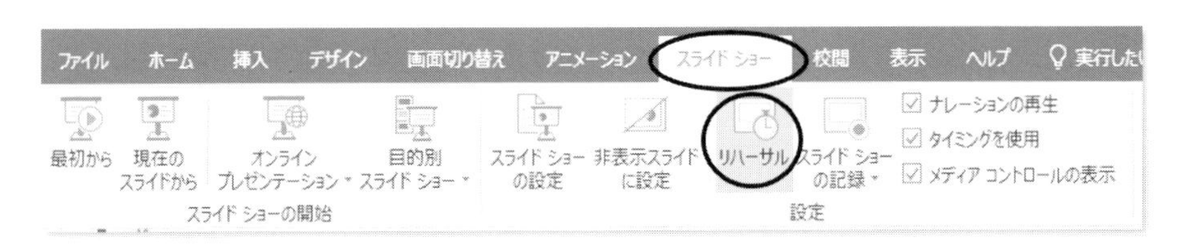

図 8-4　［スライドショー］メニュー

② リハーサルの記録が開始 → 画面左上に［リハーサル］ツールバーが表示されます（図 8-5）。

図 8-5　［リハーサル］ツールバー

③ ［リハーサル］ツールバーの［次へ］ボタンを使って、スライドを切り替えます。スライドごとの表示時間は説明の内容に合わせて、余裕を持った設定にしましょう。

④ スライドが終了 → ［Microsoft PowerPoint］ダイアログボックス → ［スライドショーの所要時間は X：XX：XX です。今回のタイミングを保存しますか？］と表示 → ［はい］（図 8-6）

図 8-6　［リハーサル］終了時のメッセージ

One Point

［リハーサル］ツールバーのボタン

リハーサルツールバーのボタンには、左端から次の機能があります。

- ［次へ］……………………………次のスライドへ切り替え
- ［一時停止］………………………リハーサルの時間のカウントを一時停止
- ［スライド表示時間］……………表示しているスライドの経過時間を表示
- ［繰り返し］………………………表示しているスライドの経過時間を再カウント
- ［スライドショー所要時間］……リハーサルの開始から終了までの時間を表示

8.2.2　スライドショーの記録

リハーサル機能で記録したタイミングを確認します。

例題 4　【使用ファイル：PP 08 例題.pptx】

スライドショーの記録を再生し、画面の切り替え時間を変更しましょう。

① ［スライド一覧］表示モードでスライドごとの表示時間を確認します（**図8-7**）。

［表示］タブ → ［プレゼンテーションの表示］グループ → ［スライド一覧］ボタン

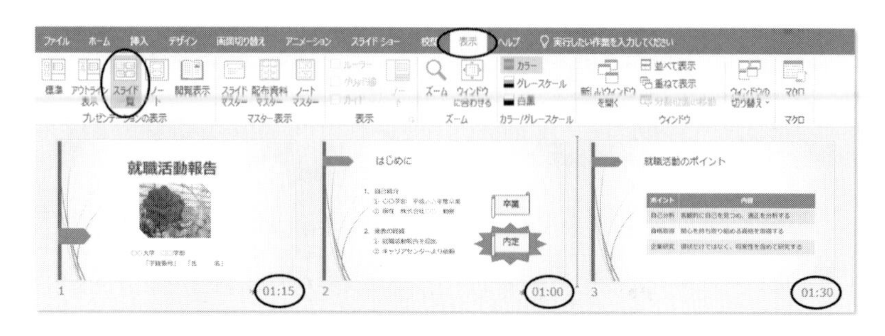

図8-7　［スライド一覧］表示モード

② スライドショーを開始します（**図8-8**）。

［スライドショー］タブ → ［スライドショーの開始］グループ → ［最初から］ボタン

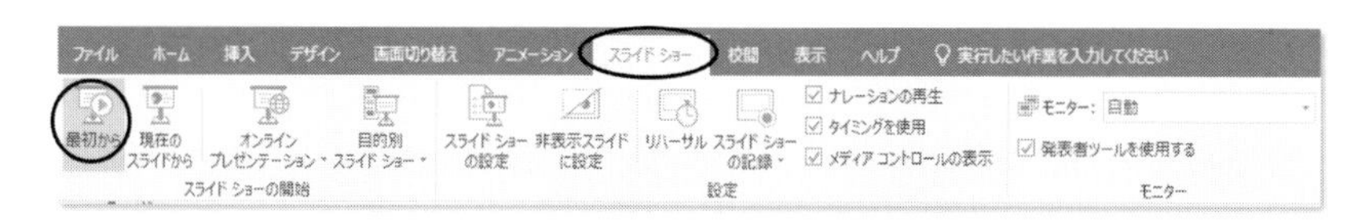

図8-8　［スライドショー］の開始

③ リハーサルで記録したタイミングに従って、自動的に画面が切り替わりアニメーションが実行されます。タイミングを変更したい箇所があればメモしておきます。

④ 画面の切り替え時間を必要に応じて変更します（**図8-9**）。

［画面の切り替え］タブ → タイミングを変更したいスライドを選択 → ［タイミング］グループ → ［自動的に切り替え］のボックスに秒数を入力 → スライドの秒数が変更

※20秒に設定する場合、「20」と入力して確定 → 「00:20.00」と表示

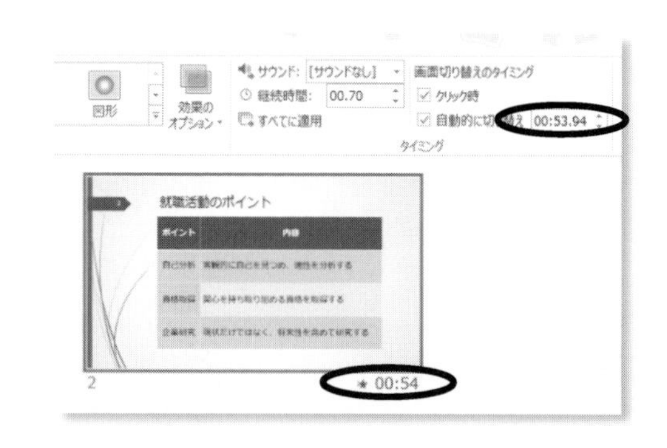

図8-9　画面の自動的切り替え

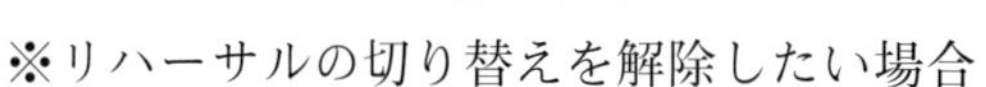

※リハーサルの切り替えを解除したい場合は、［スライドショー］タブ → ［スライドショーの設定］ボタン → スライドの切り替え → クリック時を選択 → ［OK］

8.2.3　目的別スライドショー

同一ファイル内で、スライドの枚数や順序を変更して登録する機能を**「目的別スライドショー」**といいます。発表の目的に合わせて、スライドを分類するのに便利な機能です。

例題 5　　【使用ファイル：PP 08 例題.pptx】

作成済みのスライドに、要約版のスライドショーを作成しましょう。

① ［目的別スライドショー］を同一ファイル内に新規作成します（図 8-10）。

［スライドショー］タブ → ［スライドショーの開始］グループ → ［目的別スライドショー］ボタン → ［目的別スライドショー］ダイアログボックス → ［新規作成］

図 8-10　［目的別スライドショー］ダイアログボックス

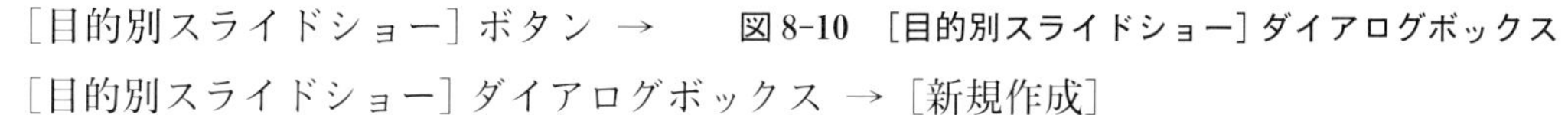

② スライドショーの名前を入力し、登録したいスライドを選択します（図 8-11）。

［目的別スライドショーの設定］ダイアログボックス → ［スライドショーの名前］ボックスに「要約版」と入力 → ［プレゼンテーション中のスライド］から 0、1、4、5 のスライドタイトルを選択 → ［追加］ → ［OK］

図 8-11　［目的別スライドショー］登録

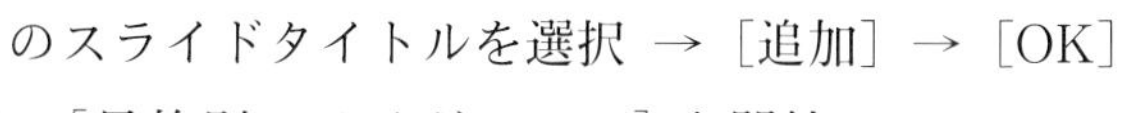

③ ［目的別スライドショー］を開始します（図 8-12）。

［目的別スライドショー］ダイアログボックス → 「要約版」が反転した状態で［開始］をクリック → 「要約版」のスライドショーが開始

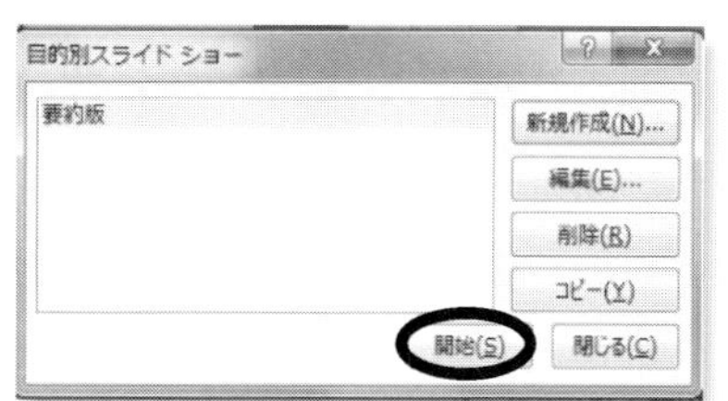

図 8-12　［目的別スライドショー］開始

目的別スライドショー

同じテーマで場所を変えてプレゼンテーションをする場合、聞き手のメンバー構成、発表時間、プレゼンテーションのポイントなどの違いに合わせて、スライドを選択した目的別スライドショーを登録しておくと便利です。

8.3　スライドショーの実行

プレゼンテーションを行う会場は事前に下見し、パソコンの接続や機器の操作を確認します。会場のパソコンを利用する場合は、インストールされている OS や PowerPoint のバージョンと同じ設定でリハーサルしておきましょう。

8.3.1　スライドショーの開始

スライドショーの開始をスムーズに行うために、ダブルクリックで簡単にスライドショーが開始するように保存されたファイルの形式を「**PowerPoint スライドショー**」といいます。

例題6　　【使用ファイル：PP 08 例題.pptx】

作成済みのスライドを PowerPoint スライドショーの形式で保存して、実行しましょう。

① 現在のファイルを上書き保存してから、［名前を付けて保存］ダイアログボックスを表示します。

［ファイル］タブ → ［名前を付けて保存］ダイアログボックス → フォルダーを選択

② PowerPoint スライドショーの形式で保存します（**図8-13**）。

［ファイル名］ボックスに「PP 08 例題スライドショー」と入力 → ［ファイルの種類］ボックスで［PowerPoint スライドショー (*.ppsx)］を選択 → ［保存］ → PowerPoint を終了する

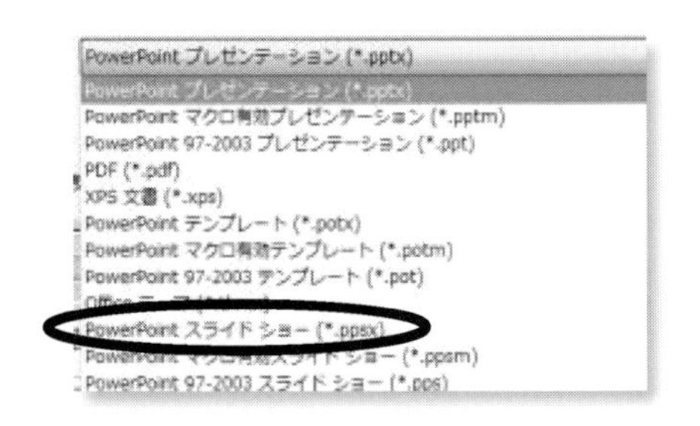

図8-13　［PowerPoint スライドショー］形式

③ 保存したスライドショーを開始します。

［スタート］ボタン → ［ドキュメント］ → フォルダーを選択 → 「PP 08 例題スライドショー.ppsx」をダブルクリック → スライドショーが開始

8.3.2　ポインターオプションの利用

「**ポインターオプション**」は、スライドショーの実行中スライドへ書き込んだり、終了後に書き込み内容を保存するなどのオプションがあります（**図8-14**）。

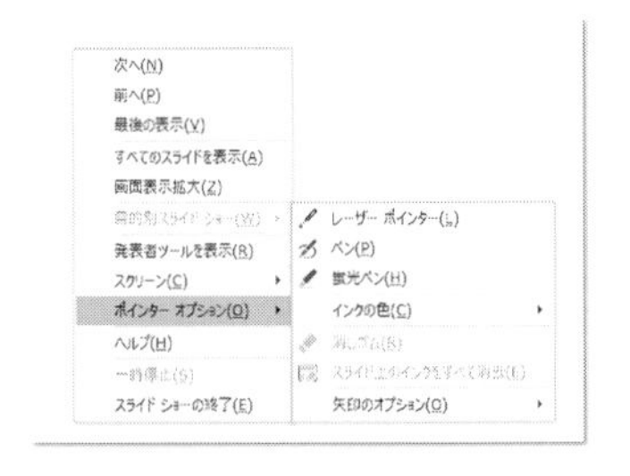

図8-14　ポインターオプション

例題7　【使用ファイル：PP 08 例題スライドショー.ppsx】

作成済みのスライドショーファイルを開始し、［ポインターオプション］の機能を確認しましょう。

① 保存したスライドショー「PP 08 例題スライドショー.ppsx」を開始 → スライド上で右クリック

② ［ポインターオプション］を選択

- ［レーザーポインター］/［ペン］/［蛍光ペン］

  マウスポインターがペン先の形で表示 → 強調したい部分をドラッグ

- ［消しゴム］

マウスポインターが消しゴムの形で表示 → 消したい書き込みをクリック

- ［スライド上のインクをすべて消去］ → 表示スライド上のすべての書き込みを消去
- ペンの解除 → ［ポインターオプション］を選択→ 同じペンの種類をクリックまたは［ESC］キーを押す
- 書き込んだ内容の保持/破棄（**図 8-15**）
  スライドショー終了時 →「インク注釈を保持しますか？」→「保持」「破棄」を選択 → 書き込みを図形として保持/破棄して終了

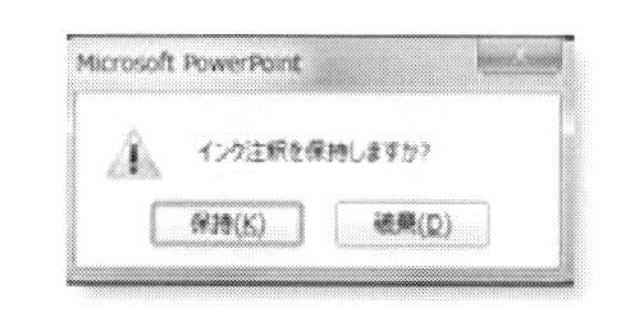

図 8-15　インク注釈の保持/破棄

③　スライド一覧を表示します。

- 右クリック → ［すべてのスライドを表示］
- 元の画面に戻る → 左上の㊀マークをクリック

※サムネイルをクリックすると、そのスライドへジャンプできます。

④　スライドを拡大します。聞き手に強調したい部分を拡大して提示しましょう。

- 右クリック → 画面表示拡大をクリック → 拡大したい位置にマウスポインターを移動 → 明るい領域が移動 → 拡大したい位置でクリック →明るい領域が拡大して表示
- 元の倍率に戻る → Enter キー

8.3.3　スクリーン機能

スクリーン機能とは、スライドショー実行中に画面表示を一時的に中断する機能です。聞き手の関心を話し手へ向けたい場合など、効果的に利用しましょう。

例題 8　　【使用ファイル：PP 08 例題スライドショー.ppsx】

作成済みのスライドショーを開始し、スクリーン機能を確認しなさい。

①　保存したスライドショー「PP 08 例題スライドショー.ppsx」を開始します。

②　任意のスライドでスクリーンを一時的に黒くします（**図 8-16**）。

右クリック → ［スクリーン］→［スクリーンを黒くする］ → スライドショーが中断し、スクリーンが黒くなる。

※スクリーンの色には「黒」と「白」があります。

適用しているデザインのテーマの配色に、違和感が少ない方の色を選択しましょう。

スクリーンには［ポインタオプション］→［ペン］で文字を書くこともできます。ただし、スクリーンの内容は保存されません。

図 8-16　［スライドショー］のスクリーン機能

8.4 演習課題

演習1 【使用ファイル：PP 08 演習.pptx/前章から継続の場合：販売会議.pptx】

ファイルを開き、次の設定をしましょう。

① 2枚目以降のスライドに、スライド番号が［1］から表示されるように設定します。

※番号のサイズや配置に変動が必要な場合は、第10章スライドマスターの利用で確認しましょう。

② リハーサルを実行して、スライドショーの切り替えのタイミングを記録します。

③ 目的別スライドショーを作成します。

現在のすべてのスライドを「発表用」として登録します。

演習2 【使用ファイル：PP 08 演習.pptx スライド5】

ファイルに、次の内容を入力しましょう（図8-17）。

① 5枚目のスライドの後に新しいスライドを挿入して、タイトルを入力します。

5枚目のスライドを選択 → ［ホーム］タブ → ［スライド］グループ → ［新しいスライド］ボタン → 新しいスライドが6枚目に挿入 → 6枚目のスライドのタイトルに「感想」と入力 → フォントサイズ40 pt以上に設定

図8-17 6枚目のスライド<完成例>

② 6枚目のスライドの本文に、箇条書きで感想を入力します。

- フォントサイズ28 pt以上に設定
- 項目を設定して、その内容をできるだけ簡潔に述べましょう。

項目の例
- このテーマを選んだ理由
- 最も工夫したこと
- スライドを作成して感じたこと

③ 現在のファイルを上書き保存してから、PowerPointスライドショーの形式で名前を付けて保存します。

［ファイル］タブ → ［名前を付けて保存］ → ［ファイル名］ボックスに「PP 08 課題スライドショー.ppsx」→［ファイルの種類］ボックスで［PowerPointスライドショー(*.ppsx)］を選択 →［保存］ ※拡張子を確認すること

※図8-17の・・・の部分は各自で文章を入力すること。

第 9 章　資料の作成と印刷

完成したスライドをもとに、聞き手に配布する印刷資料と発表者が利用する説明用のノートを作成しましょう。

9.1　配布資料のレイアウトと印刷

配布資料は、発表用スライドの印刷形式を変更して作成します。

9.1.1　配布資料の設定

聞き手が、プレゼンテーションの内容を確認するときに用いるのが「**配布資料**」です。目を通しやすいページ数にまとめて、文字サイズが適切になるよう配慮しましょう。

例題 1　　【使用ファイル：PP 09 例題.pptx/前章から継続の場合：就職活動.pptx】

ファイルを開いて、次の 2 種類の配布資料を作成しましょう。

① 配布資料を［4 スライド］の設定で作成します（**図 9-1**）。

［ファイル］タブ → ［印刷］ → ［設定］ → ［4 スライド(横)］ → ［横方向］

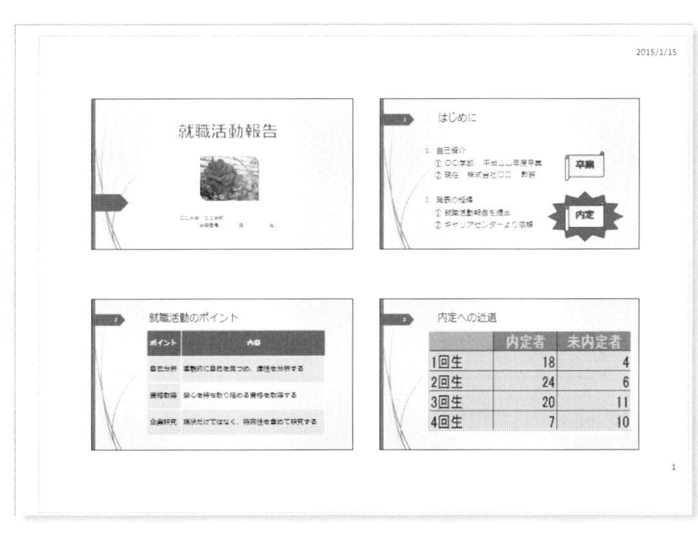

図 9-1　配布資料［4 スライド（横）］

② 配布資料を［3 スライド］の設定で作成します（**図 9-2**）。

［ファイル］タブ → ［印刷］ → ［設定］ → ［3 スライド］ → ［縦方向］

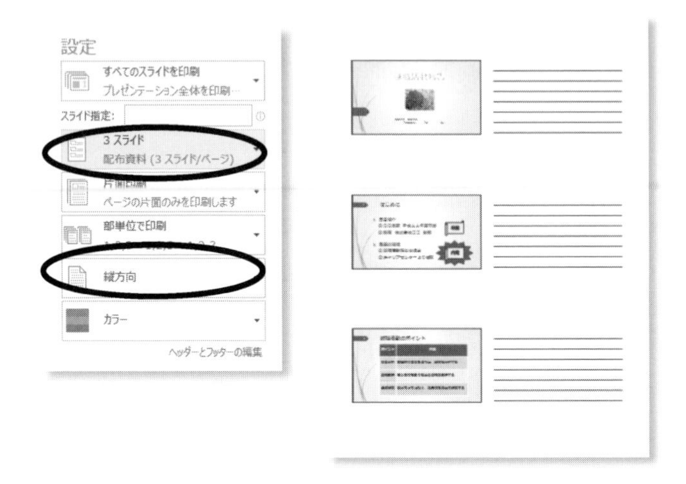

図 9-2　配布資料［3 スライド］

One Point

配布資料のレイアウト

配布資料にはＡ4判用紙1枚に1スライドから9スライドまでを配置することができます。スライド内の文字が適切な大きさで表示されるレイアウトを選びましょう。

次は、一般的によく利用されるレイアウトと特徴です。

［4 スライド］・［横方向］………4枚のスライドが大きく表示されている。

［3 スライド］・［縦方向］………スライドとメモ用の罫線がある。

9.1.2　配布資料マスターの利用

「配布資料マスター」を利用するとオリジナルなデザインの配布資料を作成できます。日付のフォントサイズを見やすいサイズに変更し、背景にスタイルを設定しましょう。

例題 2　　　　【使用ファイル：PP 09 例題.pptx】

作成した配布資料に次のデザイン設定をしましょう。

① 配布資料マスターを表示します（**図 9-3**）。

［表示］タブ → ［マスター表示］グループ → ［配布資料マスター］

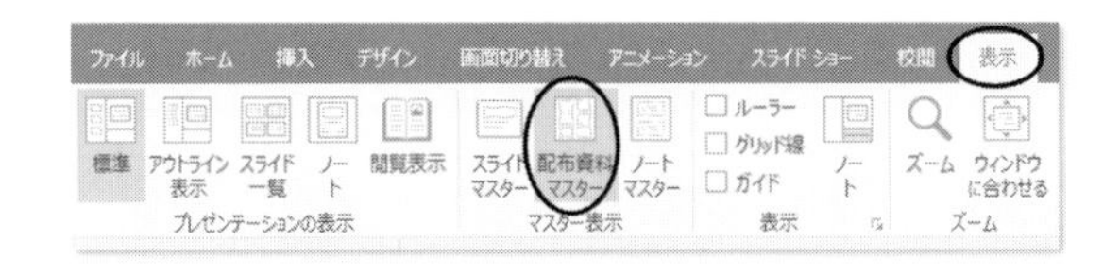

図 9-3　配布資料マスター

② 日付のフォントサイズを拡大します（**図 9-4**）。

スライドの右上にある日付をクリック → ［ホーム］タブ → ［フォント］グループ → ［フォントサイズの拡大］ボタンを数回クリック（例：20pt）

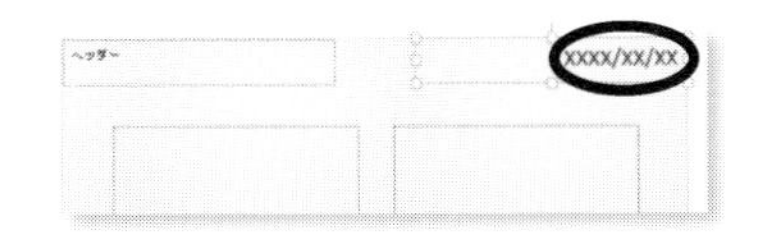

図 9-4 フォントサイズの拡大

③ 背景のスタイルを設定します（**図 9-5**）。

［配布資料マスター］タブ → ［背景］グループ → ［背景のスタイル］ボタン → 一覧から任意のスタイルを選択 → ［閉じる］グループ → ［マスター表示を閉じる］

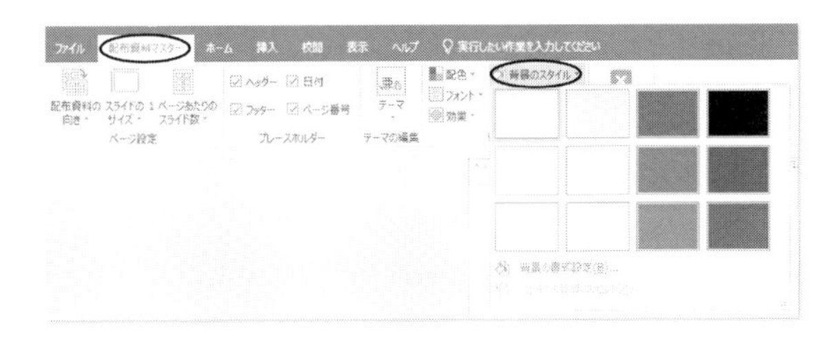

図 9-5 背景のスタイル

④ 印刷プレビューを表示します（**図 9-6**）。

［ファイル］タブ → ［印刷］ → ［スライド指定］ → 任意の配布資料のレイアウトを選択

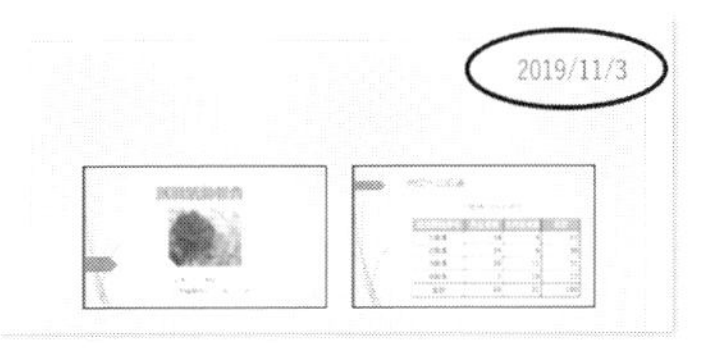

図 9-6 印刷プレビュー

9.1.3 配布用ファイルの作成

スライドをデータで配布する場合は、配布に適した PDF/XPS 形式で保存します。

例題 3 【使用ファイル：PP 09 例題.pptx】

作成したファイルの配布用ファイルを作成しましょう。

① ファイル「PP 09 例題.pptx」を上書き保存します。

② ［PDF または XPS 形式で発行］ダイアログボックスを表示します（**図 9-7**）。

［ファイル］タブ → ［エクスポート］ → ［PDF/XPS ドキュメントの作成］ → ［PDF/XPS の作成］

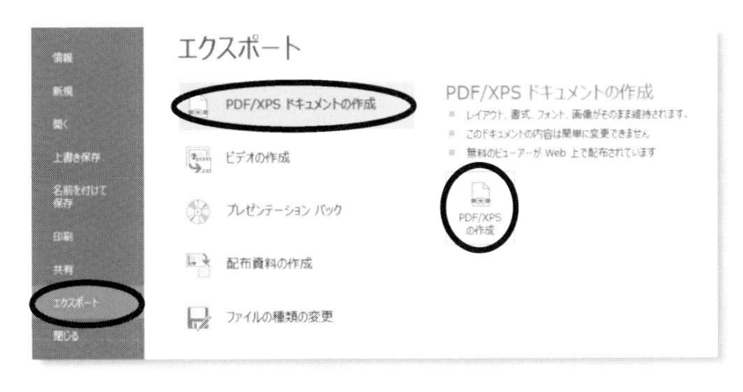

図 9-7 PDF/XPS の作成

③　ファイル「PP 09 例題.pptx」をPDF形式で保存します（**図9-8**）。

［PDFまたはXPS形式で発行］ダイアログボックス →［ファイル名］ボックスに「PP 09 例題配布用.pdf」と入力 →［ファイルの種類］ボックスが「PDF」であることを確認 →［発行］

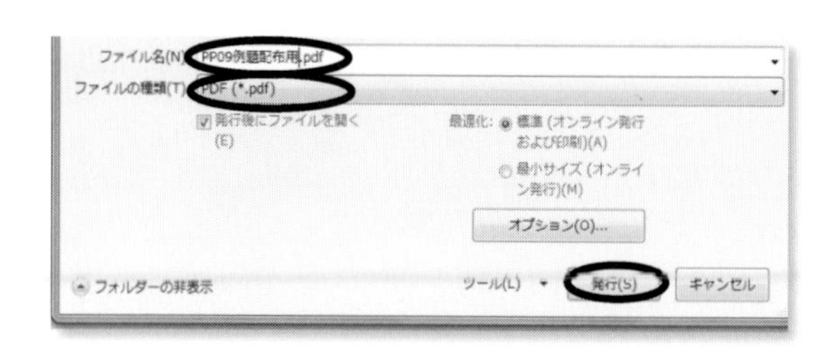

図9-8　PDFまたはXPS形式で発行

④「発行中」ダイアログボックスが表示されます（**図9-9**）。

図9-9　PDF ドキュメント発行中

⑤「PP 09 例題配布用.pdf」が表示されます（**図9-10**）。

図9-10　PP 09 例題配布用.pdf

One Point

PDF/XPS形式

PDF/XPS形式で保存したファイルは、OSの種類に関係なくファイルの閲覧ができます。閲覧には開発元から無料配布されている閲覧ソフトを利用しましょう（**表9-1**）。

表9-1　PDF/XPS形式

形式		開発元	閲覧ソフト
PDF	Portable Document Format の略	Adobe Systems 社	Adobe Reader
XPS	XML Paper Specification の略	Microsoft 社	XPS Viewer

9.2　ノートの作成と印刷

説明する内容や注意事項などをスライドごとに入力し印刷して、発表時に手元におくメモのことを「**ノート**」といいます。

9.2.1　ノートの作成

スライドのポイントについてまとめたノートを作成しましょう。

例題 4　　【使用ファイル：PP 09 例題.pptx　スライド 1、2】

作成したファイルのスライドにノートを作成しなさい。

① ノート表示モードに切り替えます（**図 9-11**）。

［表示］タブ →［プレゼンテーションの表示］グループ →［ノート］ボタン

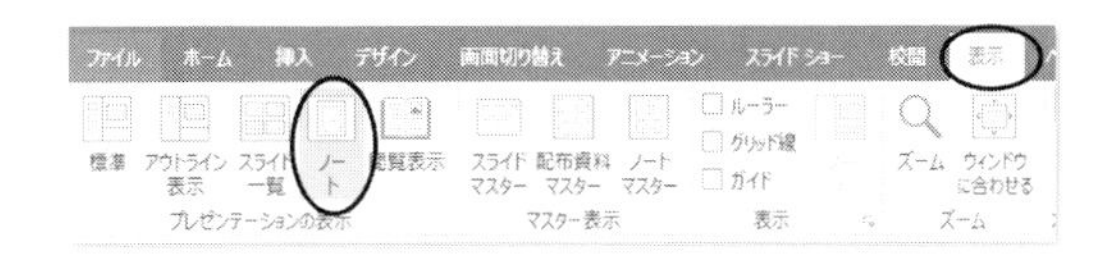

図 9-11　［ノート］ボタン

② 画面の表示倍率を変更します（**図 9-12**）。

［表示］タブ →［ズーム］→［ズーム］ダイアログボックス →［100%］→［OK］→［クリックしてテキストを入力］をクリック

図 9-12　表示倍率

③ 1 枚目スライドのノートに次の内容を参考に説明の要点を入力しましょう（**図 9-13**）。

<入力例>

● ただいまより、「就職活動報告」について発表します。

● 発表者は、○○大学□□学部、［学籍番号］の［氏名］と申します。

● どうぞよろしくお願いいたします。

● 質疑応答につきましては、スライド発表後にお時間を予定しております。

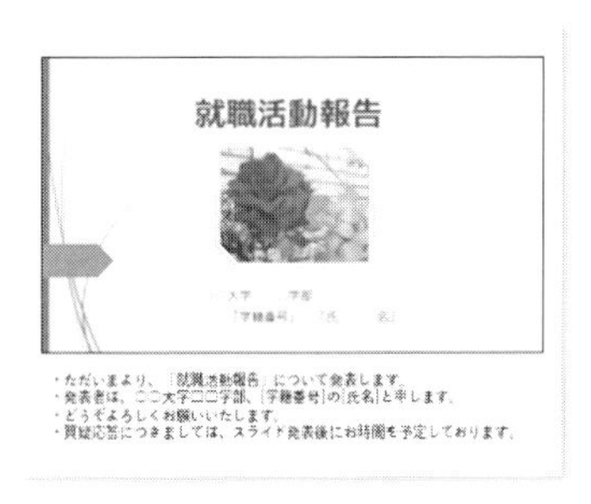

図 9-13　ノート入力

④ 2 枚目スライドのノートに次の内容説明の要点を入力しましょう。

<入力例>

● はじめに、自己紹介と発表の経緯につきましてお話しさせて頂きます。

● 私は、本学の○○学部を平成△△年に卒業いたしました。

●現在は、株式会社□□に勤務しております。

※スライドごとに話したい要点を箇条書きにしておきます。

One Point

ノート作成のポイント

プレゼンテーション発表で最も緊張するのは各スライドの最初の部分です。

ノートに説明の冒頭がまとめてあると、スライドが変わったときに落ち着いて話し出すことができます。

要点を箇条書きでメモしておいて、話しの流れや聞き手の反応に合わせて説明しましょう。

9.2.2　ノートの印刷

発表時に手元で利用できるように、スライドイメージの下部にノートで入力した内容を印刷します。

例題5　　【使用ファイル：PP 09 例題.pptx】

作成したファイルのノートを印刷しましょう。

① 印刷設定をします（**図 9-14**）。

［ファイル］タブ →［印刷］→［設定］→［ノート］

② 画面中央の印刷プレビューを確認して印刷します。

上部にスライド、下部にノートが表示 →［印刷］ボタン

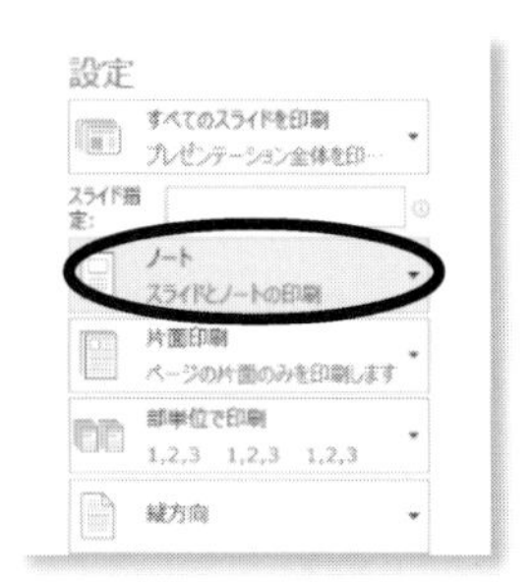

図 9-14　ノートの印刷設定

9.3　Word で配布資料の作成

ノート印刷は1スライド1ページで表示されますが、Word へ送信して配布資料を作成するとスライドとノートを表の形にまとめて表示することができます。

ノートを含めた配布資料を作成する場合に便利な機能でです。

例題6　　【使用ファイル：PP 09 例題.pptx】

ノートを Word の表形式にまとめたファイルを作成しましょう。

① 作成したファイルを上書き保存します。

② 配布資料の作成を選択します（**図 9-15**）。

［ファイル］タブ →［エクスポート］→［配布資料の作成］→［配布資料の作成］ボタン

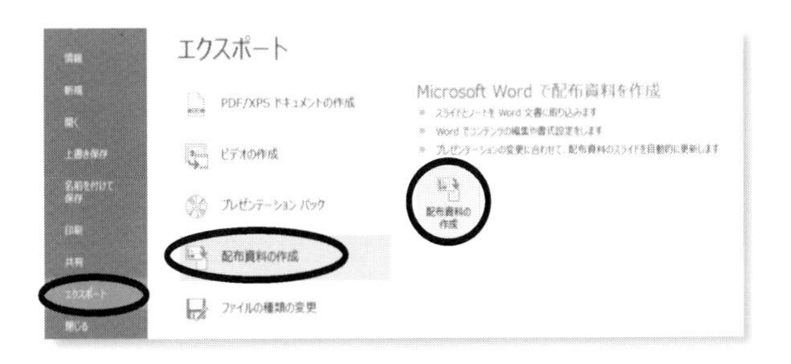

図 9-15　配布資料の作成

③　配布資料をWord に送ります（**図 9-16**）。

［Microsoft Word に送る］ダイアログボックス→［Microsoft Word のページレイアウト］→［スライド横のノート］を選択→［OK］

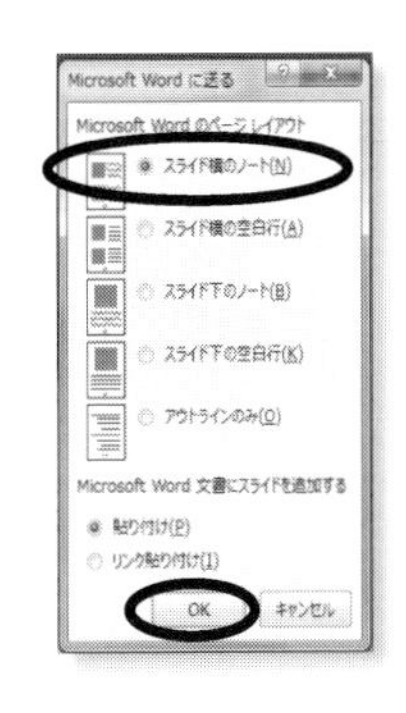

図 9-16　Word に送る

④　Word が自動的に起動し、スライドとノートの内容が表形式で表示されます（**図 9-17**）。

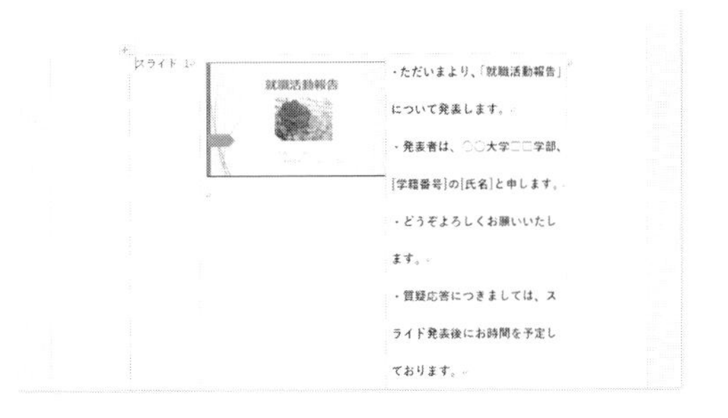

図 9-17　Word に送られたノート

⑤　Word に表示されたノートを保存します（**図 9-18**）。

［ファイル］タブ →［名前を付けて保存］→［参照］からフォルダを選択 →［名前を付けて保存］ダイアログボックス →［ファイル名］ボックスに「PP 09 例題ノート.docx」と入力 →［ファイルの種類］が「Word 文書」であることを確認 →［保存］

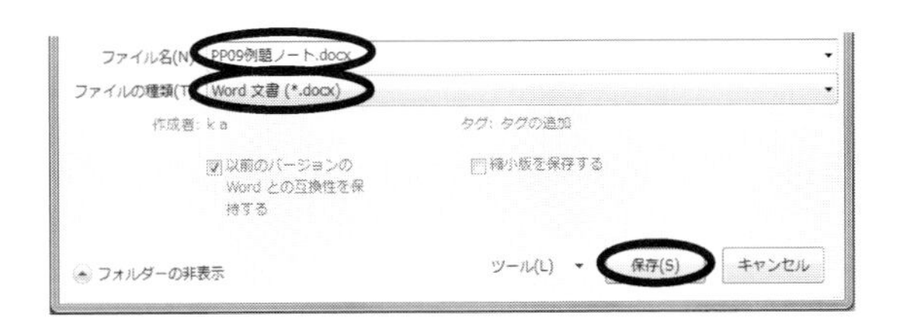

図 9-18　PP 09 例題ノート.docx の保存

※「文章は最新のファイルにアップグレードされます」と表示されたら［OK］をクリックします。

例題 7　　【使用ファイル：PP 09 例題ノート.docx】

ファイル「PP 09 例題ノート.docx」の表を見やすく編集をしましょう。

① 余白を「狭い」に設定します（**図 9-19**）。
　［ページレイアウト］タブ → ［ページ設定］グループ → ［余白］ボタン → ［狭い］

図 9-19　Word 内の余白設定

② 表の列幅を広げます（**図 9-20**）。
　表の右端の罫線にポイントして、右の余白までドラッグします。

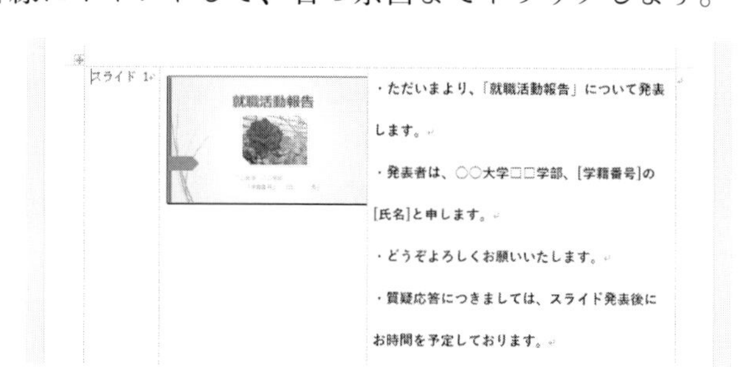

図 9-20　表の列幅

③ 「PP 09 例題ノート.docx」を上書き保存します。

※ここまで継続して作成してきた「就職活動.pptx」は以上で完成です。

9.4　演習課題

演習 1　　【使用ファイル：PP 09 演習.pptx/前回から継続の場合：販売会議.pptx】

ファイルを開き、次の配布資料を作成しなさい（**図 9-21**）。

① 配布資料を［4 スライド（横）］・［横方向］の設定で作成します。

② 任意の背景を設定します。

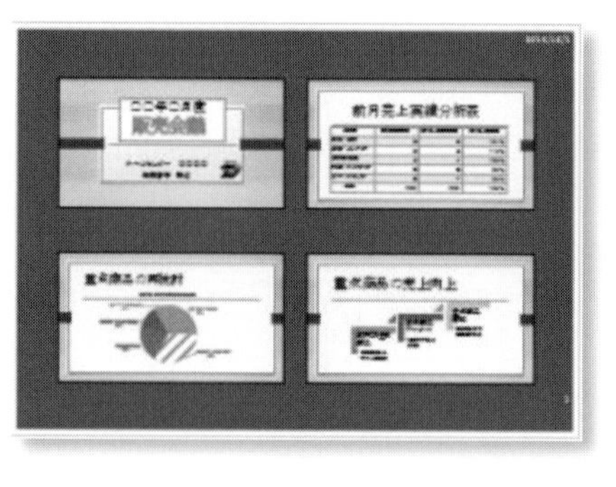

図 9-21　配布資料

演習 2　【使用ファイル：PP 09 演習.pptx】

ファイルを開き、次のノートを作成しましょう。

① 1枚目スライドのノートに次の内容を入力します（**図 9-22**）。

『ただいまより、○年○月度販売会議を開きます。
議題の進行は
1. 前月売上実績分析表
2. 重点商品の再検討
3. 重点商品の売上向上
で、予定しております。』

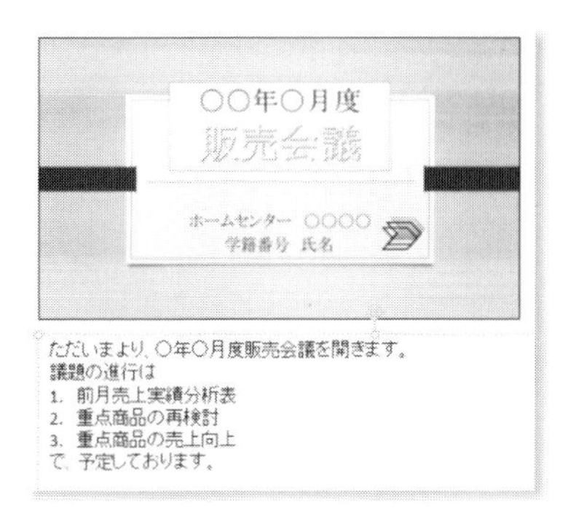

図 9-22　ノート入力

② 2枚目スライドのノートに次の内容を入力します。
『最初に、「前月売上実績分析」について報告いたします。
売上達成率について
●電気・インテリア部門 113% → 特に台所家電が好調
●カー・アウトドア部門 85% → 特にカー用品が低調』

演習 3　【使用ファイル：PP 09 演習.pptx】

ファイルを保存し、配布資料を Word の表形式で作成しましょう。

① ［ファイル］タブ →［エクスポート］→［配布資料の作成］
② ［Microsoft Word のページレイアウト］→［スライド横のノート］を選択
③ Word に表示された表をファイル名「PP 09 演習ノート.docx」で保存

演習 4　【使用ファイル：PP 09 演習ノート.docx】

Word ファイルの表に次の編集をしましょう（**図 9-23**）。

① 余白を「狭い」に設定
② 表の右端の罫線を余白までドラッグ
③ 「PP 09 演習ノート.docx」を上書き保存

※ここまで継続して作成してきた「販売会議.pptx」は以上で完成です。

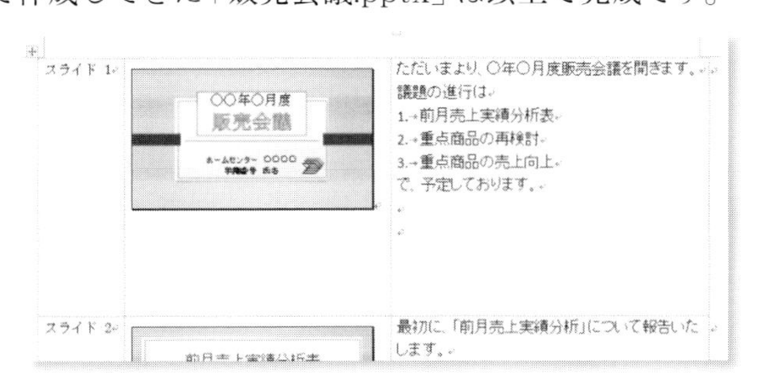

図 9-23　PP 09 演習ノート.docx〈完成見本〉

第 10 章 テンプレートの利用

「テーマの分析」から始めたプレゼンテーションの作成方法は、まず「ストーリーの構成」を検討して、白紙のスライドに「アウトラインの作成」をしました。

次に、「レベルの設定」、「タイトルの作成」で骨格を決定し、「デザインの設定」、「オブジェクトの挿入」へと進めてきました。

つまり、プレゼンテーションの流れを十分検討し「アウトライン」が明確になったうえで、「デザインの適用」をする手順になっています（図 10-1）。

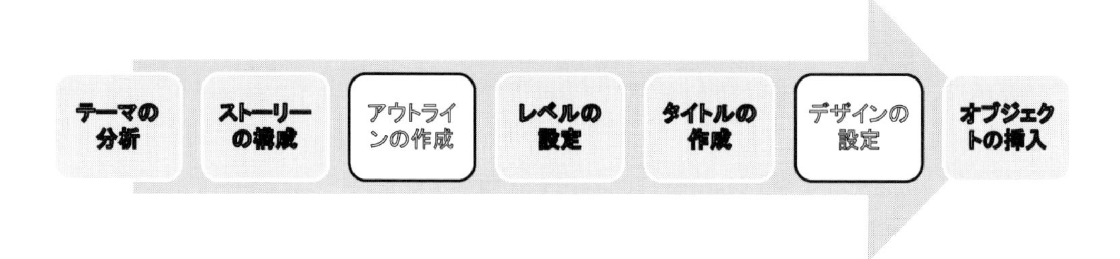

図 10-1 「テーマの分析」から始めるプレゼンテーションの作成手順

ここからはプレゼンテーションの完成イメージが明確な場合に、「**テンプレート**」というプレゼンテーションのひな型を利用する作成について学びましょう。

「**テンプレート**」には、完成度の高いスライドのデザインや文字の書式などが組み合わせで用意されています。

10.1 テンプレートの選択

まず、テンプレートの一覧を表示して、スライドのデザインを選択しましょう。

例題 1

PowerPoint を起動したスタート画面から、テンプレートを選択します。

① スライドのデザインを選択します。ここでは「ファセット」を選択しましょう（図 10-2）。

図 10-2 デザインの選択

② イメージを確認する画面で配色を選択し、［作成］をクリックします（**図 10-3**）。

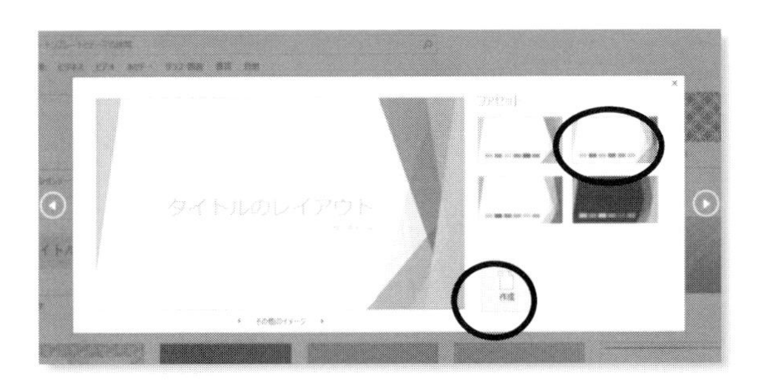

図 10-3　イメージの配色

③ 選択したプレートのデザインがスライドに表示されます（**図 10-4**）。

図 10-4　スライド表示

10.2　スライドマスターの利用

テンプレートにオリジナルのデザインを設定する場合、**「スライドマスタ」**を利用します。

スライドマスターで変更したデザインは、スライド全体に適用されます（**図 10-5**）。

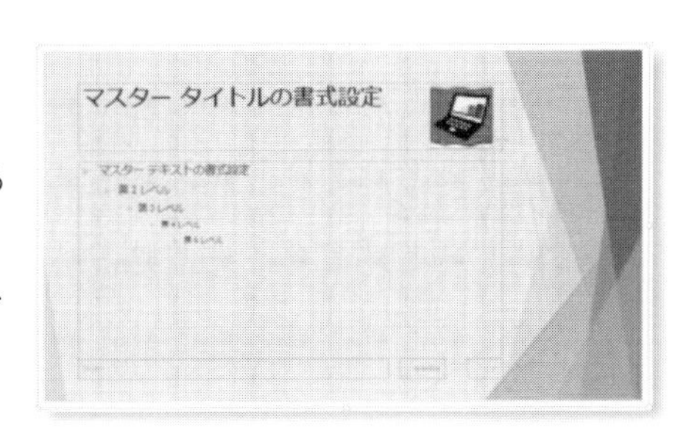

図 10-5　スライドマスター＜完成＞

例題 2

テンプレートのスライドマスターにイラストを追加しましょう。

① スライドマスターを開きます（**図 10-6**）。

［表示］タブ →［マスター表示］グループ →［スライドマスター］ボタン

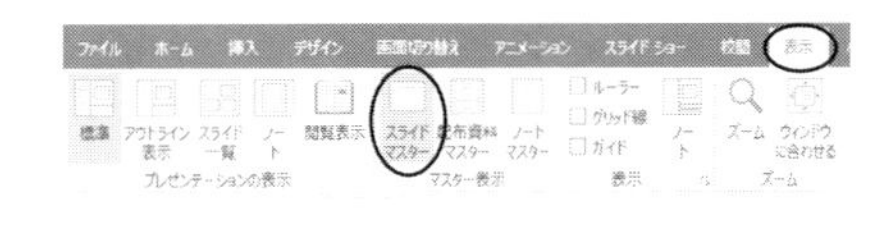

図 10-6　マスター表示グループ

② 画面左側の「レイアウト一覧」の上にある少し大きなスライドが「スライドマスター」です。レイアウトに関係なくすべてのタイトルの書式を変更するため、ここでは 1 枚目のスライドマスターを選択します（**図 10-7**）。

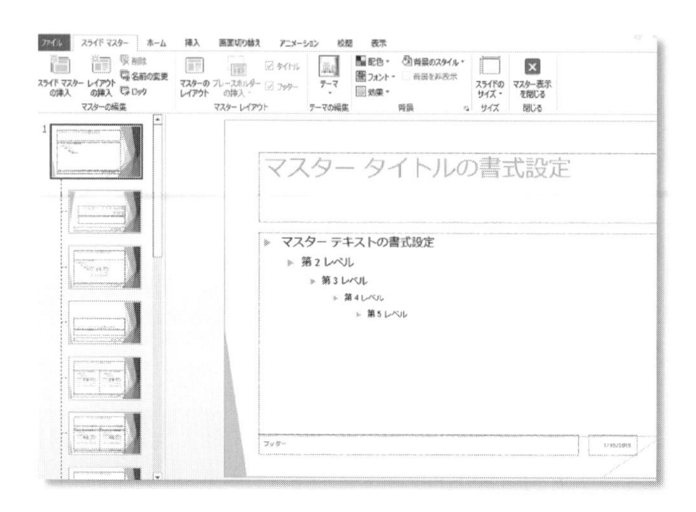

図 10-7　スライドマスター

③　図形機能を使ってパソコンのイメージ図を作成します（**図 10-8**）。

- ●［挿入］タブ → ［図形］ボタン → 角丸四角でパソコンの画面を作成
- ●図形のスタイル → テーマのスタイル → パステル-黒・濃色を選択
- ●図形の枠線 → 太さ 6pt
- ●正方形と円で残りの部分を作成 → すべての図形をグループ化する

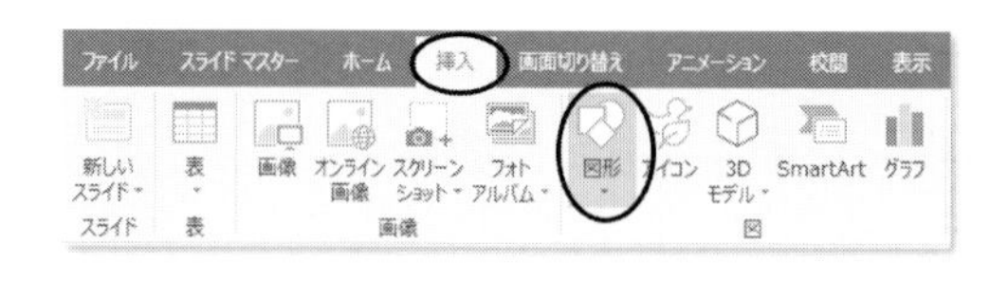

図 10-8　図形機能

④　貼り付けたい位置に合わせて、図のサイズを変更し移動します（**図 10-9**）。
タイトルスライド（2 枚目）以外のすべてのレイアウトの同じ位置に、画像が挿入されます。

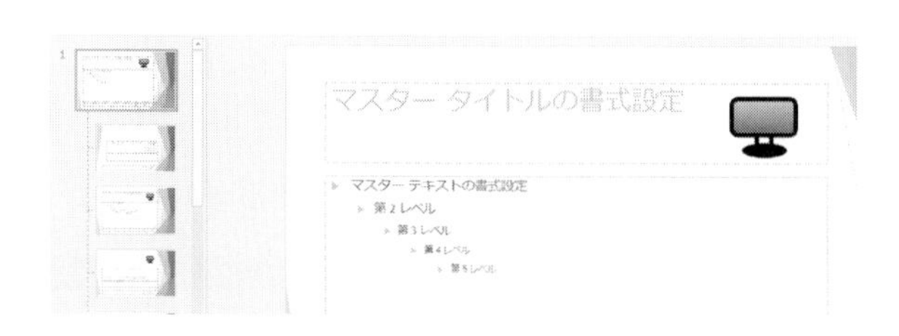

図 10-9　画像のサイズ変更・移動

例題 3

スライドマスターを利用して、タイトルの文字色と背景を変更しましょう。

①　1 枚目スライドマスターにあるタイトルのプレースホルダーを選択します。

② タイトルの色を選択します（図 10-10）。

［ホーム］タブ → ［フォント］グループ → ［フォントの色］から任意の濃い色を選択 → タイトルスライド（2 枚目）以外のすべてのタイトルの文字の色が変更

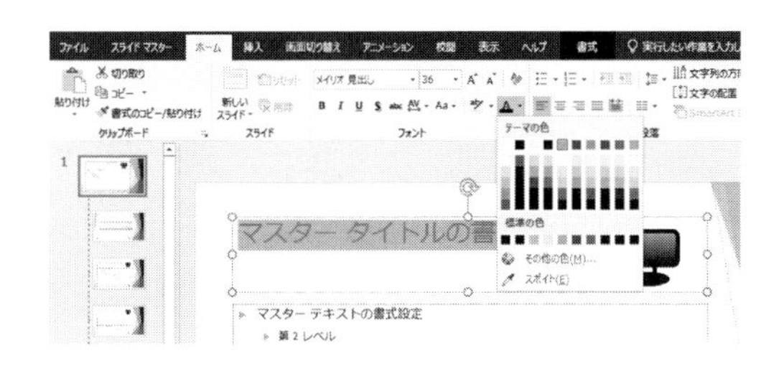

図 10-10　マスタータイトルの色

③ 背景の書式設定を表示します（図 10-11）。

［スライドマスター］タブ → ［背景］グループ → ［背景のスタイル］ → ［背景の書式設定］

図 10-11　背景のスタイル

④ 画面の右側に［背景の書式設定］作業ウィンドウが表示されます（図 10-12）。

［塗りつぶし］ → ［塗りつぶし（図またはテクスチャ）］ → ［テクスチャ］ボタン → 一覧から任意のテクスチャを選択 → すべてのスライドの背景がテクスチャに変更

図 10-12　背景の書式設定

⑤ スライドマスター表示を閉じます（図 10-13）。

［スライドマスター］タブ → ［閉じる］グループ → ［マスター表示を閉じる］

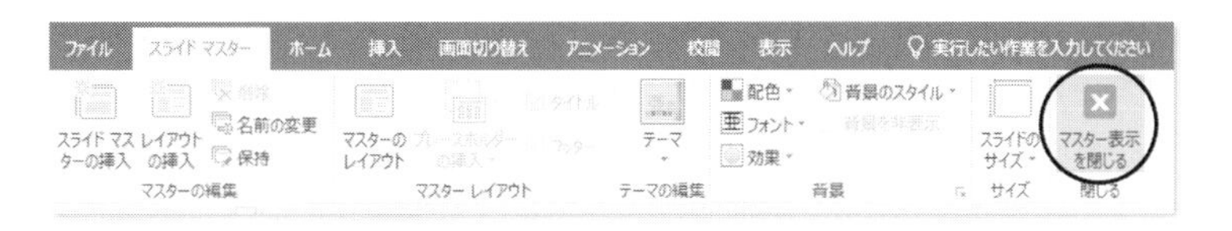

図 10-13　マスター表示を閉じる

10.3　オリジナルテンプレートの保存

デザインを追加したテンプレートを保存しておくと、イメージを統一したスライドが手軽に作成できます。

例題 4

完成したテンプレートを拡張子「.potx」で保存してから、PowerPoint を閉じましょう。

① オリジナルのテンプレートとして保存します（**図 10-14**）。

［ファイル］タブ → ［名前を付けて保存］ → ファイル名に「PP 10 例題テンプレート」と入力 → ファイルの種類に「PowerPoint テンプレート（＊.potx）」を選択 → フォルダを指定 → ［保存］ボタン → ［閉じる］

図 10-14　テンプレートの保存

One Point

テンプレートが保存されるフォルダ

［名前を付けて保存］のダイアログボックスでファイル形式を「PowerPoint テンプレート（＊.potx）」を選択すると、保存先フォルダは「Office のカスタムテンプレート」に自動的に設定されます。

特定のフォルダに保存する場合

ファイル形式を指定した後で特定のフォルダを選択してから保存します。

テンプレートを開くときに参照する［個人用テンプレートの既定の場所］を次の手順で変更します（**図 10-15**）。

［ファイル］タブ → ［オプション］ → ［PowerPoint のオプション］ → ［保存］ → ［個人用テンプレートの既定の場所］ボックスに指定フォルダを入力 → ［OK］

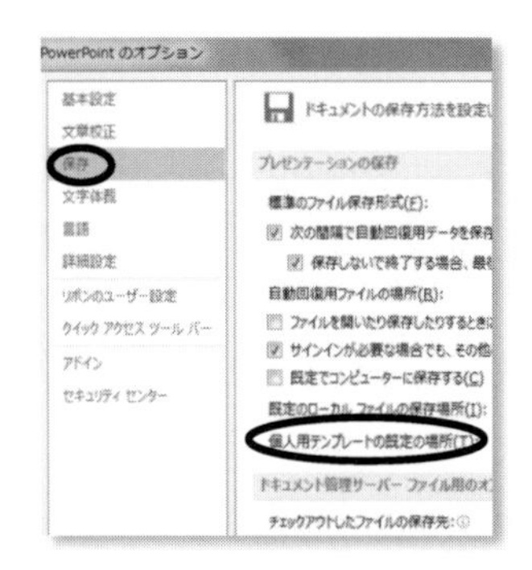

図 10-15　PowerPoint のオプション

例題 5　【使用ファイル：PP 10 例題テンプレート.potx】

保存したテンプレートをもとに新規のファイルを開きましょう。

① PowerPoint を起動し、テンプレートを選択します(**図 10-16**)。

［スタート画面］→［個人用］→「PP 10 例題テンプレート」

※［スタート画面］に表示されている場合もあります。

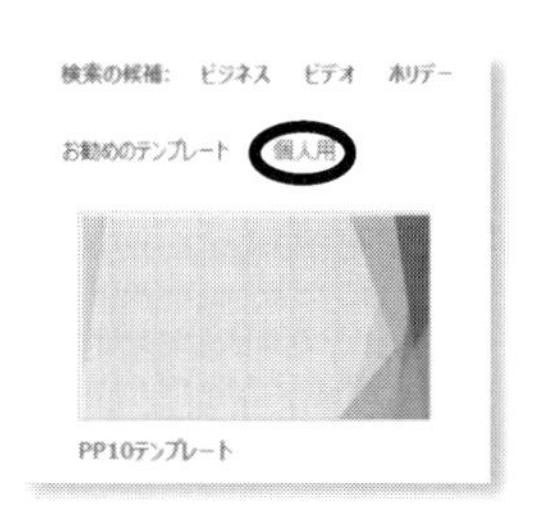

図 10-16　テンプレートの選択

② スライドを新規作成します(**図 10-17**)。

イメージを確認 →［作成］

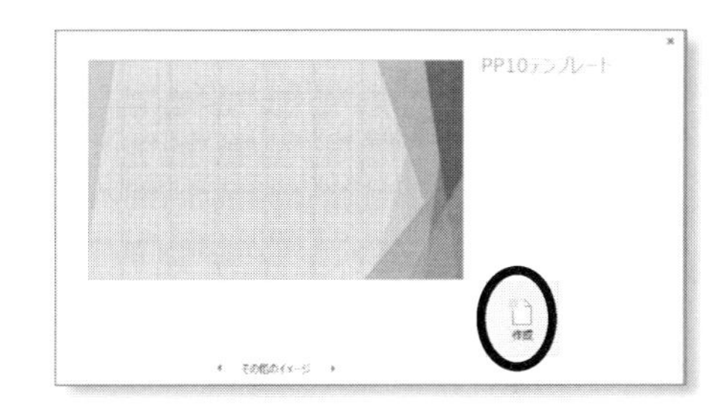

図 10-17　スライドの作成

③ 表示された 1 枚目のスライドの後に新しいスライドを挿入します(**図 10-18**)。

［ホーム］→［スライド］グループ →［新しいスライド］→　2 枚目のスライドが表示

※1 枚目のスライドには背景、2 枚目のスライドには背景とオリジナルのイラスト、文字の色が設定されています。

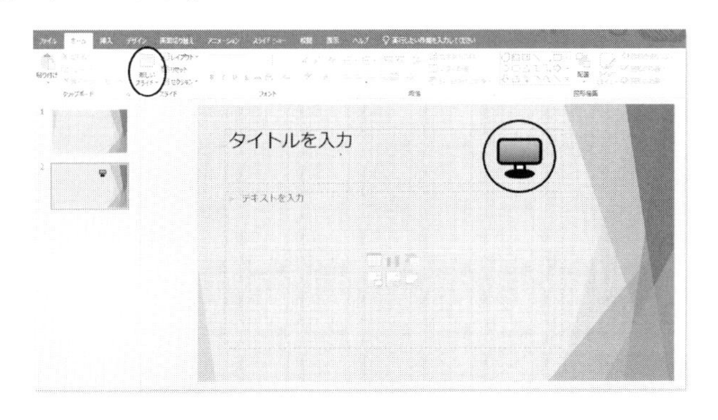

図 10-18　スライドの表示

④ ファイル名「PP 10 例題.pptx」で名前を付けて保存します。

One Point

テンプレートを編集する場合

テンプレートそのものを編集する場合は、通常のファイルを開く手順でテンプレートのファイルを開いて編集します。

編集が完了したら上書き保存すると、テンプレートの内容が変更されます。

10.4　色のスポイト機能

スライド上の色彩を統一感のあるイメージにするために、スライド上の色で別の図形を塗りつぶす機能を「**スポイト**」といいます。

例題6　【使用ファイル：PP 10 例題テンプレート.potx】

テンプレートで設定されている図形をスライド内の任意の色で塗りつぶしましょう。

① 保存したテンプレートを開きます。

［ファイル］タブ → ［開く］ → フォルダを選択 → ［ファイルを開く］ダイアログボックス → ファイル PP10 例題テンプレート.potx を選択 → ［開く］ボタン

② スライドマスターを開きます（**図 10-19**）。

［表示］タブ → ［マスター表示］グループ → ［スライドマスター］ボタン

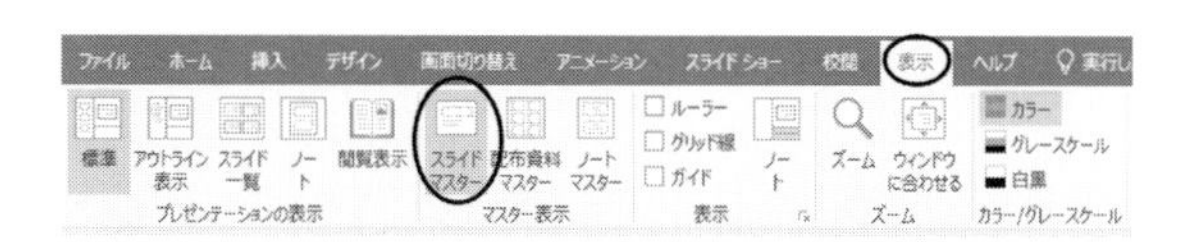

図 10-19　マスター表示グループ

③ 1枚目のスライドマスター内で塗りつぶす図形（ここではパソコン画面）を選択します（**図 10-20**）。

パソコンの図は複数の図形でグループ化されているので、グループ化を解除します。

［ホーム］タブ → ［配置］グループ → ［オブジェクトのグループ化］ → ［グループ化解除］ → 図形の選択を解除する → 塗りつぶす図形をクリック

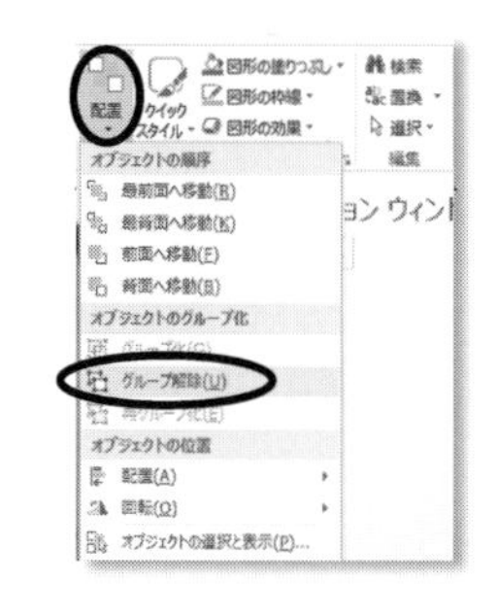

図 10-20　図形の選択

④ スポイトしたい色（ここでは背景の左上の図形の一部）を選択し、パソコン画面を塗りつぶします（**図 10-21**）。

［描画ツール］ → ［書式］タブ → ［図形のスタイル］グループ → ［図形の塗りつぶし］ → ［スポイト］ → スポイト形のマウスポインターの先端で色を選択する → □の中にスポイトする色が表示 → クリック → スポイトした色で塗りつぶされる

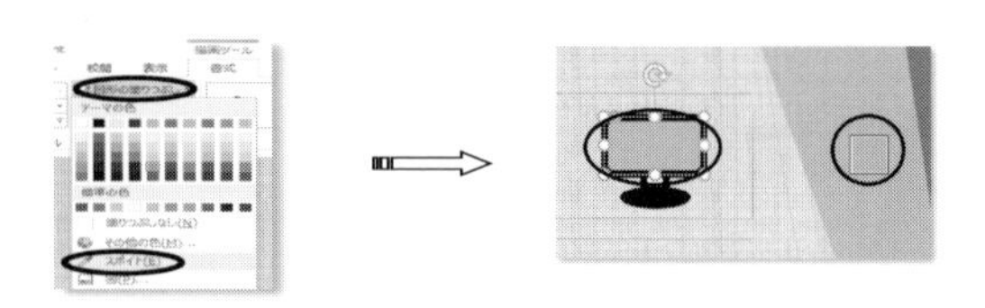

図 10-21　スポイト機能

⑤ PP10 例題テンプレート.potx で保存します。

※以上で PP10 テンプレート.potx は完成です。

コーヒーブレイク

スライドのレイアウト

「**レイアウト**」とは、スライドに配置されているプレースホルダーの組み合わせパターンのことです。

初期設定では1枚目のスライドには［タイトルスライド］、2枚目以降のスライドには［タイトルとコンテンツ］がレイアウトされます。

レイアウトの変更

PowerPointには目的に合わせて、11種類のレイアウトが用意されています（**図10-22**）。

目的に合ったレイアウトに変更してから作成すれば、スライド内にバランス良く配置できます。

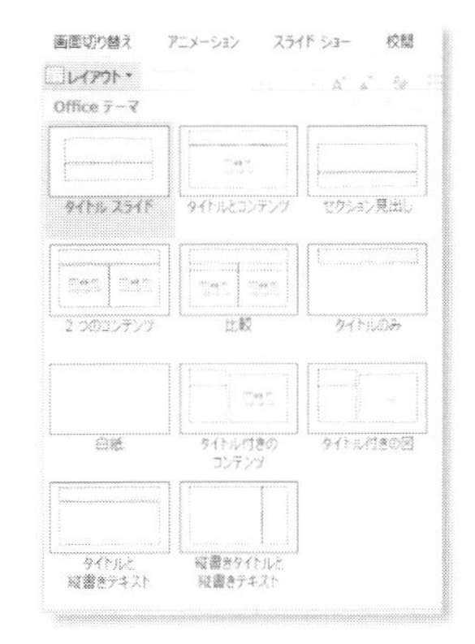

図10-22　レイアウト一覧

［ホーム］タブ →［スライド］グループ →［レイアウト］→ レイアウトを選択

プレースホルダーのコンテンツボタン

プレースホルダーには、［テキストを入力］の表示と6種類の「**コンテンツボタン**」が薄く表示されています（**図10-23**）。

いずれか1種類を選択すると他のコンテンツは非表示になります。

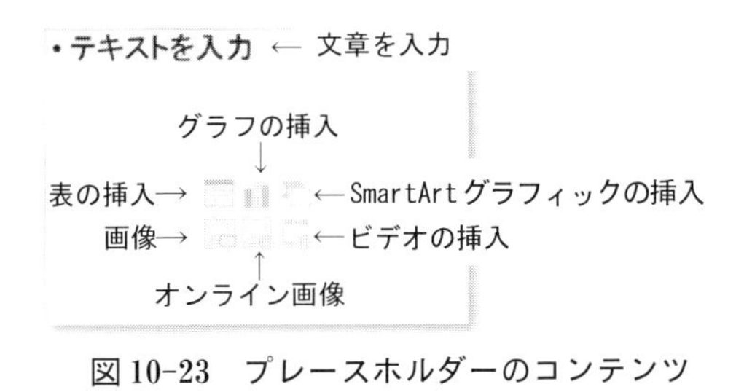

図10-23　プレースホルダーのコンテンツ

10.5　演習課題

大学の新入生に対して、クラブの部員が部活動を紹介するスライドを、テンプレートを利用して作成します。

演習1

新規に任意のテンプレートを開き、スライドマスターに次の編集をしましょう（**図10-24**）。

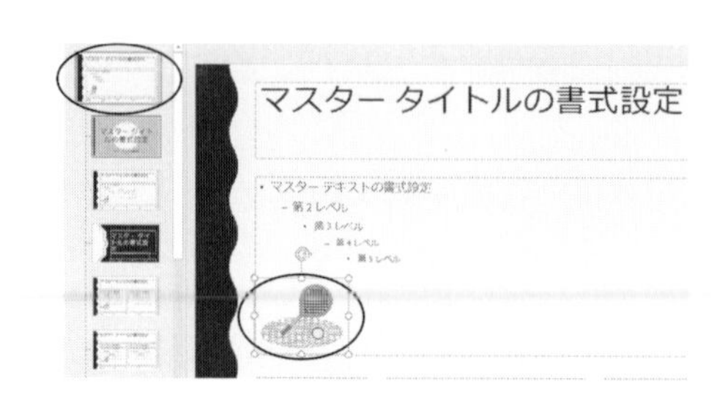

図 10-24　テンプレートのスライドマスター

① PowerPoint を起動してスタート画面から、テンプレートを選択します。
例：バッジ　※白紙のテンプレートはここでは選択しないこと。
② スライドマスターに任意の図形を使って図を作成します。
③ 色のスポイト機能を利用して、マスタースライド内の図形の一部の色で背景を塗りつぶします。
※例では芝生の緑を左の図形にスポイトします。
④ オリジナルのテンプレートとして保存します。
　ファイル名は「PP 10 演習テンプレート.potx」、保存する場所はファイルを保存している場所と同じフォルダに設定します。
⑤ PowerPoint を終了します。

演習 2　【使用ファイル：PP 10 演習テンプレート.potx】
テンプレートをもとに新規ファイルを開き、次のスライドを作成しましょう（**図 10-25**）。

図 10-25　1 枚目のスライド

① PowerPoint を起動し、［演習 1］で作成したテンプレートを選択してスライドを新規作成します。
② 表示された 1 枚目のスライドのタイトルに「○○部紹介」、サブタイトルに「学籍番号」「氏名」を入力し、文字の大きさ（30 pt 以上）や配置を変更します。
③ 新しいスライドを 5 枚挿入します。
　ここまで学んだオブジェクトを利用して、任意の内容でスライドを作成します。
※オブジェクトとは、箇条書き、図形、ワードアート、表、グラフ、SmartArt など
④ 画面の切り替え効果、アニメーション効果を設定し、発表時に参照するノートを作成します。
⑤ ファイル名「PP 10 演習.pptx」でスライドを保存します。

索　　引

【た行】

【な行】

【は行】

【ま行】

【や行】

【ら行】

【わ行】

【アルファベット】

【記号】

■ 著者紹介

花木　泰子（はなき　たいこ）

関西学院大学卒業
視覚障がい者施設職業指導員、富士通関西専門学院講師等を経て
現在　大阪国際大学非常勤講師
第一種情報処理技術者、1級色彩コーディネータ

浅里　京子（あさり　きょうこ）

滋賀県立短期大学卒業
松下電工株式会社本社システム開発部門勤務を経て
現在　大阪国際大学非常勤講師、京都文教大学非常勤講師
第二種情報処理技術者、初級システムアドミニストレータ

• 本書籍は，日本理工出版会から発行されていた『コンピューターリテラシー Microsoft Office Word & PowerPoint 編（改訂版）』をオーム社から発行するものです．

コンピューターリテラシー
Microsoft Office Word & PowerPoint 編（改訂版）

2022年 9月10日　第1版第1刷発行
2023年12月10日　第1版第3刷発行

著　者　花木泰子
　　　　浅里京子
発行者　村上和夫
発行所　株式会社 オーム社
　　　　郵便番号　101-8460
　　　　東京都千代田区神田錦町3-1
　　　　電話　03(3233)0641(代表)
　　　　URL　https://www.ohmsha.co.jp/

印刷・製本　三秀舎
ISBN978-4-274-22919-0　Printed in Japan